법정에 선 수학

법정에 선 수학

수학이 판결을 뒤바꾼 세기의 재판 10

레일라 슈넵스·코랄리 콜메즈 | 김일선 옮김

아날로그

일러두기

· 인명 및 지명은 국립국어원의 외래어표기법에 따라 표기했다.
· 책, 신문 및 잡지는 《 》, 영화, 논문 및 기사는 〈 〉으로 표기했다.
· 원주는 각주로, 역주는 괄호로 구분했다.

어디를 둘러봐도 숫자가 넘쳐나는 세상이다. 광고, 뉴스, 할인 정보, 의료 정보, 일기 예보, 투자, 위험도 평가 등이 모두 그렇다. 이런 모든 정보는 확률과 통계의 형태로 우리에게 전달된다. 문제는 이 숫자들이 항상 정확한 정보를 전달하지는 않는다는 데 있다. 보통 이런 숫자에는 어떤 특정 정보를 전달하려는 의도가 있게 마련이다. 숫자와 수식이 갖는 무감정한 특성을 이용해서 사람들에게 영향을 주거나 겁을 주거나 혹은 속이려는 의도가 들어 있는 것이다.

물론 이런 숫자가 별것 아니라고 생각할 수도 있다. 기후 변화이건 상어 떼의 출몰이건 문맹률에 관한 내용이건 상관없이 글을 읽어도 그 안에 들어 있는 숫자를 자세히 들여다보지 않고, 기사 제목이 아무리 눈길을 끌어도 정작 실제로 일어난 변화의 양이 어느 정도인지 챙겨 보지 않는 경우가 많다. 그렇다면 최악의 경우라고 해보아야 사람들에게 잘못된 정보를 전달하는 것뿐이라고 생각하기 쉽다. 하지만 숫자나 수학을 잘못 다루면 치명적인 결과에 이를 수 있다. 이 책에서 다루겠지만 시장 동향, 위험성, 사회적 문제에 관해 사람들을 호도하는 데 이용되는 수학적 기법은 멀쩡한 사람을 감옥에 보낼 수도 있다. 석유 가격 정보를 엉터리로 알려 주는 것도 그렇고, 계산 착오로 법정에서 판결이 잘못되는 경우는 말할 것도 없다.

이런 일은 어디서나 흔하게 일어나지만 대부분은 알아채기 어렵지 않다. 약간의 수학적 지식만 있으면 상품 설명, 혹은 투자에서 DNA 분석에 이르기까지 다양한 출판물에 나타나는 내용을 누구나 파악할 수 있다. 수학을 이용한 눈속임을 어렵지 않게 피할 수 있는 것이다. 물론 그러려면 약간의 훈련이 필요하다. 수학을 이용한 속임수는 종류가 많지 않지만 일상의 곳곳에 퍼져 있다. 이 책에 실린 사례들은 누구나 알고 있어야 하는 함정을 설명할 뿐 아니라, 수학의 오용이 단지 학자들이나 관심을 가질 문제라고 흘려 넘겨서는 안 된다는 점을 잘 보여 준다.

누구나 거짓말을 눈치 챌 수 있어야 한다. 눈앞에 보이는 숫자가 타당한 의미를 갖는 것인지, 아니면 안 좋은 의도를 갖고 제시되는 것인지를 알아야 한다. 즉 이론 뒤에 숨어 있는 진실을 파악할 필요가 있다.

범죄 사건에서 수학이 전면에 나타나는 경우는 역사적으로도 매우 드물었다. 어쩌다 그런 경우에도 대부분은 이미 진행된 식별 결과가 맞을 확률을 알아보는 정도에 그쳤다. 공법적인 영역에서나 사법적인 영역에서 모두 이런 경향은 다르지 않았으므로, 재판에서 수학이 좀처럼 활용되지 않은 이유가 무엇인지 궁금해 할 수 있다. 어느 분야에나 만연한 수학적 오류들이 가장 잘 드러나는 경우가 재판이므로, 우리는 관련 사례들을 모아서 살펴볼 충분한 가치가 있다고 생각했다. 재판은 잘못된 추론이 실제로 심각한 결과로 이어지는 모습을 아주 잘 보여 주는 절차이기 때문이다. 이 책에서 다루는 판례에는 19세기 말에 사용되었던 아주 간단한 필적 분석에서부터 오늘날 범죄 사건에서 곧잘 사용되는 DNA 분석의 정확도에 이르기까지, 법정에서 사용된 다양한 수학적 내용이 포함되어 있다. 수학이 유죄 선고의 타당성을 보여 주는 근거로 사용되는 사례들도 있고, 유죄 판결이 잘못되었음을 보여 주는 데도 마찬가지로 수학이 활용되기도 했다.

수학 때문에 판결이 완전히 잘못된 경우도 있긴 하지만, 이 책의 주된 논지는 확률이 법정에서 사용하기에 쓸모없는 도구가 아니라는 점이다. 사례들을 살펴보면 애초에 법정에서 수학을 사용할 수 없어서가 아니라 수학을 오용한 탓에 확률의 이름으로 불의가 저질러진 경우가 있다는 것을 알 수 있다. 기본적으로 수학이 유용한 도구라는 데에는 의문의 여지가 없으며, 오늘날 형사 재판에서 DNA가 증거로 많이 채택되는 점에 비추어 보더라도 앞으로는 형사 재판에서 수학적 분석이 반드시 포함되어야 한다고 본다. 그러나 그렇게 되려면 재판에서 수학적 오류가 일어나지 않는다는 확신이 있어야 하며, 그러기 위해서는 실제로 일어났던 오류들을 살펴보아야 한다.

이 책에서는 계산 착오 혹은 계산 결과의 오해, 정작 필요한 계산을 간과하는 등의 단순한 수학적 오류로 인한 매우 부당한 판결 때문에 인생이 망가진 사람들의 이야기가 펼쳐진다. 실화임에도 믿기 어려운 이야기들을 통해 수학이 정말로 삶과 죽음의 문제로 이어지는 모습을 볼 수 있을 것이다.

차례

이탈리아 출신의 카를로 폰지는 1903년 아메리칸 드림의 부푼 꿈을 안고 미국에 도착했다. 그는 여러 직업을 전전하다가 90일만 지나면 투자금을 두 배로 돌려주는 사업을 시작해 엄청난 부자가 되었다. 처음에는 투자자들에게 지급할 이자를 충당할 다른 방법을 찾으려 했지만, 어떤 사업도 90일마다 이자를 100퍼센트씩 만들어 내지 못했다. 그는 결국 새로 들어오는 투자금으로 기존 투자자들에게 이자를 지급하는, 쉽게 말해 다단계 사기를 시작했다. 20세기의 사기 가운데 가장 유명한 '폰지 사기'는 어떻게 그렇게 많은 사람들을 속여 넘길 수 있었을까?

아메리칸 드림 다단계 사기의 실체

CASE 01

찰스 폰지 사건

세 달마다 이익을 두 배로 만드는 방법

인도 전설에 따르면 체스 게임은 벨랄라 계급의 드라비다인이 고안했다고 한다. 이 게임을 매우 좋아한 왕은 그에게 원하는 것은 무엇이건 주겠다고 말했다. 그는 체스판에 그려진 64개의 칸에 첫 번째 칸에는 밀 낱알을 1개, 두 번째 칸에는 2개, 세 번째 칸에는 4개, 네 번째 칸에는 8개와 같은 식으로 칸마다 낱알의 수를 2배로 늘려서 밀을 달라고 했다. 너무도 소박해 보이는 요구에 왕은 기분이 나빠졌지만, 소원을 들어주기로 하고 신하에게 그가 원하는 만큼의 밀을 지급하라고 지시했다.

며칠 후, 식탁에 밀이 오르지 않자 왕은 신하에게 그 이유를 물었다. 신하는 체스 게임을 고안한 사람에게 지급해야 할 밀의 양이 세상에서 가장 높은 산보다도 훨씬 많다고 대답했다.

화가 난 왕은 체스를 발명한 사람을 부른 뒤 밀이 준비되었으니 가져가되, 가져가려면 한 알씩 모두 세어서 가져가라고 명령했다.

왕이 저지른 실수는 지수적으로 (기하급수적이라고 표현하기도 한다 — 역주) 증가하는 양을 짐작하지 못했던 데에 기인한다. 인간의 뇌에서 이성과 통념을 담당하는 부분은 대상의 일부를 관찰한 뒤 거기서 얻은 개념을 전체로 확장하는 형태로 동작한다. 위의 경우에서 왕은 분명히 밀 1알, 2알, 4알, 8알, 32알, 64알, 128알, 256알 … 과 같은 식으로 머릿속에서 계산을 했을 것이다. 왕이 생각하기에 그는 거지도 아닌데 왜 저녁 한 끼도 안 될 만큼의 곡식을 원했는지 도통 이해하기 어려웠으리라.

대개 일상에서 접하는 물리량은 크기가 크지 않고 짧은 거리, 적은 양, 작은 크기 등에 머무르는 경우가 많기 때문에, 엄청나게 큰 물리량에 대해서는 일종의 정신적 장벽 같은 것이 형성된다. 엄청나게 큰 값을 맞닥뜨린 경험이 부족하다 보니 현실적으로 적절한 개념을 잡기가 힘든 것이다. 인간의 정신세계란 자신에게 익숙한 주변 세계를 기반으로 형성될 수밖에 없으므로, 엄청나게 큰 양을 대할 때는 당혹스러움을 느낀다.

수학자조차도 깜짝 놀랄만한 다른 예를 들어 보자.

지구가 완벽한 구이고, 적도를 따라 긴 줄을 둘렀다고 가정해 보자. 이제 이 줄보다 정확히 1미터 긴 줄로 다시 적도를 따라 두르면 이 줄은 먼저의 줄보다 길기 때문에 지표에서 약간 떠 있게 된다. 그런데 얼마나 높아질까? 그 사이에 면도날 하나라도 집어넣을 수 있을까?

계산을 하거나 다음 페이지에 있는 답을 보기 전에 먼저 직관적으로 생각해 보기 바란다. 당신은 줄 위에 서 있고, 첫 번째 줄이 발밑을 지나간다. 1미터 더 긴 두 번째 줄도 적도를 따라 놓여 있는데 길이가 길기 때문에 지표에서 약간 떠 있다. 발을 내려다보면 근처에 줄이 지나가는 것이 보일 것이다. 얼마나 느슨해 보이는가? 이 줄은 지표에서 얼마나 떠 있을까? 1미터의 길이 차이가 지구 적도를 한 바퀴 돌 때 어느 정도의 차이를 만들어 낼 것 같은가?

답은 이렇다. 두 번째 줄은 적도를 휘감으며 지표에서 거의 16센티미터나 떠 있다. 면도날이 아니라 에콰도르에서 말레이시아까지 적도를 따라 토끼들이 줄을 서 있어도 되는 높이다.✖

통념에 비추어 보면 이는 매우 놀라운 답이다. 우리가 보기에 1미터는 적도의 둘레에 비해 굉장히 작은 길이이므로 두 번째 줄의 높이는 첫 번째 줄과 거의 차이가 없어야 할 것 같다. 사실 사람들은 '느슨함'을 굉장히 과소평가한다. 지구의 둘레는 우리가 인지하기에는 너무나 큰 값이어서 1미터 같이 작은 값과 비교하기에는 너무 차이가 크기 때문이다. 16센티미터 역시 '너무 큰 차이'로 느껴지겠지만, 사실 이 값은 지구의 직경에 비하면 굉장히 작은 값이다.

앞서의 체스판 이야기로 돌아가 이 사례의 숫자 문제를 살펴보자. 체스판의 절반인 32칸까지 세면 낱알 수는 42억 9,496만 7,295개이고, 무게로는 10만 킬로그램이 넘는 수준이다. 이 정도면 슈퍼마켓 1,000곳의 진열대는 채울 수 있고, 왕이 생각했던 양은 이미 한참 넘는다. 64칸을

✖ 원둘레 $C = 2\pi r$이다. C가 지구의 둘레로 대략 4만 킬로미터이고 $\pi \approx 3.14159$ 이므로, 지구가 완벽한 구 모양이라고 가정하면 지구의 반지름 $r \approx 6{,}366.197722$킬로미터가 된다. 첫 번째 줄의 길이는 4만 킬로미터이고, 두 번째 줄은 여기에 1미터를 더했으므로 길이는 40,000.001킬로미터다. 이 값을 2π로 나누면 두 번째 줄에 의해 만들어진 원의 반지름을 얻을 수 있다. 당연히 이 값은 첫 번째 원의 반지름과 거의 같은 값이다. 계산해 보면 6,366.197881킬로미터다. 따라서 첫 번째 반지름과 두 번째 반지름의 차이는 0.000159킬로미터, 즉 15.9센티미터로 대략 16센티미터 정도다.

모두 세면 낱알의 수는 1,844경 6,744조 737억 955만 1,616개가 되어 거의 5,000억 톤에 이르므로 어지간한 산의 무게와 비슷해진다.

이 문제에서의 핵심은 지수적으로, 그러니까 단계마다 두 배(혹은 세 배 또는 그 밖의 어떤 값이건)씩 증가하는 패턴을 파악하는 것이다. 이런 증가 형태는 처음에는 그 속도가 상대적으로 느리지만, 일단 가속하면 엄청난 속도로 증가한다. 다른 사람 10명에게 보내야 저주를 피할 수 있는 이른바 '행운의 편지' 이메일을 받은 경우를 생각해 보자. 이 메일을 받은 사람이 모두 지시를 따른다면 단 10단계 만에 전 세계 인구 모두에게 스팸 메일이 전달되어 금세 통신망이 마비되어 버릴 것이다.

이 장에서 살펴볼 예는 지수적 성장의 속도를 알아채지 못해 사기에 넘어간 사람들에 관한 것이다.

스무 살의 카를로 폰지Carlo Ponzi가 매사추세츠주 보스턴에 도착한 것은 1903년의 추운 11월이었다. 그는 이탈리아에서 배를 타고 미국으로 건너왔다. 20세기 초 이탈리아는 캐나다, 미국, 남미 등 신대륙으로 가장 많은 이민자를 보내는 나라였으므로 그가 미국에 온 일은 딱히 특별한 사건도 아니었다. 폰지가 다른 이민자들과 다른 점이라면 로마의 라사피엔자대학교를 나왔다는 것뿐이었다. 그러나 그도 술집이나 도박장을 열심히 드나들면서 졸업장만으로는 돈벌이가 좋은 직장을 얻기 어렵다는 것을 일찌감치 깨달았다는 점에서 오늘날의 대학 졸업자들과 별다르지 않았다. 그저 취직하는 것만으로는 부족했다. 그에게는 야망이 있었고, 평범한 급여로는 만족할 수 없었다. 일단 미국으로 건너왔다면 아메리칸 드림을 이루어야 의미가 있었다.

폰지가 미국으로 가져온 돈은 얼마 되지 않았지만 그는 그나마도 이민선에서 도박으로 돈을 탕진했다. 하선할 때 그의 수중에 남은 돈은 고작 2달러 50센트에 불과했는데도 "나는 백만 달러를 벌 거야!"라고 외쳤다고 한다. 그가 미국에 정착하면서 처음 한 일은 이름을 카를로에서 찰스Charles로 바꾼 것이었다. 그리고는 곧바로 일자리를 찾기 시작했다. 하지만 현실은 녹록치 않았다. 무일푼에다가 영어도 제대로 구사하지 못하는 폰지가 찾을 수 있는 일자리라고 해봐야 식당 종업원이나 접시닦이 정도에 불과했다. 돈을 벌어 보겠다는 최초의 시도였던, 거스름돈을 가로채려는 시도로 인해 그는 해고당한다.

1907년 미국은 '1907년 공황'(다음 장에 나오는 월스트리트의 부호 헤티 그린이 뉴욕시에 100만 달러가 넘는 금액을 빌려주었을 때와 동일한 위기)이라는 갑작스런 경기 침체에 맞닥뜨린다. 뉴욕 증시는 전년 최고점 대비 50퍼센트 하락했고, 지금 사람들이 1929년 대공황 — 금융 기관들이 도미노처럼 무너지고, 사람들이 필사적으로 은행에서 예금을 인출하려 하는 — 이라고 하면 떠올리는 일들이 1907년에도 비슷하게 나타났다.

1907년의 위기는 J. P. 모건Morgan이라는 한 인물 덕분에 극복할 수 있었다. 당시 그는 영웅으로 여겨졌지만, 후일 미국 금융계에 지나친 영향력을 발휘한다는 이유로 비난의 대상이 된다. 1912년에는 그가 운영하던 '금전신탁'을 조사하는 위원회가 만들어졌고 모건이 청문회에 불려나왔다. 이때 위원회와 모건 사이에 오간 아래 대화는 경제 활동이 인간의 신용에 의해 결정된다는 금융의 본질을 보여 주고 있다.

위원회: 그건 기본적으로 현금이나 자산에 근거한 대출 아닌가요?

J. P. 모건: 아닙니다. 제일 중요한 건 그 사람의 성격입니다.

위원회: 현금이나 자산보다도 말입니까?

J. P. 모건: 돈이 아니라 다른 무엇보다도 그게 먼저입니다. 돈으로는 그걸 살 수 없습니다. (…) 저에게 신뢰를 받지 못하는 사람은 서구 어디에서든 제게서 돈을 빌릴 수 없습니다.

이러한 모건의 신조를 일찍부터 알고 있었던 것일까? 찰스 폰지는 후일 모건이 위원회에서 전하고자 했던 경제 활동의 핵심 개념을 마음에 새긴 것처럼 활동한다.

폰지의 파란만장한 미국 생활

1907년 미국의 경제 상황 아래에서 폰지가 일자리를 찾기란 불가능했으므로 그는 모험을 하기로 마음먹고 캐나다로 이동했다. 폰지는 몬트리올의 생자크에서 성공적으로 담배 사업을 하던 이탈리아 이민자 루이지 차로시Luigi Zarossi를 찾아가서는 자신을 (실제로는 존재하지 않는) 이탈리아의 부유한 집안 출신인 카를로 비안키라고 소개했다. 차로시는 폰지의 친구가 되어 주었으며 이탈리아 이민자들을 돕기 위해 자신이 설립한 차로시 은행에 수습 은행원으로 취직도 시켜 주었다.

부동산 거래에서 상당한 수익을 올린 덕분에 차로시 은행은 고객들에게 당시 이자율의 2배가 넘는 6퍼센트의 이자를 제공할 수 있었다. 당시 폰지는 차로시뿐만 아니라 그의 가족과도 가깝게 지냈으며, 지점장 자리까지 오른 상태였다. 여기서 그는 금융에 관한 첫 번째 교훈을 얻는다. 은행이 너무나 급격하게 많은 고객을 유치하자 부동산 자산 수익만으로는 고객들에게 6퍼센트에 이르는 이자를 지급할 수 없어진 것이다. 그래서 차로시는 새 고객들의 예금에서 돈을 빼내 고객들의 이자를 지급하는 데 사용했다. 이는 예금 인출 사태가 벌어지면 은행이 고객들에게 돈을 내어 주지 못할 것이라는 의미였다. 결국 소문이 퍼져 차로시 은행이 파산할 것이라는 사실이 분명해지자, 차로시는 부인과 자식을 버리고 남은 돈을 모두 챙겨 멕시코로 달아났다.

폰지는 차로시가 버린 그의 가족과 함께 이사를 가서 그들을 도우려 애썼지만, 무일푼인 데다가 성난 고객들로 인해서 상황은 걷잡을 수 없는 상태가 된다. 그는 차로시의 거래처였던 캐나다 창고회사 사무실을 찾아가 도움을 청하려 했지만 마침 사무실엔 아무도 없었다. 책상 위에 놓여 있던 수표책을 발견한 폰지는 자신 앞으로 그럴듯해 보이는 금액인 423.58달러(오늘날의 가치로 약 1만 달러)를 써넣는다. 그는 회사 임원 한 명의 이름을 도용해서 수표를 현금으로 바꾸는 데 성공했다.

차로시 은행이 파산한 이후에도 폰지는 아무런 책임을 추궁받지 않았지만, 주변 사람들은 그의 어려운 상황을 잘 알고 있었다. 그런데 그가 갑자기 돈을 마구 쓰고 다니자 이를 수상히 여긴 이웃이 그를 경찰에 신고한다. 경찰이 찾아왔을 때 폰지는 아무것도 숨기려하지 않았다. 오히려 수갑을 채우라고 손을 내밀며 "제가 그랬습니다"라고 말하기까지 했다. 그는 3년형을 선고받고 몬트리올 성 빈센트 드폴 교도소에 수감된다. 20개월 후 모범수로 석방된 폰지는 미국으로 돌아가서 '새로운 삶'을 시작하기로 마음먹는다.

'새로운 삶'이란 가능한 한 빨리 부자가 되는 길을 의미했고, 폰지는 이를 위해 엄청난 노력을 들였다. 미국에 도착하고 열흘 뒤인 1910년 7월 30일, 그는 이탈리아에서 불법 이민자를 들여오려는 시도에 참여한 혐의로 다시 체포된다. 애틀랜타의 감옥에 — 아마도 몬트리올에 비하면 훨씬 편했을 것이다. 특히 겨울에는 — 수감된 2년 동안 다른 수감자들과 마찬가지로 폰지도 다양한 범죄 기법을 습득한다. 그는 위조지폐를 만들었다가 (12건의 살인을 저지르고) 수감된 시칠리아 마피아 이그나치오 사이에타Ignazio Saietta, 유나이티드 구리 회사 주식 확보로 1907년의 경제 위기 발생의 주요 원인 중 하나를 제공했던 뉴욕의 영향력 있는 사업가 찰스 모스Charles Morse와 친구가 되었다. 모스는 부유하고 안락한 삶에 익숙한 사람이었다. 그는 돈이 있는 곳을 알았다. 심지어는 자신이 당장 죽을 수도 있으니 즉시 대통령 명령으로 외국으로 가서 치료를 받아야 한다고 육군 군의관들을 속이는 데 성공하기도 했을 정도였다. 그러나 폰지는 진실을 알고 있었다. 모스가 검사 전에 비누 거품을 마셨던 것이다. 비누는 독성이 있고 중독 증상을 일으키긴 하지만, 비누의 독소는 그다지 위험하지 않고 곧 증상이 가라앉는다. 감옥에서 나온 모스는 독일의 온천으로 '휴양'을 떠났다. 그는 뒤에 남은 친구에게 새롭고 흥미로운 아이디어를 한 가득 남겨 주었다.

형기를 마치고 출소한 폰지는 일자리를 찾아 북쪽으로 올라가 보스턴의 어느 회사에 자리를 잡았다. 그는 그곳에서 평범한 가정 출신이며 자그마한 체구의 이탈리아계 미국인 여성 로즈 네코Rose Gnecco를 만나 교제하기 시작했다. 폰지의 나이는 이미 35세에 가까웠고, 로즈는 그의 경험과 교양에 매력을 느꼈다. 그녀에게 그의 과거를 털어 놓은 것은 — 그의 행태와는 전혀 어울리지 않는다 — 폰지가 아니라 자신의 아들과 사귀는 이 젊은 아가씨에게 경각심을 일깨워 줄 필요가 있다고 느낀 폰지의 어머니였다. 그녀는 로즈에게 편지를 써 아들의 어두운 과거를 알려 준다. 하지만 로즈는 이에 개의치 않았다. 그녀는 뜻을 굽히지 않고 1918년 2월 폰지와 결혼했다.

결혼 후 폰지의 첫 직장은 장인의 식료품점이었는데, 그의 잘못은 아니었지만 이 사업은 오래 가지 못했다. 가게는 그가 맡기 전부터 이미 어려운 상태였다. 게다가 식료품점은 그의 성향과도 맞지 않았다. 폰지는 빨리 돈을 벌고 싶었으므로, 스스로 사업을 하기로 마음먹었다. 뭔가 좋은 방법이 없을까 생각하던 폰지는 광고 수입으로 돈을 버는 국제 무역 잡지를 발간해 보면 어떨까 하는 생각을 떠올렸다. 하지만 그가 거래하던 하노버 신탁 은행은 사업 자금인 2,000달러의 융자 요청을 거절했고 (아마도 선견지명이 있었던 듯하다), 그가 여기저기에 떠들고 다녔던 잡지 발간 계획은 수포로 돌아갔다.

국제반신권을 이용한 새로운 사업 모델을 발견하다

연이어 실패를 겪고 다른 사업을 고민하던 폰지에게 어느 스페인의 사업가가 연락을 했다. 그는 폰지가 엄청나게 광고를 했던, 그러나 실제로는 존재하지 않는 예의 잡지에 대해 좀 더 알고 싶다고 편지를 보냈다. 스페인 사업가는 답장을 반드시 보내 달라는 의미로 국제반신권國際返信券(전 세계 우편연합 가입국 어디에서나 우편요금 대신 사용할 수 있는 증서 — 역주)을 편지에 동봉해서 보냈다. 이를 본 폰지는 새로운 사업 아이디어를 떠올렸다. 이 반신권은 폰지가 답장을 보낼 때 우편요금을 부담하지 않게 하려고 스페인에서 보낸 것이다. 그런데 스페인에서 미국 우표를 살 방법은 없다. 그래서 각국이 조약을 맺어 서로 통용되는 증서를 만들었다. 스페인에서 몇 센타보(스페인의 화폐 단위 ─ 역주)를 주고 이 증서를 사면, 미국 우체국에서는 이를 5센트짜리 우표로 바꿔 주는 식이다. 스페인에서 이 증서를 구입하는 가격은 미국과 동일하지만, 미국 달러에 대한 스페인 통화의 가치는 다른 유럽 통화와 마찬가지로 제1차 세계대전 이후 급락한 상태였다. 폰지는 같은 물건의 값이 이유 여하를 불문하고 서로 다른 지역에서 가격 차이가 날 때 이를 통해 수익을 얻는 기법인 차익거래의 기회를 발견했다.

폰지는 친척들이 있는 이탈리아에도 같은 기회가 있다는 점에 주목했다. 1달러를 이탈리아 리라로 환전하면 이탈리아에서 66매의 국제반신권을 살 수 있었고,* 이를 친척들이 대량으로 사서 보내면 폰지는 이것으로 미국에서 5센트 우표를 살 수 있었다. 계산해 보니, 이런 식으로 1달러를 투자해서 3달러 30센트를 회수할 수 있었다. 이익의 일부를 친척들에게 나누어 주고, 운송비를 제한다 해도 엄청난 이익이었다!

폰지는 보스턴의 스쿨가에 환전 회사를 세웠다. 등록된 사업 분야는 유럽에서 국제반신권을 수입해서 미국 우표로 바꿔 주는 것이었다. 계획에는 아무런 허점도 없어 보였다. 유일한 문제는 자금이었으므로 폰지는 투자자를 찾아 나섰다. 이 과정에서 그는 자신이 가진 진정한 능력, 수백

✱ 제1차 세계대전 직후 1달러는 대략 44리라였으며, 이탈리아에서 국제반신권 1매는 1.5리라였다. 물론 환율은 일정치 않았지만, 1919년은 역사상 가장 낮은 해였다. 1926년 무솔리니가 19리라를 1달러로 고정시켰다.

만 달러를 벌어들일 수 있는 능력을 깨닫게 된다.

투자자들로 하여금 자신의 회사에 투자하도록 설득하려면 세 가지가 필요하다. 분명한 사업 계획, 확실한 이윤, 그리고 무엇보다 가장 중요한 요소는 — 앞서 J. P. 모건의 통찰력 가득한 지적을 상기하자 — 상대방으로 하여금 신뢰감을 느끼게 하는 성품이다. 아마도 인류 역사상 가장 못 믿을 인간이었던 찰스 폰지에게는 역설적으로 상대방에게 신뢰를 얻는 능력이 있었다. 그의 사업 계획은 확실했을 뿐 아니라 합법적이었다. 그가 첫 투자자들에게 내건 조건은 45일 만에 50퍼센트, 혹은 90일에 100퍼센트의 수익을 돌려주겠다는 유례가 없는 것이었다. 한 마디로 90일 마다 투자금을 두 배로 불려 주겠다고 한 것이다. 최초로 투자한 사람들이 약속대로 이윤을 배당받자, 폰지의 현관 벨은 쉴 틈이 없이 울려댔다.

사업을 시작한 지 불과 3개월 만인 1920년 4월, 폰지 부부는 꿈에 그리던 삶을 누렸다. 그는 부인에게 값비싼 보석을 선물했고, 금으로 도금한 지팡이와 두 대의 자동차를 샀다. 그의 재산은 계속 불어나고 있었다. 5월이 되자 폰지는 보스턴 근교 렉싱턴에 위치한, 은행가들이 모여 사는 유서 깊은 지역에 호화스러운 저택을 매입하고 운전기사가 딸린 고급 주문 제작 리무진도 마련했다.

투자자들은 계속 자금을 내놓고 있었다. 폰지 말고 아무도 몰랐던 사실은, 이제 그가 국제반신권 따위는 생각도 하지 않고 있다는 점이었다. 처음에는 실제로 이탈리아의 친척들에게 반신권을 사서 보내라고 했었다. 그러나 그는 반신권을 대량으로 현금화하기 어렵다는 사실을 알게 된다. 그를 의심한 우체국 직원은 현금을 내어 주기를 거부했다. 곧이어

공무원이 그를 방문해서 정부가 발행한 국제반신권을 투기 대상으로 삼는 행위는 불법이라고 통고했다. 국제반신권을 이용한 사업은 이것으로 끝이 난 셈이었지만 그는 이 내용을 투자자들에게 알려 주지 않았다.

6월이 되자 폰지는 또 다른 꿈을 실현했다. 복수였다. 작년에 무역 잡지 사업을 하려고 했을 때, 얼마 안 되는 자신의 융자 요청을 거절했던 하노버 신탁 은행의 주식을 매입해서 경영권을 획득한 것이다. 폰지는 여전히 새 투자자들에게서 들어오는 엄청난 자금을 이용해 기존 투자자들에게 이자를 지급하고 있었는데, 이는 단지 제대로 된 투자를 시작하기까지 자금을 일시적으로 운용하는 것에 불과하다고 스스로에게 변명하고 있었다. 하노버 신탁 은행의 인수가 바로 제대로 된 투자에 해당했다. 육류 포장 공장과 부동산도 매입했다. 하지만 이 중 어느 것도 90일마다 100퍼센트의 수익을 내는 것은 없었다. 결국 폰지는 이전과 마찬가지로 새 투자자의 돈으로 기존 투자자에게 돈을 내어 주는 수밖에 없었다. 어차피 자금은 계속해서 들어오고 있었다.

7월이 되자 아침에 리무진에서 내려 사무실로 들어갈 때마다 맞닥뜨리는 풍경은 그의 상상을 초월했다. 나중에 그는 자서전에서 당시의 상황을 이렇게 묘사했다.

네 줄로 늘어선 엄청난 수의 투자자들이 시청 별관에서부터 시청 앞 거리와 스쿨가를 지나, 나일스 빌딩 입구, 계단 위, 복도를 채우고 내 사무실 앞까지 늘어서 있었다! (…)
사람들의 얼굴에 탐욕과 희망이 서려 있는 것을 알 수 있었다. 돈 뭉치를 들고 흔들어 대는 수천 개의 팔이 이를 말해 주고 있었다! 광기, 돈의 광기, 최악의 광기가 모든 사람의 눈에서 빛나고 있었다! (⋯)

그곳에 모인 사람들에게 나는 자신들의 꿈이 실현된 존재였다. (⋯) 가난한 사람을 하룻밤 만에 백만장자로 만들어 주는 '마법사'나 다름없었던 것이다!

폰지가 수백만 달러를 벌어들이는 동안에도 사람들이 그에게 호감을 보였던 이유는 그가 겸손하고 소박한 태도를 유지했기 때문이었다. 그는 그야말로 가난뱅이에서 부자가 된 전형이었다. 성공의 절정에 있을 무렵 《뉴욕 타임스》와의 인터뷰에서 그는 자신의 성공을 이렇게 이야기했다.

나는 현금 2달러 50센트와 희망 백만 달러를 들고 미국에 내렸고, 내게서 희망이 사라졌던 적은 없습니다. 자금이 있어야만 큰돈을 벌 수 있기 때문에, 항상 더 많은 돈을 벌 수 있을 정도로 돈을 충분히 벌겠다는 꿈을 갖고 있었습니다.

잡일을 하면서 약간의 돈을 모았지만 몇 주간 일이 없다보니 금방 돈이 떨어지더군요. 그래서 일을 찾으러 큰 도시인 뉴욕으로 갔습니다. 대형 호텔에 웨이터로 취직했는데, 업무용 턱시도까지 입혀 주더군요. 네, 음식을 엄청나게 날랐고, 월급과 약간의 팁으로 먹고사는 데는 지장이 없었습니다. 이 호텔 저 호텔, 작은 식당들로 옮겨 가며 웨이터 생활을 이어 나갔고, 가끔은 접시도 닦았습니다. 하지만 뉴욕이 지겨워져서 여행을 하면서 일자리가 있는 곳을 찾아다녔습니다.

1917년 보스턴에 오기 전까지 했던 일들은 모두 단순한 것들이었습니다. 보스턴에서 신문 광고를 보고 도매상인 J. R. 풀에 취직했지요. 주급 25달러였습니다.

그러다가 천생 배필을 만났습니다. 보스턴의 청과 도매상의 딸이면서, 세상에서 가장 아름답고 멋진 여성 로즈 네코입니다. 그녀는 제 오른팔일 뿐 아니라 제 심장이기도 합니다. 우린 1918년 2월 결혼했습니다.

《뉴욕 타임스》, 1920년 7월 29일

그는 유머러스하고 견실하며 친근한 데다 다른 평범한 사람들처럼 일상의 고난과 맞서 나가는 매력적인 사람이라는 인상을 주었다. 물론 실제 현실은 그가 말한 것과는 달랐지만 그 사실을 아는 사람은 아무도 없었다. 사람들은 아메리칸 드림을 원했고, 폰지는 바로 그 꿈의 결정체였다. 폰지의 인기와 우아함 덕분에 그가 소유한 방 12개짜리 저택, 난방이 되는 수영장, 리무진, 부인의 다이아몬드에 아무도 억울해하지 않았다. 사람들은 그가 그 이상도 누릴 만한 자격이 있다고 느꼈고, 자신들도 이 '피리 부는 사나이'의 장단에 맞추기만 하면 그런 부를 얻으리라 여겼다.

폰지의 사업은 언제까지 유지될 수 있을까

폰지에게 투자를 고심하는 투자자의 입장에서 생각해 보자. 당시의 상황에서 합당한 충고는 아마도 '최초의 투자자들이 약속받은 수익을 얻었는지 확인할 때까지 기다려 보고, 가능한 빨리 투자하라'일 것이다. 먼저 참여하고, 일찍 빠져 나와야 한다. 수익이 났으면 더 이상 미련을 두지 말아야 한다. 하지만 21세기의 관점에서 보자면 찔러 볼 생각도 하지 말라고 해야 한다. 현대에는 폰지 방식의 다단계 사기에서 투자 수익을 얻는다 해도 소송이 제기되면 그보다 더한 손실을 볼 수 있다. 왜 그럴까? 어떤 식으로건 폰지 방식의 투자(라기보다는 사기)는 아주 신속하게 파탄에 이르기 때문이다. 1920년에는 아무도 이런 사태를 예상하지 못했다. 부자가 되고 싶다는 꿈이 가진 힘이 너무나 컸기 때문에 2,010명이 이런 술책에 놀아났다. 일이 터지고 나서야 재앙이 시작되었다.

눈이 번쩍 뜨일 정도로 높은 수익률을 약속하는 투자 상품에 마음이 흔들린다면 투자 여부를 결정하기 전에 먼저 계산을 약간 해봐야 한다.

1) 자금 측면 모형

폰지식 다단계 사기를 단순화하여 모든 투자자가 1,000달러씩 투자하고, 모두가 90일 뒤에 원금과 이자를 돌려받는다고 해보자. 현실에서는 많은 투자자들이 다음 번 투자를 위해 원금의 일부를 다시 투자하므로, 폰지 입장에서는 매번 처음과 같은 수의 새로운 투자자가 필요하지는 않았다. 그러므로 폰지의 다단계 사기는 이 계산보다 더 오래 버틸 수 있다. 한편 이 과정에서 폰지는 개인적으로 이득을 취하지 않고 모든 자금을 계속 굴린다고 가정한다. 물론 현실에서의 폰지는 새로 확보되는 투자금의 일부를 개인적으로 착복했으므로, 여기서의 계산보다 더 일찍 파산했다. 여기서는 이 두 가지 가정이 대체로 서로 상쇄된다고 하자.

이런 구조가 유지되려면 폰지가 새로운 투자자로부터 이전 투자자에게 지급할 이자보다 많은 금액을 유치해야 한다. 그렇지 못하면 바로 파산한다. 목표는 90일마다 돈을 두 배로 불리는 것이다.

처음에 투자자 100명이 각각 1,000달러씩 내서 총 10만 달러를 모았다고 해보자(실제로 폰지가 이 수준에 이르기까지는 몇 주가 걸렸다). 90일 뒤, 폰지는 이들에게 이만큼의 이자와 원금을 지불해야 한다. 즉 첫 90일 동안 20만 달러를 내줄 200명의 새로운 투자자를 찾아야 90일이 지났을 때 첫 투자자들에게 이자를 지급할 수 있다. 200명을 모으는 데 성공하면, 이제 다시 90일이 지났을 때 이들에게 이자와 원금을 지불해야 한다. 그러려면 400명의 새 투자자를 90일 동안 모아야 하는 식으로, 90일마다 새 투자자를 2배로 모아야 한다. 필요한 투자자를 확보하지 못하는 순간 이전에 투자했던 사람들에게 돈을 돌려줄 수 없게 되고 투자자들은 공황 상태에 빠진다. 모두들 자신의 돈을 돌려 달라고 요구하겠지만 새 투자자가 없으면 이들에게 줄 돈도 없으므로 이 구조는 무너진다.

이런 속도라면 폰지가 얼마나 버틸 수 있을까? 표 1.1에 주기마다 그가 지급해야 할 금액과 확보해야 할 신규 투자자, 전체 투자자의 수가 나타나 있다.

1년 3개월 후 320만 달러가 준비되어 있어야 하고, 1년 6개월 뒤에는 640만 달러가 있어야 하며, 1년 9개월 뒤에는 1,280만 달러, 2년 뒤에는 2,560만 달러가 필요하다. 계속해서 90일마다 2배가 되므로, 3년 뒤에는 무려 4억 96만 달러, 4년 뒤에는 65억 5,360만 달러가 확보되어야 한다.

기간	신규 투자자	전체 투자자	지급액
최초	100	100	
1기	200	300	$200,000
2기	400	700	$400,000
3기	800	1,500	$800,000
4기	1,600	3,100	$1,600,000
5기	3,200	6,300	$3,200,000
6기	6,400	12,700	$6,400,000
7기	12,800	25,500	$12,800,000
8기	25,600	51,100	$25,600,000
9기	51,200	102,300	$51,200,000
10기	102,400	204,700	$102,400,000
11기	204,800	409,500	$204,800,000
12기	409,600	819,100	$409,600,000
13기	819,200	1,638,300	$819,200,000
14기	1,638,400	3,276,700	$1,638,400,000
15기	3,276,800	6,553,500	$3,276,800,000
16기	6,553,600	13,107,100	$6,553,600,000

표 1.1 자금 측면 모형

미국 역사상 가장 부자였던 존 D. 록펠러John D. Rockefeller (1839~1937)가 평생에 걸쳐 모은 재산이 10억 달러(현재 가치로 약 2,000억 달러)였다는 점을 고려하면 폰지가 4년이라는 짧은 기간 동안 60억 달러를 확보할 방법은 없다고 보아야 한다. 얼마 안 가 문제가 생길 것이라는 점이 너무나도 명확하다.

2) 투자자 측면 모형

상대로 하여금 자신을 신뢰하게 하는 현란한 화술은 폰지에게 순조로운 출발을 가능케 했던 큰 힘이었다. 첫날부터 그의 말에 넘어간 투자자의 수는 믿기 어려울 정도로 늘어 갔으며, 이자와 원금을 계속 투자하기로 한 사람들에게 약속했던 대로 수익을 지급하자 폰지에 대한 소문은 들판의 불처럼 퍼져 나갔다. 폰지가 사람을 고용해서 이런 소문을 퍼뜨리자, 보스턴 지역에서 점점 더 많은 돈이 폰지에게로 모여들었다. 실제로 몇 달 간은 투자자가 매달 두 배로 늘어났으며, 이는 90일마다 투자자가 두 배가 되는 위의 모형보다 더 많은 것이었다. 물론 투자자가 늘어난 만큼 지급해야 할 금액도 그에 따라 엄청나게 증가했다.

이번에는 투자자의 수를 매달 두 배로 늘린다는 관점에서 모형을 만들어 보자. 앞서와 마찬가지로, 처음에 100명의 투자자가 1,000달러씩

	투자자	확보액
1월	100	$100,000
2월	200	$200,000
3월	400	$400,000
4월	800	$800,000
5월	1,600	$1,600,000
6월	3,200	$3,200,000
7월	4,200	$4,200,000
합계	10,500	$10,500,000

표 1.2 투자자 측면 모형

투자하는 것으로 시작하고, 새 투자자도 1,000달러씩 투자한다고 가정한다. 이 조건에서 1920년 1월부터의 상황은 표 1.2와 같다. 폰지가 처음으로 문제에 봉착한 때는 7월이었다. 표에는 매달 그가 지급해야 하는 액수에 관계없이 그가 확보한 액수가 정리되어 있다.

이 표는 실제로 일어났던 상황과 굉장히 유사하다. 누적 투자자의 수는 1만 500명이고, 확보한 투자금은 1,050만 달러다. 폰지의 장부에 따르면 1920년 1월부터 7월까지 1만 550명의 투자자가 있었고 이들의 투자금 총액은 980만 달러였다. 7월에는 거의 20만 달러를 매일 유치해서, 사기가 붕괴하기 전인 7월의 21일 동안 (일요일 제외) 정확히 420만 달러의 투자금을 확보했다.

만약 이 계획이 생각대로 굴러갔다면 — 생각해 볼 만한 내용이다 — 이후 몇 개월간 표 1.3처럼 흘러갔을 것이다.

	투자자	확보액
7월	6,400	$6,400,000
8월	12,800	$12,800,000
9월	25,600	$25,600,000
10월	51,200	$51,200,000
11월	102,400	$102,400,000
12월	204,800	$204,800,000
1월	409,600	$409,600,000
2월	819,200	$819,200,000

표 1.3 예상 투자자 측면 모형

폰지가 새로운 투자자를 유치하는 속도를 유지했다면 대략 1년쯤 지났을 때 10억 달러가 모이고, 투자자의 수는 1920년 보스턴 지역에 거주하던 모든 성인의 수와 맞먹었을 것이다. 앞서 살펴본 단순한 모형에서도 보았듯 이런 속도로는 3년도 버티기 어렵다. 실제로 폰지의 사기 행각은 겨우 몇 달 정도 더 버티고 무너졌다.

투자자들이 투자하기 전에 간단하게나마 계산을 해보았다면 폰지의 사기 행각은 시작조차 불가능했을 것이다. 실제로 그가 투자자들에게 이익을 분배할 수 없는 시점에 이르기 전에 어느 분노에 찬 탐욕스런 사나이에 의해 문제가 일어났다.

폰지의 적이 등장하다

이 사기 행각이 시작되기 직전인 1919년 12월, 조지프 대니얼스 Joseph Daniels라는 가구 영업 사원이 폰지에게 200달러를 빌려주었다. 폰지는 이 돈의 일부를 가구 구입에 사용하고, 나머지는 새로 세우는 회사의 설립 자금으로 썼다. 그는 돈을 제때 갚았으나, 이후 몇 달에 걸쳐 돈이 마구 들어오자 대니얼스는 폰지가 회사 수익의 절반을 자신과 나누기로 했다고 주장하기 시작한다. 폰지가 5월 28일 렉싱턴에 있는 호화 저택을 구입하자, 대니얼스는 그를 찾아가서 이익을 나누어 달라고 요구했다. 폰지는 말도 안 되는 요구라며 이를 거절했고, 대니얼스는 변호사를 고용해서 7월 2일 소송을 제기했다. 매사추세츠주 지방 판사는 중재

안으로 감사관이 회계 장부를 확인하고 회사의 상태를 파악할 때까지 폰지에게 영업을 중지하라고 지시했다.

폰지가 이익을 최우선으로 생각했다면 그날로 가진 재산을 모두 들고 달아났을 것이다. 그러나 그는 도망가지 않았다. 부인에게조차 진실을 말하지 않았거나 어떻게든 해결할 수 있으리라고 생각했을지도 모른다. 어찌되었건 그는 도망가기는커녕 웃는 얼굴로 문을 활짝 열어 두었다.

7월 26일, 법원의 명령에 의해 영업을 할 수 없었으므로 돈을 들고 폰지를 찾아온 수십 명의 투자자들은 발길을 돌려야 했다. 당시에는 하루에 신규 자금이 거의 20만 달러씩 들어오고 있었다. 그런데 그의 영업이 정지되고 조사가 진행된다는 소식이 퍼져 나가자, 이 소식을 들은 투자자들이 몰려와서 돈을 내어 달라고 요구했다. 폰지는 만기가 되지 않은 투자금은 원금만 돌려주고, 만기가 된 경우에는 약속한 이자를 지급하겠다고 대응했다. 사무실 유리창을 두들기며 밀고 들어오려는 군중과 마주친 폰지는 근처의 술집으로 피신해서 하루를 지낸 뒤, 그곳을 임시 사무실로 삼아 한쪽에 현금 출납 창구를 만들어서 사람들을 줄 세웠다. 그날 1,000명 정도의 사람들이 약 100만 달러의 돈을 찾아서 돌아갔다. 한바탕 소동이 끝난 뒤, 폰지는 기자들에게 자신의 거창한 향후 계획을 늘어놓았다. 회사를 계속 운영하며 보스턴을 세계 제일의 수출입 항구로 만들고 자선 단체에 수백만 달러를 기부할 것이며 은행 시스템을 개혁하겠다고 말이다. 기자들은 신이 나서 그의 말을 받아 적었다.

다음 날 사람들은 더 많이 몰려왔고 수천 명이 거리를 가득 메웠다. 폰지는 커피와 샌드위치를 들고 웃는 얼굴로 투자자들을 안심시켰다. 누구라도 돈을 돌려받고 싶은 사람은 바로 돌려주겠지만, 자신을 믿고 기다려 준다면 모든 것이 잘될 것이라고 말이다. 많은 사람들이 그의 말을 믿고 그냥 집으로 돌아갔다. 돈을 찾고자 하는 사람들에게는 또 100만 달러 정도를 내주었다. 목요일엔 50만 달러가, 금요일엔 아주 적은 금액만이 인출되었다. 그의 말과 행동은 아직 돈을 묶어 두고 있던 나머지 투자자들을 안심시켰으며, 그에 대한 신뢰를 재확인하게 했다. 그 사이 대니얼스가 제기한 소송이 진행되고 있었다.

그 주 금요일과 토요일은 조용했다. 일요일인 8월 1일, 폰지는 근처 마을인 자메이카 플레인에서 이탈리아 보육원을 돕기 위한 행사에 참석했다. 폰지는 보육원 현관에 서서 10만 달러의 기부금을 내고, 참석한 모든 아이와 어머니들에게 아이스크림을 무료로 제공함으로써 그의 리무진이 사라질 때까지 (자메이카 플레인에서는 오늘날까지 그를 자애로운 사람으로 기억한다) 박수 소리가 그치지 않게 만들었다.

8월 2일 월요일 신문에는 과거 폰지의 홍보 담당 비서였던 사람이 쓴, 폰지가 머지않아 고객에게 돈을 지불할 수 없을 것이라고 주장하는 기사가 실렸다. 이로 인해 또다시 엄청난 사람들이 사무실로 몰려왔고, 이 사태는 수요일까지 계속되었다. 은행에서 대출을 받아야 했지만, 폰지는 이번에도 인출 요구를 모두 들어주는 데 성공했다. 8월 5일 목요일이 되자 상황이 잠잠해졌다. 하지만 폰지는 언제라도 세 번째 인출 사태가 일어날 수 있고, 그렇게 되면 돈을 내어 주지 못하리라는 사실을 알고 있었다. 그래서 그는 대니얼스와 합의를 이루는 데 동의한다. 대니얼스는 4만 달러 — 그는 폰지가 자금이 부족한 것을 알고 있었으므로 돈을 요구한 것은 그야말로 협박에 불과했다 — 에 합의를 해주었고, 폰지는 이 돈을 내주고 그의 지분을 해소한다. 폰지로서는 안 된 일이었지만 이 모든 내용이 신문에 보도되었고, 폰지는 8월 9일 월요일 아침 새로운 인출 사태를 맞이한다. 그는 다시 한번 대출을 이용했다. 하노버 신탁 은행이 그에게 50만 달러의 대출을 해주었다. 폰지는 그날 "이 사업에 정나미가 떨어졌어"라고 중얼거렸다.

화요일 아침, 폰지는 사무실 문을 닫고 오래 전에 예정되어 있던 키와니스 클럽에서의 강연에 앞서 점심을 하러 나섰다. 엄청난 군중이 모여서 질문을 퍼부었고, 어느 하나 쉬운 질문이라곤 없었다. 사람들은 폰지의 과거를 의심하기 시작했다. 수요일이 되자 그의 과거 범죄 기록을 비롯하여 그가 채무를 갚을 수 없다는 사실이 공개되었다.

폰지는 8월 12일 목요일에 체포되었다. 그는 부인에게 전화해서 감사관들과 함께 장부를 조사하느라 밤을 새워야 한다고 이야기했다. 부인인 로즈는 그날 초대했던 손님들을 웃는 모습으로 혼자 맞이했다. 그날 자신의 남편이 감옥에 있다는 사실을 모르는 사람은 그곳에서 그녀 혼자뿐이었다.

며칠 뒤 투자자들이 돈이 더 들어올 곳이 없다는 진실을 깨달을 때까지 예금 인출 사태는 계속되었다. 폰지의 모든 자산은 압류되었고, 채권자들에게 줄 돈을 일부라도 마련하기 위해 경매에 붙여졌다. 조지프 대니얼스가 갈취한 4만 달러도 함께 압류되어 보상에 보태졌다. 다단계 사기 사건이 항상 그렇듯 대부분의 투자자들은 투자금을 회수하지 못했다.

연방 대배심은 완전히 파산한 폰지에게 우편 사기 혐의로 징역 5년형을 선고했다. 매사추세츠주도 공개적으로 그를 "천박하고 악질적인 도둑"이라고 비난하며 7년 형을 내렸다. 각기 다른 죄목에 대해 세 가지 재판을 거쳐야 했으므로 시간이 오래 소요되어, 1925년이 되자 폰지는 이미 첫 번째 재판의 형기를 마친 뒤였다. 그는 매사추세츠주의 기소 내용에 ― 그는 "천박한"이란 말에 발끈했다 ― 대해 즉시 상고했고, 판결을 기다리는 동안 석방된 상태로 지냈다.

나름의 교훈을 얻은 폰지는 곧바로 보스턴을 떠나 플로리다주로 간 뒤, 습지대의 부동산으로 쉽게 돈을 벌 궁리를 하기 시작했다. 이번 시도는 곧바로 실체가 드러났고 찰스 폰지는 부인과 함께 체포되는 처지가 된다. 1926년 4월 21일, 그는 1년의 강제 노역형을 선고받았고 부인 로즈는 무죄로 풀려났다. 폰지는 이번에도 항소했지만 5월 28일에 내려진 판결은 변함이 없었다. 미국이 지겨워진 ― 어쩌면 계속 머무르기가 두려웠을 수도 있다 ― 폰지는 이탈리아로 가는 선박의 일자리를 찾아 나섰다.

하지만 폰지에게는 불행히도 텍사스주 휴스턴항에 정박했을 때 그곳 보안 당국이 그를 알아보았다. 텍사스주의 보안관은 보스턴으로 연락해 그의 베르티옹Bertillon 수치(당시 범죄자를 확인하는 체계. 10장 참조)를 요청했으나 자료가 도착했을 때 배는 이미 뉴올리언스를 향해 출항한 뒤였다. 보안관은 곧바로 뉴올리언스의 동료에게 연락했고, 그가 폰지에게 몇 가지 일상적인 서류를 만들어야 한다고 이야기해서 하선하도록 구슬리는 데 성공한다. 폰지는 배에서 내리자마자 체포되어 휴스턴으로 압송되었다. 체포가 불법적인 납치라는 폰지의 주장은 무시되었고, 매사추세츠주는 그의 신병 인도를 요청했다. 몇 개월의 실랑이 끝에 결국 그는 매사추세츠주로 보내져 그곳 교도소에서 1927년부터 형을 살기 시작했다. 1933년에 석방된 폰지는 1934년 이탈리아로 추방되었고, 1939년에는 브라질로 이주해서 여러 직업을 전전하다가 뇌졸중으로 반신불수가 되고 무일푼의 처지에서 1949년 초에 사망했다. 1월 31일 《타임》에 실린 사망 기사는 그가 어떤 인물이었는지 아주 잘 서술하고 있다.

> 보스턴의 주 의사당에서 부토니에르(옷깃에 꽂는 남성용 꽃 장식 ― 역주)를 꽂고 한 손에는 지팡이를 든, 밀짚 중절모를 쓴 작은 키의 말쑥한 사나이가 모습을 드러내자 "가장 위대한 이탈리아인"이라는 함성이 울려 퍼졌다. 찰스 ("벼락부자") 폰지는 이런 칭송에 어깨를 으쓱거리며 "그건 아닙니다"라고 대답하곤 "콜럼버스와 마르코니가 훨씬 더 위대했습니다. 콜럼버스는 아메리카를 발견했고, 마르코니는 무선 통신을 발견했습니다"라고 말을 이었다. 그러자 군중들은 열광적으로 외쳤다. "하지만 당신은 돈을 발견했지!"

현대에도 다단계 사기가 계속되는 이유

최근에 일어난 버니 메이도프Bernie Madoff 사건(미국 역사상 최대의 폰지 사기범으로 2009년 150년 형을 선고받았다 ― 역주)에서도 드러났듯이, 다단계 사기는 탐욕스럽지만 사기를 간파하지 못하는 투자자들에게 강력한 힘을 발휘한다. 그것도 한두 명이 아니라 수천, 수만 명의 사람들에게 말이다. 속아 넘어가는 사람이 없었다면 다단계 사기는 이미 오래 전에 사라졌을 것이다. 왜 사람들은 폰지의 그 전설적인 사기를 보고도 교훈을 얻지 못하는 걸까? 여기에는 두 가지 답이 있는데, 그중 하나는 앞서 살펴보았던 J. P. 모건의 말에 잘 드러나 있다. 바로 신뢰다.

찰스 폰지 같은 사람들 ― 또는 소설 《정글 북》에 나오는 파이선 카 같은 사람들 ― 은 카리스마를 이용해서 있지도 않은 신뢰를 만들어 내는 능력이 있다. 바로 그게 문제다. 메이도프가 수사 과정에서 말하길, 규제 관청의 조사관이 단 한 번도 주식 중개 회사의 장부를 보자는 요청을 하지 않았다는 사실이 스스로도 놀라웠다고 했다. 메이도프가 이런 조사를 맡고 있는 미국 증권 거래 위원회의 주요 간부들과 아주 절친한 관계를 유지했다는 점이 중요하다. 1992년부터 2008년 메이도프가 체포되기까지 미국 증권 거래 위원회는 최소한 여섯 건의 메이도프 관련 조사 책임이 있었지만 한 번도 문제가 드러난 경우는 없었다. 그러나 아무도 미국 증권 거래 위원회가 메이도프를 비호한다고 비난하지는 않았다. 사람들은 메이도프의 카리스마가 워낙 강력해서 조사관들도 그의 고객들이 돈을 맡길 때와 마찬가지로 그를 일방적으로 믿었다는 이야기를 순순히 받아들였다. 애널리스트 해리 마코폴로스Harry Markopolos를 비롯하여 일부에서 메이도프의 수익률은 산술적으로 도저히 불가능한 것이라고 미국 증권 거래 위원회에 지속적으로 경고했음에도, 조사관들의 이런 행태는 몇 년에 걸쳐 지속되었다.

여기서 앞의 질문에 대한 두 번째 답을 이끌어 낼 수 있다. 아직도 일부 사람들에게는 마코폴로스의 논리적 주장을 이해할 만한 수학적 지식이 부족한 관계로, 다단계 사기는 지금도 존재할 뿐 아니라 제대로 먹혀 들어간다. 저서 《아무도 듣지 않았다No One Would Listen》에서 마코폴로스는 금융계와 정부, 언론에 이 문제를 10년 넘게 경고했다고 회고한다. 책의 제목은 그에게 돌아온 반응이 어땠는지 간단명료하게 보여 준다.

메이도프는 수학적으로 불가능하다는 사실이 명확한 다단계 사기가 붕괴하고 나서야 체포되었고, 당연히 약속했던 돈을 지급할 수 없었다. 그는 사기가 붕괴하는 바로 그날이 되어서야 자식들에게 진실을 이야기했다. 충격을 받은 자식들은 곧바로 경찰에게 신고한다. 즉시 체포된 그는 150년형을 선고받았는데, 지금은 교도소에서 이스라엘계 미국인 스파이 조너선 폴러드Jonathan Pollard나 폭력 조직 두목 카마인 페르시코Carmine Persico 등 유명한 범죄자와 어울려 지내고 있다. 그에게 투자한 투자자들의 손실액은 180억 달러에 이르며, 그가 아니었다면 그중 많은 부분이 교육, 청소년, 의료관련 자선 단체들에게 제공될 수 있었던 자금이었다.

대중은 폰지 사건에서 교훈을 얻는 데 실패한 셈이다. 어쩌면 버니 메이도프 사건이 한 가지 긍정적인 효과를 남겼을 수도 있다. 그런 수익은 수학적으로 불가능하다는 사실말이다.

수익이 기하급수적으로 늘어난다고 하면 의심해야 한다. 그런 일은 불가능하니까!

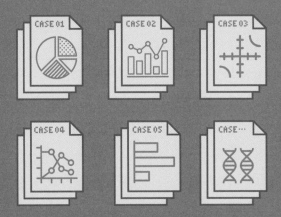

1986년 UC 버클리 수학과에서 20년 만에 처음으로 교수 승진 대상자가 승진하지 못한 사례가 발생했다. 승진하지 못한 조교수는 당시 지원자 가운데 유일한 여성이었던 제니 해리슨이었다. 그녀는 승진이 좌절된 이유가 UC 버클리의 성차별로 인한 것이라고 주장했다. 또한 제니 해리슨의 사례 이전에 UC 버클리는 대학원 입학 심사에서 여학생에게 불이익을 주었다는 이유로 고소당하기도 했다. 그렇다면 이 경우 대학에 성차별이 존재한다는 사실을 수학적으로 증명할 수 있을까?

UC 버클리
성차별 사건

CASE 02
대학원 입학 시험 성차별 사건

개별 집단의 점수가 올라도
전체 평균은 변하지 않는 이유

2002년 SAT 독해 부문의 평균 점수는 1981년과 똑같았다. 그러나 평가 위원회가 분류한 인종별 점수는 동일 기간 동안 백인 8점, 흑인 19점, 아시아계 27점, 푸에르토리코계 18점, 미국 인디언계 8점씩 상승한 것으로 나타나 있다. 어떻게 각 집단의 점수는 향상되었는데 전체 평균은 21년간 변하지 않을 수 있는 것일까?[*]

이 놀라운 사례는 심슨의 역설로 알려진 현상의 전형적인 경우다. 지난 20년 간, 매년 치러진 표준화된 시험에서 모든 인종별 수험생 집단의 평균 점수는 지속적으로 상승했다. 그런데 전체 평균은 변화가 없다. 표 2.1에 1981년과 2002년의 집단별 평균 점수와 전체 평균값이 실려 있다.

---

[*] 허위 교육 정보 감시청Education Disinformation Detection and Reporting Agency, EDDRA 자료를 참고한 것임.

모든 집단의 성적이 향상되었는데 전체적으로는 변화가 없다니, 어떻게 이런 일이 가능할까? 비밀은 표에 나타나지 않지만 중요한 역할을 하는 어떤 요소에 숨어 있다. 이 사례의 경우 그 요소란 각 인종 집단 인구의 전체적인 변화다. 표 2.2에서 볼 수 있듯, 각 소수 인종 집단의 규모는 백인에 비해서 현격하게 그 비율이 증가했다. 이 두 번째 표에는 1981년과 2002년에 시험에 응시한 집단별 인구 비율이 나타나 있다.

	백인	흑인	아시아	멕시코	푸에르 토리코	인디언	전체 평균
1981	519	412	474	438	437	471	504
2002	527	431	501	446	455	504	504

표 2.1 집단별 평균 점수

	백인	흑인	아시아	멕시코	푸에르 토리코	인디언	합계
1981	85%	9%	3%	2%	1%	0%	100%
2002	65%	11%	10%	4%	1%	1%	92%

표 2.2 소수 인종 집단 비율 (2002년 합계의 나머지 8퍼센트는 그 외의 인종)

표 2.2를 보면 백인 학생들이 1981년과 2002년 모두 가장 성적이 높지만, 2002년에는 이들이 전체 평균에 기여하는 정도가 훨씬 낮아졌음을 알 수 있다. 각 그룹의 평균 점수가 올라갔다고 해도, 점수가 낮은 그룹은 전체 평균을 낮춘다. 결국 최종적인 결과는 변화가 없다.

이처럼 드러나지 않는 요인으로 발생하는 심슨의 역설을 이용해서 쉽게 속임수를 쓸 수 있다. 한 가지 예로 어떤 대기업 정유회사 직원이 필자의 친구인 수학자에게 "작년에 경영진에게 경영 성과 보고를 준비하면서, 수익이 난 것처럼 자료를 만드는 것과 손실이 난 것처럼 만드는 것 중에 어느 쪽을 원하느냐고 물어봤다"라고 이야기한 것을 들 수 있겠다.

현실에서도 종종 등장하여 사람들을 당혹스럽게 만드는 심슨의 역설은 통계 자료에 근거해서 도출한 결론이 통념처럼 명쾌하지 않다는 점을 잘 보여 주는 좋은 예라고 할 수 있다.

이 학교는 전 세계에서 손꼽히는 대학교 중 하나다. 전 세계 대학교 순위에서 수년 째 3위를 차지하고 있으며 하버드, 스탠퍼드, 영국의 케임브리지대학과 함께 순위 다툼을 하고 있다. 학생이라면 누구나 입학하기를 원하는 학교이기도 하다. 절반 이상의 응시생 — 합격생들은 물론 — 은 완벽한 고등학교 성적을 자랑하며, 표준화된 학력 시험에서 뛰어난 결과를 보여 준다. 캠퍼스에는 성공을 목표로 야심차게 젊음을 보내는 학생들이 가득하다. 또한 이 학교는 60년대 히피 운동의 발상지 중 한 곳인, '미국에서 가장 정치적으로 진보적인 도시'이자 유서 깊은 도시이면서 야외 카페에서 다리를 쭉 뻗고 앉아 모카 라테를 마시기에 가장 적합한 곳인 버클리에 위치하고 있기도 하다. 우아한 건물들은 아름다운 정원으로 둘러싸여 있고, 높은 야자수에 달린 잎들은 푸른 하늘을 배경으로 하늘거린다. 캘리포니아주립대학교 버클리 캠퍼스UC Berkeley는 많은 이들에게 약속의 땅으로 여겨지는 곳이라고 해도 과언이 아니다.

하지만 UC 버클리도 완벽한 곳은 아니다. 공개적으로 비난의 대상이 되기도 하고, 버클리가 갖는 사회적 위치로 인해 언론의 눈길이 학교를 샅샅이 감시하던 시기도 있었다. 반복적으로 일어나는 문제 중 하나는 이 학교가 학생 선발뿐 아니라 교수 채용에서조차 남성을 여성보다 우대한다는 남녀차별 주장이다.

여성 교수 임용을 거절한 UC 버클리

생존 인물 가운데에서 제니 해리슨Jenny Harrison은 이런 주장의 실체에 대해서 누구보다도 잘 아는 사람이다. 그녀는 1975년 영국 워릭대학교에서 수학 박사 학위를 취득했다. 연구 결과는 당시 동료 학자들에게 찬사를 받았으며, 이후 제니는 최고의 학교인 프린스턴대학교와 버클리대학교에서 어렵지 않게 박사후 과정을 이수하고 1978년에는 UC 버클리에서 조교수직을 얻었다. 그녀는 아직 젊었으며, 모든 것이 완벽하고 미래도 밝아 보였다.

UC 버클리에서 연구를 계속하던 그녀는 몇 가지 문제에 맞닥뜨리게 된다. 그녀의 연구 내용을 이해하기 어려웠기에 동료들이 연구 내용의 타당성과 가치에 대해서 의문을 제기하기 시작한 것이다. 계속되던 논쟁은 그녀가 조교수가 된 지 8년째이던 1986년에 발표한 논문에 의해 말끔하게 정리되었다. 이 해는 학과에서 그녀에게 정년 보장이 되는 정교수로 승진을 시켜줄지 여부를 결정하는 해이기도 했다. 제니는 자신이 정교수가 될 것이라고 믿어 의심치 않았다. 연구는 순조롭게 진행되고 있었고, 자신이 부임한 후 여러 동료들이 이미 정교수가 된 뒤였기 때문이다.

그러나 충격적인 일이 일어났다. 수학과는 그녀의 연구 수준이 정년을 보장해 주기에는 미흡하다고 지적하면서 정년을 보장해 주기를 거부했다. 수학과에서는 20년 만에 처음으로 정교수 심사에서 대상자를 탈락시킨 것이다.

제니 해리슨은 곧바로 의심을 품는다. 그녀는 자신이 부임한 후 다른 조교수들이 모두 정교수가 되었고, 그들의 연구 업적이 자신보다 특별히 낮지 않다는 사실도 알고 있었다. 그녀는 무언가 다른 이유, 아마도 학과에서 영향력 있는 교수 중 누군가가 여성이라는 이유로 그녀의 정교수 승진을 거부한 것이라고 확신하기에 이르렀다.

그녀에게 동조하는 학과의 몇몇 교수들과 함께, 제니는 학교 전체에서 정교수 승진 심사에 관한 불만을 처리하는 정교수 심사 및 권리 위원회에 이 내용을 접수했다. 그녀는 자신의 업적이 제대로 평가되지 않았으며, 특히 성차별이 작용했다고 주장했다. 위원회는 그녀의 주장을 살펴보았으나 최종적으로는 그녀의 주장을 받아들이지 않았다. 그러나 제니는 의견을 제대로 개진할 기회가 주어지지 않았다고 느꼈다. 주장을 입증하는 데 가장 필요한 문서인, 최근 정교수가 된 다른 교수들의 심사 내용도 볼 수 없었다. 심지어 자신의 승진 심사 관련 문서도 일부만 볼 수 있었다. 이와는 대조적으로 학교의 관련자들은 모든 내용을 볼 수 있었다. 한 마디로 공평한 게임이 아니었다.

결국 그녀는 이 문제를 법정으로 가져갔다. UC 버클리가 성차별을 하고 있다며 소송을 제기한 것이다. 이 소송을 계기로 오랜 세월에 걸쳐 명성을 떨치던 수학과의 숨겨진 비밀이 조금씩 드러나기 시작한다. 변호사들은 관련 교수들과 차례로 질의응답을 진행했다. 여러 날에 걸친 질문에 대한 답변서는 수백 쪽에 이르렀으며, 이에 따라 상세한 속사정이 밝혀지기 시작했다.

제니가 정교수가 되지 못하는 이유로 가장 많이 언급된 것은 그녀보다 더 뛰어나거나 — 수학계의 노벨상으로 불리는 필드상 수상자 등 — 더 혁신적이어서 그녀 대신 그 자리를 줄 만한 '다른 사람들'이 많다는 점이었다. 그러나 제니는 그들이 제시한 이유대로라면 그 기준은 정교수 심사를 받는 모든 사람에게 적용되어야 하고, 그랬다면 아무도 정교수가 되지 못했을 것이므로 이 주장이 논리적이지 않다고 반박했다. 정교수 승진 심사 대상자보다 뛰어난 누군가가 항상 어딘가에는 있게 마련이다. 승진 심사에서 세계에서 가장 뛰어난 학자와 비교당하는 것은 심사 대상자 중 유일한 여성이었던 자신에게만 적용된 기준이라고 제니는 주장했다. 비교한다면 UC 버클리 수학과의 정교수 승진 심사 대상자들이나 이전에 정교수가 되었던 사람들을 대상으로 해야 적절했다(UC 버클리에서 여성이 처음으로 정교수가 된 것은 1975년이었는데, 당시 처음으로 정교수가 된 여성의 업적이 이런 비교 대상들보다 압도적으로 뛰어났다는 점은 어쩌면 성차별이 존재한다는 사실을 암시하는 것일 수도 있다).

제니가 조교수가 된 1978년부터 위원회가 그녀의 이의를 기각했던 1988년 사이에 수학과에는 적어도 여덟 명의 정교수 승진 대상자가 있었고 이들 모두가 정교수로 승진했다. 처음 그녀가 이들의 심사 서류를 보고자 했을 때 학교 당국은 이를 허가하지 않았지만, 소송이 제기된 후에는 법원이 그녀에게 관련 서류를 제공하라고 명령했다. 물론 연구 결과를 평가하는 행위는 어느 정도 주관적일 수밖에 없으므로, 특정인의 연구 결과가 더 뛰어나다고 객관적으로 평가하기는 어렵다. 그러나 심사 자료에는 제니의 연구 업적이 전체적으로 딱 중간에 위치하는 것으로 나와 있었다. 다른 승진 심사 대상자에 비해 그녀가 분명하게 떨어지는 점은 아무것도 없었다. 이는 성차별 의혹을 뒷받침하는 증거였다.

제니는 구체적인 성차별 흔적도 찾아냈다. 예를 들어 그녀에게 정교수 자격을 부여하자는 의견서에 대해 학과장은 UC 버클리가 "전 세계 수학의 중심"이 되기를 열망하는 곳이라는 점을 잊지 말라고 답변하기도 했다. 이 문구는 승진 심사 전체를 살펴보아도 제니에 대한 의견을 구하는 과정에서만 나타났을 뿐, 다른 대상자들의 경우에는 사용되지 않았다.

학교 측은 재판을 진행하는 대신 제니와 합의를 보기로 했다. 외부 심사 위원회를 구성해서 승진 심사를 다시 하기로 한 것이다. 고작 수 주로 예정되었던 심사가 수개월, 수년으로 계속해서 지연되었으나, 제니는 원하던 결정을 얻어 냈다. 외부 위원회는 그녀가 1978년부터 1986년까지 진행했던 연구는 물론, 그 이후의 연구도 심사에 반영해서 그녀가 수학과의 다른 정교수들의 수준에 이르렀는지 판단하겠다고 공표했다. 이 싸움이 진행되었던 7년 동안 제니는 아이를 낳았고 후두암을 극복했으며 연구도 지속했다. 1993년에 위원회는 그녀의 손을 들어 주었다. 제니 해리슨은 금전적인 보상(액수는 공개되지 않았다)을 받았을뿐더러, UC 버클리의 정교수 자격도 획득했다. 이후 수학과의 여성 정교수는 더 늘어났다. 현재 제니는 수학과의 50여명의 남성 정교수와 함께 근무하는 네 명의 여성 정교수 중 한 명이다.

조정안이 모든 사람을 만족시킨 것은 아니었다. 특히 제니의 정교수 승진을 거부했던 교수들이 행한 성차별적 언행에 비판이 쏠렸다. 물론 어떤 교수도 이를 인정하진 않았다. 사실 이런 종류의 문제는 입증하기 힘들다. 타인의 마음속을 들여다볼 방법은 존재하지 않기 때문이다. 수학과의 일부 교수들은 승진 심사에서 성차별이 작용했다는 주장을 비웃었지만, 다른 일부는 이 문제를 좀 더 진지하게 받아들였다. 한 의견서에는, 심사 대상자가 남자인 경우 "의견이 갈리는 경우가 거의 없었으나, 여성 대상자는 세계적인 수준에 이르지 못한 경우 다양한 반론이 제기되었"고 유사한 수준의 남자 후보자와는 다른 취급을 받았다고 적혀 있었다.

그러나 제니가 다른 후보자와 다르게 대접받았다고 하더라도 그것이 성차별 때문이라는 점을 어떻게 입증할 수 있을까? 아무도 입 밖에 내려 하지는 않았지만 다른 요소도 작용한 것이 분명하다. 다른 교수들과의 관계, 경쟁 관계의 교수, 시기심, 순전히 학문적 관점에서의 평가 등 어느 것이나 주관적 요소가 들어 있는 법이다. 아무도 그녀에 대해 학문적으로, 동료로서, 교수로서, 학생으로서, 혹은 그저 인간적으로라도 반감을 표현했다고 인정하지 않는다면 이런 주관적인 요소가 존재했다는 사실을 과연 누가 입증할 수 있겠는가?

성차별을 객관적으로 입증할 수 있을까?

이런 주장을 입증하거나 부인하는 유일한 방법은 개별 사안이 아니라 전체적인 흐름을 살펴보는 것이다. 특정한 행태가 규칙적으로, 반복적으로 일어난다면 구체적인 증거를 얻을 수 있다.

제니 해리슨이 정교수 지위를 얻고자 애쓰던 기간 동안, 학교의 교수들은 남녀를 불문하고 공개적으로 이 문제에 대해 의견을 밝혔다. UC 버클리의 교수는 아니었지만 캠퍼스가 내려다보이는 언덕에 자리 잡은 수리과학 연구소장이던 레노어 블럼Lenore Blum 교수는 성차별이 분명히 존재한다고 단호하게 이야기했다. "수학과가 여성에게 불이익을 준 사실이 전혀 없었다고 이야기한다면 — 혹은 그런 면에서 항상 모범적이었다고 단언한다면 — 그것은 사실이 아닐뿐더러, 학교 외부에서도 그 말을 믿을 사람은 거의 없을 것이다." 덧붙여서 그녀는 1970년대에 미국의 공공 기관이 여성과 소수 인종 채용을 늘리라는 압력에 대해 어떤 식으로 대응했는지도 이야기했다. 차별을 없애라는 지시에 따라 — 그 정신에 공감하지는 않았을 수도 있으나 — UC 버클리 수학과에서는 향후 정교수가 될 수 있는 자리를 두 개 만든 후, 여성과 소수 인종에게 지원을 권유하는 공고를 냈다. 그러나 이면에서 "수학과는 이미 두 명의 남성을 채용하기로 결정한 상태"였으며, "이런 이중적인 행태는 공고를 보고 순진하게 지원한 여성과 소수 인종 지원자들에게 부당한 일이며, 결과적으로 이들의 경력에 오점을 남기게 된다"고 블럼은 주장했다. 즉 채용 심사위원회는 지원을 권유해 놓고서는 이들을 탈락시키기 위해 그 이유가 될 만한 결점을 찾아냈다는 뜻이다. 그러나 이 일로 학교가 공개적으로 비난을 받지는 않았다.

채용 과정에 대한 학교 측의 공식적인 기록이 성차별이 없었다는 증거가 되지는 못한다. 제니 해리슨 문제가 불거진 기간 동안 수학과의 유일한 여성 정교수였던 마리나 래트너Marina Ratner가 처음 교수가 되었을 때, 학과의 누군가가 마리나를 두고 "자격은 충분하지만, 그녀보다 뛰어난 남성들이 여럿 있다"고 쓴 글이 학교 신문에 실렸다. 학과에서는 그녀를 채용하기로 결정한 뒤였기 때문에 이런 공격은 사실상 무의미했다. 궁극적인 목적은 그녀를 폄하하는 데 있었던 것으로 드러났다. 물론 앞선 사례와 마찬가지로 이 일도 성차별에 의한 것인지 아닌지 판단하기는 힘들다. 설령 채용된 교수가 남성이었어도 똑같은 글을 쓸 수도 있었을 테니까 말이다. 어떤 경우가 되었건, 글을 쓴 이가 래트너에 대해서 평가한 내용은 완전히 틀렸다. 래트너는 그 후 놀라운 연구 결과를 내놓고 주요 상을 휩쓸었으며 미국 과학 학술원 회원이 되면서 UC 버클리에서 가장 유명한 수학자의 길을 걸었다. 그러나 래트너는 자신을 공격했던 글을 두고 "그건 거의 무의식적인 반응이죠"라고 평했으며, 수학계에 성차별이 존재한다고 생각하면서도 문제의 글이 성차별에서 비롯된 것으로 여기지 않았다.

실제로 충분히 그럴 수 있다. 여성 지원자를 심사하는 남성이 지원자를 깎아 내리고 비판하며 폄하할 이유를 찾아내는 이유는 제대로 된 판단을 내려 보겠다는 오만한 동기에서 비롯된 것이 아니라 아마도 무의식적인 행동이었을 것이다. 이들의 행동이 결과적으로 우아하지 못했다 하더라도 선의에 근거한 것임은 의심의 여지가 없다. 제니 해리슨의 경우 그녀를 정교수로 승진시킬 것을 권고했던, 외부인으로 구성된 심사 위원회는 그녀와 기존 정교수들 사이에서 눈에 띄는 차이를 찾아내지 못했다. 하지만 이때는 이미 첫 승진 심사 이후 몇 년이 지난 후였고, 그동안 그녀는 새로운 연구 결과를 많이 내놓아서 두 번째 심사를 받고 있는 상황이었다. 수학과의 일부 교수들은 제니가 1986년에 정교수 승진 심사에서 탈락했던 이유는 오로지 학문적 측면만 고려한 정당한 평가였다고 주장했지만 또 다른 일부는 당시 그녀는 이미 충분한 업적을 내놓은 상태였으므로 탈락에는 무언가 다른 요소가 작용했으리라고 예상했다.

이 사례에서 내릴 수 있는 결론은, 개별 사안만을 보아서는 정교수 승진 심사 탈락 같은 사건의 정확한 이유를 찾아내기는 어렵고 설령 성차별이 있었다 하더라도 그것이 실제로 어떤 역할을 했는지를 알아내기는 사실상 불가능하다는 것이다.

대학원 입학 시험에서 벌어진 성차별 문제

제니 해리슨이 UC 버클리에 조교수로 부임하기 직전, 대학원 입학 심사에서 여학생에게 불이익을 주었다는 이유로 학교가 고소당한 사건이 있었다. 거의 1만 3,000명에 이르는 박사과정 지원자 — 대략 8,500명의 남학생과 4,500명의 여학생 — 가운데 남학생은 44퍼센트가 합격한 반면 여학생의 합격률은 35퍼센트에 머물렀기 때문이다. 다음의 표 2.3에 이 내용이 정리되어 있다.

이 결과가 성차별에 의한 것이 아니라면 — 입학 여부 판단이 오로지 지원자의 능력을 객관적으로 판단해서 이루어졌다면 — 이 해의 남학생 지원자들이 여학생 지원자보다 우수하거나, 아니면 보편적으로 남학생이 여학생보다 뛰어나다는 결론에 도달한다. 그러나 모든 관련 자료는 이런 결론이 잘못되었다는 사실을 증명한다. 미국의 학부 과정에서는 일반적으로 여학생의 성적이 남학생보다 높으므로, 이들이 대학원에 지원한다면 지원자들의 성적 분포 역시 마찬가지여야 한다. 그런데 왜 여학생은 남학생보다 더 적은 비율만 상아탑에 들어갈 수 있다고 여겨지는 것일까?

이 결과가 공개되자 많은 사람들은 이것이 UC 버클리에 존재하는 성차별의 증거라고 지적했다.

	지원자	합격자	합격자 비율(%)
남학생	8,442	3,738	44
여학생	4,321	1,494	35

표 2.3

표 2.3에 1973~1974년의 입학 통계가 표시되어 있다. 학교를 비난하기 전에 이 표에 나타난 값이 장기간에 걸쳐서 1~2번 나타날 수 있는지, 다시 말해 통계적으로 정상적인 변화 범위 안에 있는지 먼저 확인해 보아야 한다.

이 문제의 결론을 내리려면, 사회적으로 성차별이 없고 남녀 학생 집단의 학력이 근본적으로 차이가 없어서 남학생과 여학생의 합격 기대 확률이 동일하다는 가정을 했을 때 이 숫자들 — 44퍼센트와 35퍼센트 — 이 자연적으로 나타날 가능성을 계산해야 한다. 만약 이 확률이 20분의

1로 계산된다면, 대략 20년에 한 번씩 남녀 학생의 합격률이 이런 식으로 나타날 수 있다는 의미이므로 특별한 성차별이 있는 것은 아니라고 결론 내릴 수 있다.

이 해의 전체 지원자 수는 1만 2,763명이고, 합격생 수는 5,232명으로 합격률은 41퍼센트다. 그러므로 차별이 전혀 없었다는 전제하에 남녀 모두 41퍼센트의 학생이 합격한다고 가정하면 합격자 수는 각각 남학생 3,461명과 여학생 1,771명이 된다.

	지원자	합격자	동일 확률시 기대 합격자 수
남학생	8,442	3,738	3,461
여학생	4,321	1,494	1,771

표 2.4

평균적으로 기대되는 합격자 수와 실제 합격자 수를 비교한 표 2.4의 값에서, UC 버클리는 기대치에 비해 남학생을 277명 더, 여학생을 277명을 덜 선발했음을 알 수 있다. 어떤 사건이 일어날 확률이 동일한 집단들 사이에서 이처럼 편차가 발생할 확률을 나타내는 값을 p값(유의有意 확률)이라고 한다.[*] 남학생과 여학생 지원자의 수준이 동일하고 동일한 합격률이 기대된다는 전제하에서, p값은 이 특정한 분포가 (이론적으로) 여러 해에 걸쳐서 일어날 확률을 나타낸다.

---

[*] p값은 루시아 더베르크 사건에서도 중요한 역할을 한다(3장 참조).

여기서 p값의 의미를 간단히 살펴보자. 커다란 통에 8,442개의 검은 공과 4,321개의 흰 공(남학생과 여학생 지원자 수)이 있는데, 색깔을 확인하지 않고 무작위로 공을 꺼내 3,738 + 1,494 = 5,232개(남녀 합격생 수)의 공을 꺼냈다고 해보자. 이 때 p값은 최소 3,738개의 검은 공과 최대 1,494개의 흰 공을 꺼낼 확률을 말한다. 컴퓨터로 이런 실험을 수백만 번 반복해 보면 p값이 얼마인지 이론적인 값을 알 수 있다. 앞의 UC 버클리 사례의 경우 p값은 0.0000000057, 혹은 약 10억분의 1이라는 지극히 작은 값이다.

일반적으로 p값이 1,000분의 1보다 작으면 결과가 순전히 우연에 의해 발생했다는 가설이 틀렸다고 의심할 합당한 이유가 있으며, 다른 원인의 존재가 의심된다. 그러나 현실에서는 일어날 가능성이 매우 낮은 사건(흔히 '검은 백조'라고 불리는)이 지속적으로 일어나기도 한다. 핵심은 어떤 일이 일어날 가능성과 빈도가 낮다면, 그 일이 실제로 일어났을 때 다른 원인을 의심해 볼 수는 있어도, 그것만으로 결론을 이끌어 낼 수는 없다는 점이다. 확언할 수 있는 건 추가적인 조사가 필요하다는 점뿐이다. 그리고 UC 버클리 역시 이를 인정했다.

대학 측은 통계학 교수와 당시 대학원장이던 인류학 교수, 그리고 대학원의 자료 처리 직원까지 총 세 명으로 구성된 위원회에 조사를 맡겼다. 이들은 UC 버클리의 입학 심사가 학과 단위로 진행되고 이 과정은 서로 독립되어 있으므로, 불평등이 학교 전체의 문제가 아니라 몇몇 과에 존재하는 원인에서 비롯되었으리라는 전제에서 조사를 시작했다. 따라서 위원회는 학과별로 입학 심사 정보를 제공할 것을 요구했고, 이 자료를 근거로 여학생 지원자가 없거나 지원자 전원이 합격한 학과는 아무런 잘못이 없다고 판단했다.

이 단계를 마치자 상세히 들여다보아야 할 학과가 85개 남았다. 위원회는 이들의 합격자 통계를 하나씩 살펴보면서 남학생과 여학생 합격자의 비율 편차가 통상적으로 일어날 수 있는 수준에서 얼마나 자주 벗어나는지 보기 위해 각각의 p값을 구했다. 대부분의 학과는 특별히 주목할 만한 예외를 보여 주지 않았다. 위원회가 최종적으로 더 조사가 필요하다고 판단한 학과는 여섯 곳이었다. 이들은 모두 규모가 큰 곳들로, 지원자도 많은 곳들이었다. 이 여섯 개 학과의 자료가 표 2.5에 나타나 있다.

	지원자	합격자	합격자 비율(%)
남학생	2,590	1,192	46
여학생	1,835	557	30

표 2.5

범인이 거의 드러난 것처럼 보인다. 남학생은 거의 절반이 합격한 반면, 여학생은 3분의 1 이하만이 합격한 것이다! 대학 전체의 남녀 합격률인 44퍼센트와 35퍼센트보다도 더 쏠림이 심했다. 누가 봐도 이 학과들은 학교 내에서 여학생을 가장 배척하는 곳으로, 남학생의 지원서만 받고 여학생의 지원서는 쓰레기통으로 보내 버리는 곳처럼 보인다.

조사가 계속되면서 문제를 일으킨 학과가 어디인지 드러나고, 그 학과가 따가운 눈총을 받으며 상황이 정리되는 것 같았다. 최종적으로 위원회는 표 2.6과 같이 여섯 개 학과의 입학 관련 통계를 각각 작성했다.

그러나 놀랍게도 이 표 2.6에서는 여학생을 차별했다는 근거를 전혀

학과	남학생 지원자	남학생 합격자	여학생 지원자	여학생 합격자	남학생 합격률	여학생 합격률
A	825	511	108	89	62	82
B	560	353	25	17	63	68
C	325	120	593	202	37	34
D	417	139	375	131	33	35
E	191	53	393	94	28	24
F	272	16	341	24	6	7

표 2.6

찾아볼 수 없었다. 여섯 개 학과 중 네 곳(A, B, D, F)은 남학생보다 여학생의 합격률이 높았고, A 학과는 오히려 여학생을 82퍼센트나 합격시켜서 62퍼센트에 그친 남학생 합격률보다 훨씬 높았다.

남은 두 학과 C와 E는 남학생이 약간 더 합격한 수준이었다. C 학과는 남학생 37퍼센트, 여학생 34퍼센트가 합격했으며 E 학과의 합격률은 남학생 28퍼센트, 여학생 24퍼센트였다. 특별히 의심할 구석이라곤 보이지 않았다. 성차별은 대체 어디에 있는 걸까? 자료를 살펴보자 모든 의혹은 증발하고 남은 것이라곤 설명하기 힘든 역설뿐이었다. 어느 특정 학과도 남학생을 특별히 선호하지 않았고, 대부분은 오히려 여학생의 합격률이 높았다. 그럼에도 학교 전체적인 통계를 보면 여학생의 합격률이 남학생보다 훨씬 낮았다. 어떻게 이럴 수 있을까?

심슨의 역설

통계학에서 흔히 맞닥뜨리는 이 문제는 심슨의 역설이라는 이름으로 알려져 있는데, 통계에서 일부 중요한 정보를 빼먹거나 무시할 때 일어난다. 위의 사례에서 간과된 정보는 '가장 합격률이 높은 (혹은 낮은) 학과에 지원한 남학생과 여학생 비율은 얼마인가?'이다.

현실에서 심슨의 역설이 얼마나 사람을 당혹스럽게 만드는지 알기 위해 문제를 극단적으로 단순화하여 대학에 학과가 A, B 두 곳만 있다고 해보자. 전체 지원자가 남학생 600명, 여학생 400명으로 총 1,000명이고 모두 여학생을 굉장히 우대한다고 가정한다. 그러나 B 학과의 합격률이 A 학과보다 훨씬 낮고, 대부분의 여학생은 B 학과에 지원했다고 하자. 다음의 표 2.7에 이 내용이 정리되어 있다. 이처럼 상황을 단순화시켜 보면 UC 버클리에서 일어났던 일의 실체가 드러난다. A 학과는 여학생 90퍼센트와 남학생 80퍼센트를 합격시켰고, B 학과는 30퍼센트의 여학생과 20퍼센트의 남학생을 합격시켰으므로 성차별이라고 볼 여지는 거의 없다. 그러나 전체 합격률을 보면 남학생은 70퍼센트인 반면 여학생은 45퍼센트에 불과하다!

누가 봐도 미심쩍지만 딱히 문제를 찾아낼 수가 없다. 어쩌면 문제가 있는 것은 분명하지만, 그것이 입학 심사 과정에서의 성차별은 아닐지도 모를 일이었다.

결과적으로 UC 버클리의 입학 심사 과정에서는 어떤 성차별의 흔적도 발견되지 않았지만, 대신 이미 잘 알려져 있는 다른 요인이 드러났다.

학과 A			
	지원자	합격자	합격률
남학생	500	400	80
여학생	100	90	90

학과 B			
	지원자	합격자	합격률
남학생	100	20	20
여학생	300	90	30

학과 C			
	지원자	합격자	합격률
남학생	600	420	70
여학생	400	180	45

표 2.7

이는 너무나 잘 알려진 탓에 입학 심사 결과를 심사할 때 실제로 문제가 되리라고 생각한 사람이 없었다. 바로 수학과와 공과대학에는 여성 지원자가 매우 드물다는 점이다. 학생이건 교수건 지원자 자체가 적고, 합격률은 더 낮다. 학과의 여성 지원자 합격률이 낮다는 사실과 여성 지원자 자체가 적다는 두 문제는 매우 밀접하게 연관되어 있다.

왜 여성들은 수학과와 공과대학에 지원을 잘 하지 않는 것일까? 이 질문은 학교에서 오랫동안 많은 사람들의 입에 오르내렸고, 개인의 심리학적 측면에서부터 사회의 뿌리 깊은 통념, 어린 시절의 육아 방식에 이르기까지 여러 원인이 지목되었다. 어느 것도 만족스러운 답은 아니지만 여학생들이 수학을 기피하게 만드는 가장 큰 요인은 수학이 남성들의 세계이고 경쟁이 치열한 분야라는 인식이다.

수학계는 여성이 드물어 남성들의 지위가 점점 공고해지므로 여성에게는 공략하기 어려운 요새가 되어 버렸다. 이 요새가 바로 제니 해리슨이 맞닥뜨렸으며 무너뜨려야 했던 벽이었다. UC 버클리의 성차별 문제에 대한 의문은 사실 훨씬 폭넓은 문제의 일부였을 뿐이다. 바로 성별과 수학이라는 문제였다.

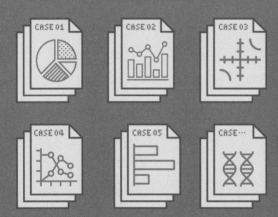

2001년, 네덜란드의 간호사 루시아 더베르크는 13건의 살인과 4건의 살인 미수 혐의로 기소되었다. 병원 관계자들의 증언에 따르면 루시아는 너무나 자주 소아 환자의 심폐소생술 현장에 있었으며, 우연이라고 보기에는 지나치게 그 빈도가 높았다. 실제로 소아 환자가 중태에 빠졌을 때 그녀가 현장에 있었던 횟수를 집계해 본 병원장은 이 통계를 기반으로 경찰을 불렀다. 과연 루시아 더베르크는 살인범이었을까, 아니면 그저 환자의 사망을 자주 지켜본 불운한 간호사였을까?

간호사는
어떻게
살인범이 되었나

CASE 03

루시아 더베르크 사건

수학적 오류 3

믿기 힘든 우연이
연달아 일어날 확률

복권을 샀는데 자고 일어나 보니 1등에 당첨되었다는 사실을 알고 놀랐다고 해보자. 이는 누가 봐도 굉장히 확률이 낮은 일이다. 그러나 한편으로 누군가는 1등에 당첨될 것이 분명하므로, 이런 '우연'이 어디선가 누군가에게는 일어나게 마련이다. 나와 그 누군가의 차이점이란 결국 나의 관점에 불과하다. 통계적으로 표현하자면, '내가 1등에 당첨'되는 사건과 '다른 누군가가 1등이 되는' 사건은 같은 확률을 갖는다.

누군가가 1등에 당첨되리라는 사실은 모두 알고 있다. 그러나 누군가가 1등에 당첨되는 (특히 그것이 나 자신이라면) 확률이 엄청나게 낮다는 것 또한 안다. 언뜻 모순처럼 들리지만 사실은 그렇지 않다. 당첨자가 발표되기 전까지는 그 사람이 누구일지 아무런 관심을 두지 않지만, 복권을 사면 '내게도 1등 당첨 가능성이 100만분의 1 정도 있어'라고 생각하는 일종의 환상이 나타나는 것이다.

바로 이 때문에 이미 사건이 일어난 뒤에 이 사건이 일어났을 확률을 계산할 경우 많은 오해가 발생한다. 어떤 사건의 확률을 계산해 보았는데 그 값이 극단적으로 낮다면 그것이 확률에 의한 우연이 아니라 모종의 사기에 의한 것이 아닌지 의심하게 되는 것이다.

범죄 사건의 경우에는 이런 계산으로 인해 문제를 다루기 어려울 때가 있으므로 각별히 주의를 기울여야 한다. 의심은 자연스러운 일이지만, 이 또한 사후에 사건을 바라보기 때문일 수 있고, 경찰이 선입견을 가지고 움직이다 보면 의도치 않은 피해가 발생할 가능성도 있다.

2001년 9월 4일 아침, 네덜란드 헤이그에 있는 율리아나 아동 병원에서 한 아이가 갑자기 사망했다. 사망한 아이는 생후 6개월의 암버르Amber로, 태어나면서부터 심장, 뇌, 폐, 장 등에 복합적인 문제가 있는 상태였다. 음식을 스스로 섭취하지 못했으므로 인공적으로 음식물을 주입해야 했다. 7월 25일 심장 수술을 받고 한 달 정도 상태가 호전되는 듯 했으나, 8월 28일 갑자기 산소와 이뇨제 공급이 필요한 상태가 되면서 급속히 안 좋아졌다. 9월 3일이 되자 암버르는 구토와 설사를 하며 매우 고통스러워 보였다.

두 명의 간호사가 암버르를 돌보고 있었다. 그중 한 명인 루시아 더 베르크Lucia de Berk는 40세로 병원이 발급한 소아 간호사 자격을 갖고 있었다. 9월 3일 오후 11시 경, 루시아는 암버르의 심장 박동과 호흡 상태를 자세히 관찰하기 위해 암버르에게 관찰 장비를 연결하기로 했다. 의사들에게도 연락해서 점점 나빠지고 있는 아이의 상태를 확인해 달라고 요청했다. 암버르는 검사실로 옮겨졌고 두 명의 소아과 의사들이 아이를 살폈다. 기록에는 이 시각이 9월 4일 오전 1시로 나타나 있다. 의사들은 아이에게 링거를 꽂은 후 장염 검사를 했으나 아이가 위독하다고 판단하지는 않았다. 검사가 끝난 뒤 암버르는 입원실로 돌려보내졌고, 손가락에는 관찰 장비 센서가 연결됐다.

　오전 2시 46분, 암버르가 위독한 상태가 되었다. 병실에 있던 두 간호사는 아이의 호흡 빈도가 급격히 떨어지면서 심장 박동이 늦어지자 공포에 휩싸였다. 아이의 얼굴은 회색으로 변한 상태였다. 곧바로 의사를 불렀고, 의사는 즉시 심폐소생술 팀을 불렀지만 아이를 살릴 수는 없었다. 모두들 아이를 살리기 위해 45분간 애를 썼지만 오전 3시 35분 결국 암버르는 사망했다. 심장 박동은 이미 멈춘 뒤였다.

　아이가 계속 안 좋은 상태였으므로 의사들은 아무도 아이의 사망에 특별한 의심을 품지 않았다. 또한 아이가 죽은 날 밤 병원에 있던 의사들도 평상시에 암버르를 돌보던 사람들은 아니었지만 아이가 자연사했다고 확인했다.

　그런데 다음 날 오후, 병원은 이 내용을 공식적으로 번복한다.

"병원의 누군가가 아이를 살해했다"

　다음 날, 이 병원의 어느 간호사가 암버르의 사망 소식을 듣고 상사에게 "지난 2년간 이 병원에 근무하면서, 루시아가 다섯 번이나 심폐소생술 현장에 있었던 것을 보고 이런 일이 또 일어날 것을 우려했다"고 이야기했다. 그녀가 보기에 다섯 번은 다른 간호사들에 비해 빈도가 너무 높았다. 그녀의 상사도 동의했고, 소문은 금방 퍼졌다. 소아과에서는 이미 루시아 더베르크와 관련되었던 심폐소생술 기록을 확인하고 있었다. 다른 간호사들이 보기에도 이는 우연이라기에는 너무 자주 일어난 일이었다. 게다가 루시아는 다섯 명의 환자가 사망할 때 현장에 있었다.

암버르의 사인은 '비자연사'로 바뀌었고, 병원장 파울 스미츠Paul Smits는 힘겨운 청문회를 치르고 세간의 주목을 받는 입장이 되었다. 스미츠는 헤이그에 있는 적십자 병원과 율리아나 아동 병원 두 곳의 원장을 맡고 있었다. 마이크로소프트 엑셀을 잘 다루던 그는 소아과 과장과 함께 몇 가지 계산을 직접 해보았다. 간호사들이 제출한 모든 자료를 통합한 뒤, 루시아가 심폐소생술에 그 정도로 자주 관련될 확률을 계산해 본 것이다. 결과를 확인한 스미츠 원장은 동요했다. 계산이 아주 정확하진 않았지만 간호사들의 눈에 비쳤던 것과 마찬가지로 그가 보기에도 루시아는 도저히 믿을 수 없을 정도로 많은 사례에 관련되어 있었다.

암버르가 사망한 다음날인 9월 5일 오전, 루시아가 관여한 사망 환자 다섯 명의 사인도 모두 '비자연사'로 변경되었다. 사망 당시에는 모두 자연사로 처리된 사례였다. 가능한 많은 자료를 확보하기 위해 스미츠 원장은 자신이 관리하던 다른 병원과 루시아가 이전에 근무했던 레이엔뷔르흐 병원에 그녀가 현장에 있었던 사망 환자의 관련 기록을 요청했다. 목록이 입수되자 그는 놀라움을 금할 수 없었다. 사태를 심각히 우려하고 있던 의사들은 스미츠에게 이 문제를 확실하게 처리하라고 압력을 넣었다. 스미츠는 경찰을 불렀고, 루시아 더베르크는 13건의 살인과 4건의 살인 미수 혐의를 받게 되었다.

병원 두 곳의 원장을 맡고 있다가 곤란한 처지가 된 데다 재정적으로도 크나큰 위기를 맞이한 파울 스미츠는 항상 자신이 수많은 문제들을 극복해 나갔던 대로 독재적인 열정으로 이 문제를 다루었다. 누가 보아도 신속하고 효율적으로 문제를 처리해야 하는 상황이었다. 이는 가능한 빨리 루시아를 간호사 업무에서 배제하고 사건을 경찰에 넘기는 것뿐만 아니라, 엉뚱한 소문이 돌기 전에 실제로 무슨 일이 일어났는지 언론에 알려야 함을 의미했다.

스미츠는 병원 세 곳으로부터 입수한 자료를 경찰에게 넘겼다. 다만 자신이 계산한 확률은 그저 경찰을 불러야 한다는 결정에만 영향을 미쳤을 뿐이라며 계산 내용과 결과는 제공하지 않았다고 주장했다. 그러나 기록을 살펴보면 경찰은 사건을 넘겨받고 처음 며칠 동안 간호사들을 심문하면서 이미 스미츠의 확률 정보를 활용하고 있었다.

그 후 스미츠는 네덜란드에서 가장 선정적인 보도를 내보내기로 유명한 《더 텔레흐라프De Telegraaf》 신문사에 연락을 취했다. 《더 텔레흐라프》에 실린 기사는 직접적으로 루시아를 언급하지는 않았지만 병원 두 곳에서 수많은 환자를 살해한 간호사의 이야기를 다루었다. 신문은 병원장이 희생자 가족에게 애도와 진심 어린 사과를 표하고 모든 사건의 진실을 밝혀 합당한 처벌이 이루어지게 하겠다고 발표한 내용을 전했다. 루시아가 현장에 있었다는 사실이 알려지기 전까지는 환자들의 죽음이 자연사로 처리되었음에도 신문은 이를 살인으로 다뤘다. 무엇보다도, 기사는 조사가 계속되면 추가적인 살인도 드러날 수 있다는 암시를 하고 있었다. 채 하루가 지나지 않아 이 신문은 루시아 더베르크를 네덜란드 역사상 최악의 연쇄 살인범으로 만들어 버렸다.

곧이어 다른 신문들도 이 내용을 다루기 시작했다. 루시아는 "죽음의 천사"라는 별명으로 불렸던 베벌리 앨릿(6장 참조)과 비교되었다. 심지어 법정에서도 이 별명이 사용되었다. 경찰이 갖고 있던 확률 정보가 '70억 분의 1'이란 값과 함께 언론에 새어 나갔다. 당시 전 세계 인구가 60억이 었다는 점을 상기하면 이는 엄청난 숫자였다. 어느 기사에서도 이 확률의 타당성을 검증하지 않았음은 말할 필요도 없다. 그러나 이 검증되지 않은 수치는 언론에 의해 스스로 타당성을 부여받아 힘을 발휘하기 시작했다.

루시아는 일을 할 수도 없는 데다 생계도 위협받는 처지가 되었고, 끔찍한 범죄의 용의자가 되었다. 그녀는 유아와 노인 학살자이자 힘없는 사람을 죽이는 끔찍한 괴물이 되어 대중이 상상할 수 있는 가장 잔인한 존재로 묘사되었다. 루시아는 자신의 무고함을 주장하는 것 외에 달리 할 수 있는 일이 없었다.

2001년 12월 13일, 루시아 더베르크는 13건의 살인과 4건의 살인 미수 혐의로 기소되었다. 예상치 못한 것은 아니었지만 그녀는 이에 대해 무척 놀랐고, 자신에게 주어진 혐의에 대해 아는 바가 전혀 없다고 반박했다. 이제 그녀는 구금 상태에서 재판을 기다리는 신세가 되었다.

간호사가 환자를 죽인 정황증거가 수집되다

루시아의 첫 재판은 그녀가 체포된 후 수 개월이 지나고서야 시작되었다. 그런데 재판이 시작되자마자 그녀에게 제기된 혐의에 몇 가지 문제점이 있음이 드러났다. 루시아의 변호사들이 목록에 포함된 사건 중 두 건의 경우 그녀가 현장에 있지 않았다는 사실을 밝혀낸 것이다. 이 두 건은 환자가 사망하기 전에 그녀가 퇴근했거나 병가로 인해 출근하지 않은 날에 일어난 일이었다. 또 다른 한두 건은 자연사임이 너무나 명백해서 기소할 만한 사건이 아니었다. 이러한 사례들은 이후 재판에서 슬그머니 제외되었다. 그러나 어느 누구도 루시아가 사건과 연관되었을 확률을 다시 계산해 보려 하지 않았다.

변호사들은 루시아의 기소 근거로 제시된 사망 사건 모두가, 심지어 환자가 사망하지 않은 사례에서조차 발생 당시에는 모두 자연적인 현상으로 판단되었다는 점을 지적했다. 이들은 상황의 특수성을 강조했다. 누군가가 루시아를 두고 유난히 환자의 사망 현장에 자주 있었다고 이야기하기 전까지는 그녀를 의심할 만한 구석이 전혀 없었다. 이에 대해 검찰은 루시아가 범행 흔적을 아주 잘 숨겼기 때문이라고 반박했다.

핵심적인 문제는, 설령 환자들의 죽음이 살인에 의한 것이라 하더라도 이를 증명할 의학적 증거가 없다는 사실이었다. 검사를 위해 발굴한 사망자들의 몸에서 독극물이나 폭력의 흔적은 전혀 찾아볼 수 없었고,✖ 증인으로 나온 의료 관계자들도 사망 원인이 살인이라는 점을 입증하지 못했다. 일찍이 그런 경우가 법적으로 존재하기는 했지만 — 유아 돌연사의 범인인 부모들의 경우 — 뭔가 깔끔하지 않았다. 검찰은 살인의 증거를

✖ 루시아가 이슬람 부모들이 부검이나 사체 발굴을 거부한다는 사실을 알고 고의적으로 이슬람 환자들을 희생자로 택했다는 소문이 돌았다. 그러나 2년 뒤 법이 제정되어 이슬람 환자의 가족들은 종교적 신념과 관계없이 부검을 받아들여야만 했다.

확보하기 위해 사망자의 모든 의학 기록을 확보하려 노력했다.

암버르의 경우, 병원 창고에 있는 커다란 통에 부검 당시 사용된 거즈가 들어 있었다. 이 거즈에 묻은 물질을 분석하자 디곡신이라는 독극물이 소량 검출되었다. 의사들은 암버르의 생후 4개월 동안 치료에 그 약이 사용되긴 했지만, 사망하기 2개월 전 투약을 끊었으므로 아이의 몸에서 디곡신이 검출될 수는 없다고 주장했다.

이에 루시아가 디곡신이 보관되어 있는 캐비닛의 열쇠를 갖고 있었다는 사실이 증거로 제시되었다. 게다가 독극물을 사용했다는 아무런 증거도 없는 상태에서 또 다른 의혹이 제기되었다. 병원 기록에 따르면 암버르가 사망하기 약 한 시간 반 전에 — 아이를 살해하기 위해 디곡신을 주사했다면 아이가 사망하기까지 충분한 시간 — 관찰 장비가 아이의 몸에서 약 20분간 분리되었다. 검찰은 이 두 가지 사실이 — 열쇠와 관찰 장비 분리 — 루시아가 암버르를 죽이기 위한 '수단과 기회'라고 주장했다.

검찰은 두 번째 사례에서 독극물이 사용되었던 가능성을 찾아보려고 애썼다. 이 아이는 아흐마트Achmad라는 이름의 남자 아이로, 건강이 매우 좋지 않았으며 암버르가 사망하기 수개월 전에 율리아나 아동 병원에서 사망했다. 아흐마트는 2001년 1월 25일, 마취제인 클로랄 하이드레이트 과다 투여로 혼수상태에 빠졌다. 아이가 불안정한 상태가 되면 마취제를 약간 많이 투여하라는 신경과 의사의 처방에 따른 행위였지만, 루시아가 살인죄로 기소되자 검찰은 루시아가 교묘하게 약을 과다 투여한 것이라고 공격했다. 이번에도 역시 수단과 기회가 있었던 것이다. 아흐마트가 혼수상태에 빠진 사건은 환자가 사망하지 않았는데도 루시아가 기소된 사유 중의 하나였다. 살인 혐의는 그로부터 한 달 후, 아이가 약물 과다 투여로 사망한 사건에 대해 적용되었다.

아흐마트는 2월 23일 아침 위내시경 검사를 받기 위해 마취되었다. 그날 저녁, 의사가 진정제인 디디페론과 옥사제팜 처방을 내렸다. 그는 아이에게 자신이 새롭게 처방한 약과 함께 다량의 클로랄 하이드레이트가 투여될 것이라고 생각지 않았으나, 기존의 처방 내용을 담은 지시서가 그대로 있었으므로 이 약들이 모두 투여되어 버렸다. 상태가 좋지 않았던 데다 수술의 후유증과 약물 과다 투여의 복합적인 효과로 아이의 상태가 위독해졌을 때 루시아는 이미 퇴근한 후였으나, 검찰은 그녀가 퇴근 전에 약물이 과다 투여되도록 조치를 취해 놓았다고 주장했다. 아흐마트의 사인은 검시관의 확인을 거쳐 자연사로 결정되었지만 루시아가 고의로 아이를 죽이기 위해 마취제 투여량 — 이미 아이의 체중, 나이, 상태에 비해 과다했다 — 을 치사량에 이르기까지 조금씩 교묘하게 늘렸다고 당시의 상황을 임의로 가정하기는 너무나 쉬웠다.

루시아에게 제기된 다른 살인 혐의 중 특별히 약물과 관련된 사건은 없었다. 그래서인지 암버르와 아흐마트 건은 핵심 사건으로 여겨졌다. 이 두 건에서 그녀의 살인 혐의를 입증할 수 있다면 나머지 사건도 그녀가 저질렀으리라고 쉽게 추측할 수 있기 때문이다. 이 두 사건이 기관차이고 나머지는 여기에 딸린 객차나 다름없었다. 이른바 법률적 연쇄 증거라고 알려진 개념이다.

이 이론이 터무니없지 않다고 하더라도 의학적인 증거가 너무나 부족했다. 수사관들은 루시아의 범행 동기를 알려 줄 만한 다른 증거를 찾아 나섰고, 압수한 일기의 1997년 11월 27일자 내용에서 의심스러운 구석이 있는 놀라운 내용을 찾아냈다. 일기에는 "오늘, 나는 충동을 이기지 못했다"라고 적혀 있었다.

1997년 11월 27일은 존네발트Zonneveld라는 여성 노인 말기암 환자가 사망한 날이었다. 검찰은 존네발트의 담당 의사를 증인으로 소환했다. 의사는 환자가 사망한 당시 그녀의 죽음이 자연사라고 확인했으나, 재판 후에는 재판부에 그녀가 며칠 더 생존할 것으로 예상하고 있었기 때문에 놀랐다고 적은 의견서를 제출했다.

심문 과정에서 일기에 적힌 "충동"의 의미가 무엇이냐는 질문에 대해 루시아는 친구와 친척, 부모님께 타로 카드 점 — 의료계에서는 아주 눈살을 찌푸리는 행동 — 을 쳐준 것이라고 대답했다. 루시아는 오래된 나무 상자에 담긴 타로 카드 한 벌을 갖고 있었는데, 그녀와 상담한 심리학자는 루시아에게 카드 점을 통해서 상황을 파악하려 하는 경향이 있으며, 그녀의 경우에는 그러한 경향이 충동으로 나타난다고 설명했다. 그러나 이런 설명은 법정 밖에서 웃음거리가 되었다. 너무나 하찮은 이야기였기 때문이다. 오히려 죽어 가는 환자들에게 루시아가 말로 표현할 수 없는 살인 충동을 느꼈다고 보는 편이 훨씬 더 그럴듯했다.

그녀의 과거 행적에서 무언가를 찾아내려 애쓰던 수사관들은 루시아가 캐나다에 살던 17살 즈음에 잠시 매춘과 관련되었던 사실을 알아냈다. 또한 네덜란드에서 간호학교에 들어가기 위해 캐나다에서의 학력을 위조했다는 사실도 찾아냈다. 그녀는 윤리 의식이라고는 전혀 없는 사람으로 낙인 찍혔다. 거짓말쟁이에다가 사기꾼이 된 것이다. 이제 살인범의 실체가 조금씩 드러나고 있었다. 모든 것이 다 그럴싸해 보였지만, 이들 중 확실한 증거는 아무것도 없었다.

통계적 분석이 법정에서 증거가 될 수 있을까

그녀가 범인임을 증명하는 가장 확실한 요소는 암버르나 아흐마트의 죽음도, 9월 1일 갑작스럽게 아흐라프Achraf라는 남자 아이에게 시행되어 추후 많은 사람들이 루시아에게 수상한 구석이 있다고 느낀 계기였던 심폐소생술※도 아니었다. 일기장의 내용도, 젊은이들이 흔히 저지를 법한 부적절한 행실도 아니었다. 바로 병원장 스미츠에게 확신을 심어 주었던 통계적 분석 결과였다. 그가 의사들과 함께 작성한 표는 루시아의 근무 시간과 병원에서 일어난 환자 사망 및 위험한 상황들 사이의 비례 관계를 보여 주고 있었다.

재판이 진행되면서 이 표는 그녀의 유죄를 보여 주는 가장 확실한 요소로 자리 잡았다. 누구도 이 표의 내용이 객관적으로 입증되지 않았다거나 사건과 무관하다고 무시할 수 없었다. 하지만 이 표를 제대로 활용

※ 생후 1년 6개월의 아흐라프는 '사회적 사례'(빈곤층 지원 사업을 의미 — 역주)로 입원했다. 아이의 어머니는 아이가 무호흡증을 앓고 있는 것을 우려했지만 의사들은 심각한 상태라고 보지 않았다. 당시 아이가 심각한 유전병인 프리먼 셸던 증후군Freeman Sheldon syndrome을 앓고 있으며 폐와 심장에 문제가 있다는 사실을 알아 챈 사람은 아무도 없었다. 심폐소생술은 갑작스럽게 시행되었으며, 루시아에게 의혹의 눈초리를 보내는 계기가 되었다.

하려면 이 내용을 배심원들에게 있는 그대로 보여 주는 것만으로는 부족했다. 표에 나타난 수치들이 살인을 의미할 실질적인 가능성을 계산하려면 전문가가 필요했다. 그 결과 비전문가들의 눈에는 표에 나온 확률이 그녀의 유죄 여부를 보여 주는 지표로 받아들여지게 되었다.

그런데 안타깝게도 재판부가 이 통계표를 분석할 주요 증인으로 선택한 사람은 통계학과를 학부만 졸업한 법학 교수였다. 네덜란드에는 국제적으로 명성이 높은 통계학 교수가 많은데도 법원은 법학 및 심리학 교수이자 준법 심리학과 범죄의 공간적 분석 전문가인 헹크 엘페르스Henk Elffers를 선택했다. 엘페르스는 학부 시절에 습득했던 지식을 이용해서 스미츠가 작성한 표에 담긴 매우 복잡한 의미를 파악하려 했다. 그는 의사들에게서 제공받은 사망과 심각한 사고를 합한 통계를 이용해서 계산한 후 이를 법정에 제출했다. 그가 내린 결론은 '루시아가 우연히 그처럼 많은 자연사 현장에 있었을 확률은 3억 4,200만분의 1'이었다.

표와 계산 모두 아주 정확하지는 않았지만, 그 내용을 살펴보면 헹크 엘페르스와 파울 스미츠가 왜 그렇게 루시아를 유죄라고 확신했는지를 이해하기는 어렵지 않다. 루시아가 율리아나 아동 병원에 근무했던 9개월 동안 1,029번의 간호사 근무조 교대가 있었고, 그녀는 142번 근무했다. 루시아가 근무조일 때 병원이 '비자연사'로 재분류한 7건의 사고가 일어났다. 표 3.1을 보면 율리아나 아동 병원의 의사와 간호사들이 제공한 통계를 확인할 수 있다.

누가 봐도 의심스럽고 놀라운 숫자다. 평균적인 간호사들이 근무하면서 맞닥뜨리는 심각한 상황의 빈도에 비해 루시아가 훨씬 자주 그런 상

근무조	무사고	사고	합계
루시아 휴무	887	0	887
루시아 근무	134	8	142
합계	1,021	8	1,029

표 3.1

황을 맞이했음은 의심의 여지가 없다.

다행히 이런 일이 자연적으로 일어날 확률이 얼마나 되는지 계산하는 통계적 분석 방법이 존재한다. 루시아가 근무할 때만 그렇게 많은 사망이 일어날 것이라고 보기는 당연히 어렵지만, 그럴 수 없다고 속단하는 것도 곤란하다. 그런 사건이 실제로 발생할 수 있기는 한지, 확률이 낮기는 해도 합리적으로 사건이 발생할 수 있는 범위 내에 있는지 — 드물기는 해도 전 세계 어딘가에서는 여전히 믿기 어려운 사건이 일어나고 있다 — 확인해 보려면 수학적 계산을 해보아야 한다.

어느 나라에서건 모든 간호사들이 맞닥뜨린 사망 건수를 개인별로 정리한 표를 만든다면 나머지 간호사들에 비해 유난히 사망 환자를 많이 경험한 운 나쁜 누군가가 그 목록의 맨 위에 이름을 올리게 되어 있다. 그렇다면 그 사람을 체포해야 할까? 계산의 목적은 이 사람이 과연 자연적인 통계적 분포의 범위 안에 들어 있는지 아닌지 — 살인범인지 아닌지 — 를 판단하는 데 있다.

그러나 제대로 계산을 하려면 이 분야에서 충분한 경험을 가진 전문가여야 하는데, 헹크 엘페르스는 그런 사람이 아니었다. 표 3.1에 제시된 결과에 엘페르스가 적용한 방법은 '피셔의 정확 검정Fisher's exact test' 이라는 표준적인 통계 검사 방법이다. 이 방법을 사용하면 외부 영향이 전혀 없을 때 숫자의 조합으로 이루어지는 어떤 사건이 완전히 무작위로 일어날 확률 값인 p값을 얻을 수 있다. 이 값은 0에서 1 사이로 나타나는데, 예를 들어 p값이 0.05 이상이면 그런 사건이 발생할 확률이 95퍼센트라는 의미다. p값이 0.05 미만이면 해당 사건이 발생 확률이 5퍼센트 미만인 소수 집단에 속한다는 의미가 된다. p값 0.01의 의미는 해당 사건이 100번에 한 번 발생한다는 뜻이다. UC 버클리의 입학 사례(2장 참조)에서 이미 보았듯, p값이 0.001이면 의심스럽기는 하지만, 그렇다고 조작이 있었다고 단정할 수는 없다.

엘페르스가 율리아나 아동 병원에서 수집된 루시아의 자료에 피셔 검정을 수행해서 얻은 p값은 0.000000110572로, 900만분의 1보다도 작은 값이었다. 이 p값의 의미는, 루시아가 율리아나 아동 병원에서 근무할 때 맞닥뜨린 사망 건수가 9개월간 근무하는 간호사 900만 명 중 한 명 꼴로나 일어날 법하다는 것이다. 이 병원의 간호사는 모두 27명이었으므로, 엘페르스는 이 p값에 27을 곱해서 이 병원에서 이런 경우가 일어날 확률을 구했다. 그 값은 0.0000029854, 약 35만분의 1이었다. 전국의 간호사 수가 25만 명인 국가에서 일어나기 힘든 일임은 분명했다.

이어서 엘페르스는 같은 검사를 루시아가 이전에 다녔던 적십자 병원의 자료에도 시행해 보았다. 여기서 그는 다음의 두 표를 이용했다. 첫 번째 표 3.2a를 대략적으로 살펴보면 루시아는 전체 근무조의 약 4분의 1 정도에 참여했고, 환자가 사망한 사건만 추려서 살펴보면 전체 사망 사건 중 약 4분의 1 정도에 그녀가 근무 중이었음을 알 수 있다. 이때 그가 계산한 p값은 0.07155922, 즉 대략 14분의 1이므로 이 표의 값들이 충분히 보편적인 범위 내에 들어 있다고 할 수 있다.

적십자 병원 병동 1	사망 사건이 없던 교대 근무	사망 사건이 일어난 교대 근무	합계
루시아 휴무 시	272	9	281
루시아 근무 시	53	5	58
합계	325	14	339

표 3.2a

두 번째 표 3.2b는 9개월간 다섯 명의 환자가 사망했으며 366회의 교대 근무가 있었음을 나타낸다. 이 기간 동안 루시아는 한 번의 교대 근무에만 참여했으며 한 명의 환자가 사망했다. 교대 근무와 환자 사망이 무작위적으로 일어난다고 가정하면 특별한 확률 검정이 필요 없고, 이런 일이 일어날 가능성은 366분의 5, 즉 0.0136으로 73분의 1 정도가 된다.

세 개의 p값 0.0000029854, 0.071559, 0.0136을 곱하면 대략 3억 4,200만분의 1이 된다. 2010년 4월 10일 《가디언》에 기고한 글에서 헹크 엘페르스는 p값들을 이런 식으로 곱하지 않았다고 주장했다. 그러나 그가 2002년 5월 29일에 작성한 메모에는 위의 계산 과정이 상세히 나타나 있다. 게다가 엘페르스가 법정에서 주장한 논리는 이 곱셈이 이루어졌음을 강하게 암시한다. 검찰이 판사에게 제시한 이 값은 이 사건을 보도하던 유럽의 모든 언론에서 언급되었다. 사람들은 이 값을, 그런 횟

적십자 병원 병동 2	사망 사건이 없던 교대 근무	사망 사건이 일어난 교대 근무	합계
루시아 휴무 시	361	4	365
루시아 근무 시	0	1	1
합계	361	5	366

표 3.2b

수의 교대 근무와 환자 사망이 자연적으로 나타날 확률이 3억 4,200만분의 1이라는 뜻으로 받아들였다. 3억 4,200만이라는 수는 전 세계의 간호사를 모두 합한 수보다 훨씬 크므로, 이런 사건이 자연스럽게 일어날 수 없다는 의미였다. 그런데 그 일이 일어났으므로, 엘페르스는 이는 대단히 부자연스러운 일이라고 손쉽게 결론을 내렸다.

엘페르스는 법정에서, 아마도 다른 비악의적인 요소에 의해 결과가 이상하게 왜곡된 것 같다고 설명했다. 그는 다섯 가지 가능성을 예로 들었다. (1) 루시아가 유독 능력이 부족한 간호사다. (2) 루시아가 상태가 아주 안 좋은 환자들에게 배치되었을 수 있다. (3) 그녀가 동료들과 다른 특별한 근무조, 예를 들어 사망자가 많이 발생하는 야간 근무조에 배치되었을 수 있다. (4) 이 상황에 항상 있었던 또 다른 사람이 있을 수도 있다. (5) 누군가가 루시아를 모함하는 것이다.

그러나 루시아는 이를 모두 부인했다. 자신에게 잘못이 없다고 주장하려는 것이 아니라 단순하게 진실을 말하고자 한다며, 자신은 좋은 간호사이고 어려운 교대 근무는 간호사 모두가 공평하게 돌아가며 맡았다고 이야기했다. 문제의 환자들이 사망할 때마다 근무했던 다른 간호사는 없었다. 그녀는 누군가 자신을 모함하려 한다고도 생각지 않았다. 몇 번이 되었건 그저 우연히 그런 상황들이 자신에게 닥쳤을 뿐이라고 믿었다. 그러나 이는 전문가인 엘페르스의 의견과 배치되는 것이었다. 그는 판사에게 "판사님, 이건 우연이 아닙니다. 현명한 판단을 바랍니다"라고 말했다.

언론이 살인마를 만들어 내다

재판이 진행되는 동안 언론은 루시아 더베르크를 마치 괴물처럼 묘사했다. 그녀가 아무런 잘못도 인정하지 않고 자백도 하지 않았다는 사실은 그녀가 유죄임을 더욱 확신하게 만들었고, 이내 그녀는 전국에서 혐오의 대상이 되었다. 루시아가 캐나다에서 몇 년간 매춘부로 일했던 전력은 언론에겐 더 없이 좋은 소재였다. 그녀는 방화, 병원 도서실의 책 도난부터 시작해 이슬람 부모들이 부검을 거부한다는 사실을 이용해서 아랍계 아이들을 희생자로 골랐다는 데에 이르기까지 온갖 비난을 뒤집어썼다. 심지어 신문에 실린 법정에서의 루시아를 그린 그림은 실제와 전혀 닮지 않은 마녀의 모습에 가까웠다.

2003년 3월 24일, 헤이그 재판소는 루시아에게 4건의 살인과 3건의 살인 미수 혐의를 인정하고 종신형을 선고했다. 변호인단은 그녀에게 제기된 17건의 혐의를 7건으로 줄이는 데 성공했다. 심지어 일부 사건의 경우에는 그녀가 현장에 있지도 않았다는 사실을 입증했지만, 그것만으론 충분치 않았다.

루시아는 판결이 나오자 곧바로 항소했고 사건은 2004년 6월 헤이그 고등 법원에서 다시 다루어졌다. 검찰은 암버르와 아흐마트의 사망이 살인에 의한 것임을 분명히 보여 주는 새로운 증거를 모았다. 또한 어느 날 구치소 운동장에서 루시아가 "13명을 고통에서 해방시켜 주었다"라고 말하는 것을 들었다는 동료 수감자의 증언도 확보했다. 그러나 그는 심문 과정에서 자신이 지어낸 이야기라고 실토했다.

2004년 6월 18일, 루시아는 7건의 살인과 3건의 살인 미수 혐의로 유죄 판결을 받았다. 항소심에서 4건의 새로운 살인 혐의가 추가되었고, 1심에서 1급 살인 혐의가 적용되었던 4건의 사건 중 3건만이 이 7건에 포함되었다. 그런데 루시아의 변호인단은 처음 혐의가 제기되었던 7건 중 루시아가 병원에 있지 않고 휴가 중이었던 사건 하나를 찾아냈다. 이후 이 건은 목록에서 슬그머니 사라졌다. 아무도 그 사례가 자연사인지 아닌지 묻지 않았다. 또한 p값을 다시 계산하지도 않았다.

살인으로 분류된 사망 사례는 루시아가 당시 병원에 있었는가의 여부에 따라 계속 변경되고 있었다. 이미 뭔가 문제가 있다는 신호였다. 누가 살해했느냐가 아니라, 과연 살해된 것이 맞는지가 문제였다. 핵심은 루시아가 근무 중이 아닐 때 일어난 사망은 자연사로 간주되었지만, 그녀가 근무 중일 때 일어난 사망은 살인으로 간주되었다는 데 있다. 즉 루시아의 존재 여부가 살인과 자연사를 가르는 기준이었다. 한 번 들어가면 빠져나올 수 없는 늪이나 다름없었다.

재판부는 암버르와 아흐마트의 사례만 의학적 증거가 존재하는 살인으로 보고 있다고 설명했다. 하지만 이와 동시에 재판부는 두 사건이 살인이라면 나머지도 마찬가지라는 '연쇄 증거' 가설에 의존하고 있었다. 통계에 대해서는 "판결에 통계적 확률 계산은 전혀 영향을 미치지 않았다"고 못 박았다. 증거로 인정된 것은 오로지 의학적인 요소뿐이라는 이야기였다. 또한 처음 환자들의 사인을 자연사라고 판단했던 의사들이 아니라, 환자들의 사인이 비자연적이라고 판단한 의사들을 불러 그 이유에 대한 설명을 들었다. 결국 법정에서는 이들의 의견이 받아들여졌다.

항소심에서 루시아는 종신형과 더불어 강제 정신과 치료를 받는 네덜란드의 법정 최고형을 선고받았다. 그녀가 구금된 6개월 동안 그녀를 관찰한 정신과 의사는 전혀 그녀가 정신 질환을 앓고 있다는 근거를 하나도 찾아내지 못했는데도 불구하고 이루어진 조처였다.

판결 3일 후, 프랑스 스트라스부르에 있는 연구소에서 디곡신을 검출하는 최신 기술을 이용해서 암버르의 희석된 혈액을 닦은 거즈를 분석한 보고서가 도착했다. 재판은 이미 끝났기에 이 보고서는 곧바로 서고에 보관되었으나, 루시아가 재차 상소해서 사건이 네덜란드 대법원으로 가게 되자 새로운 증거로 제시되었다. 그러나 2006년 3월 14일, 법원이 종신형과 강제 정신과 치료는 함께 이루어질 수 없다고 결정함에 따라 이 문서의 내용은 검토되지 않았다. 사건은 암스테르담 고등법원으로 환송되었으나 법원은 이번에도 7건의 살인과 3건의 살인 미수에 대해 유죄를 인정한, 이전의 판결을 그대로 유지했다.

이 판결은 루시아의 마지막 희망을 꺾어 버렸고, 그녀는 뇌졸중으로 쓰러지고 만다. 그녀는 감방에서 10시간 동안이나 몸을 움직이지 못하고 쓰러져 있다가 병원으로 이송되었다. 수감 중에 아팠던 적이 없었으므로 교도관과 간호사들은 루시아가 히스테리 반응을 보이고 있다고 생각했다. 치료가 너무 늦었기 때문에 루시아는 말을 못하게 되었을 뿐 아니라 신체 오른쪽을 쓰지 못하게 되어 버렸다. 이제 그녀에게는 아무런 희망도, 피할 곳도 남아 있지 않았다.

법원이 저지른 중대한 실수

재판에 깊숙이 관여했던 몇몇 사람들이 아니었다면 루시아 더베르크은 어쩌면 남은 생을 감옥에서 보냈어야 했을지도 모른다. 노인병 전문의인 메타 데르크센 더노Metta Derksen de Noo가 그중 한 명이다. 메타 더노는 율리아나 아동 병원의 소아과장이자 병원장의 지시에 따라 처음으로 루시아와 관련된 사망 환자 목록 — 검찰에게 전달되었던 — 을 작성했던 아르다 데르크센Arda Derksen과 시누이 올케 사이였다. 아르다는 경찰이 조사를 시작하기 전부터 병원에서 자체적으로 진행한 사망자 관련 조사를 지휘했다. 파울 스미츠와 마찬가지로 그녀도 루시아의 근무 내역과 환자들의 사망 사이의 통계적 확률을 찾아내려 했고, 이 과정에서 암스테르담에서 온 컴퓨터 과학자인 친척의 도움을 받았다. 이후 아르다는 검찰의 조사에도 협력했다. 그녀는 암버르가 사망하기 전부터 루시아를 의심했는데, 자신이 담당했던 환자 한 명이 '예상치 못한' 심폐소생술을 받았던 탓이었다. 병원 내에서 루시아에 관한 소문이 퍼져나가기 시작하자 아르다의 의심은 더욱 깊어만 갔다.

그러나 루시아의 재판이 진행되는 동안 아르다는 정신적으로 힘든 상황에 처해 증인으로 나서지 못한다. 그러한 아르다의 모습을 지켜본 시누이 메타 더노는 그녀가 그렇게 온 힘을 기울이는 사건에 무언가 문제가 있는 것이 아닐까 의심하게 된다.

1심 판결이 확정되고 아직 루시아가 항소하기 전인 2004년 겨울, 메타는 사건과 관련된 모든 의료 기록을 검토하기 시작했다. 이 기록에는 루시아가 관여한 것으로 의심되는 환자의 사망 내역과 그녀가 법정에서 증언한 내용이 담겨 있었다. 그러나 메타가 보기에 의료 기록들은 확신을 갖기도 어려울뿐더러 제대로 정리된 것 같지도 않았다. 살인의 증거로 볼 만한 기록은 하나도 없었다. 아르다의 정신 상태를 걱정한 메타는 더욱 면밀하게 조사를 시작했다. 관련자들에게 수많은 편지를 쓰고, 변호사와 의사 들을 만났지만 별다른 소득은 없었다. 2005년 11월에는 루시아의 변호사를 돕기 시작해 수감되어 있는 루시아와 개인적으로도 알게 된다. 이후 메타는 이 사건에 대한 웹사이트를 개설하고 루시아를 위한 모임도 만들었으며, 자신의 남편과 어머니, 두 형제들까지 루시아의 변호에 참여하게 했다.

처음 한두 해 동안은 그다지 큰 호응이 없었으나, 그녀의 오빠 톤Ton이 나서면서 루시아의 변호 활동이 탄력을 받는다. 네덜란드에서 가장 오래된 도시로 손꼽히는 네이메헌에 있는 라드바우드대학교의 철학과 교수인 톤 데르크센이 목소리를 내자 검찰 같은 공공 기관은 이를 무시할 수 없었다. 메타가 상세하게 정리한 재판의 모든 국면, 의료 기록, 개인에 관한 기록, 통계적 증거와 같은 조사 내용은 톤이 집필한 책《루시아 더 B.: 사법 오류의 재구성 Lucia de B.: Reconstruction of a Miscarriage of Judicial Error》의 밑바탕이 되었다.

영어판으로는 발간되지 않았던 (한두 장 정도는 인터넷에서 영문 번역을 찾아볼 수 있다) 이 책은 범죄 수사 내용을 상세히 담고 있다. 책의 상당 부분은 루시아의 변호를 맡은 변호사의 무능을 드러내는 데 할애되었다. 비록 그가 선의로 변호에 임하고는 있지만 중요한 부분들을 놓치고 있으며, 검찰 측과 마찬가지로 통계학 전문가가 아닌 증인에게 의존하여 엘페르스의 증언을 반박할 능력을 갖추지 못했다는 것이다.

이 책에서 데르크센은 루시아에게 유죄 선고가 내려지는 데 결정적 역할을 한 암버르의 사례를 분석하면서 법원이 인정한 살인의 증거 가운데 두 가지 주요 오류를 지적했다. 첫째는 루시아가 약물을 사용한 시각에 대해 법원이 내린 판단이었다. 사건의 경과를 보면 9월 3일 호흡을 유지하는 데 필요한 산소의 양이 늘어난 탓에 암버르의 상태가 안 좋아지기 시작했다. 그날 밤 11시 루시아는 산소 포화량을 확인하기 위해 관찰 장비를 아이의 손가락에 연결했다. 그리고는 그녀가 "새벽 1시경"으로 기억하는 때 즈음 소아과 의사에게 아이의 상태를 보아 달라고 요청했다. 관찰 장비가 떼어졌고 암버르는 다른 진찰실로 옮겨진다. 이후 기록에는 오전 1시로 나와 있는 시각에 두 명의 의사가 암버르를 진찰했다. 이들의 증언에 따르면 진찰은 "20분 정도" 걸렸으며 아이의 상태가 위독하지 않다고 결론을 내린 후 아이는 입원실로 돌아갔고, 다시 손가락에 관찰 장비가 연결되었다. 관찰 장비에 남은 기록을 보면 새벽 1시부터 잠시 장비가 아이에게서 분리된 것을 확인할 수 있다. 그런데 암버르가 진찰실을 오가는 데 걸린 시간과 진찰 시간을 고려하면 20분 정도가 소요되어야 하는데, 기록에는 장비의 연결이 끊어진 시간이 5분에서 10분 정도에 불과했다.

암버르는 두 명의 간호사가 병실에 있던 오전 2시 46분부터 상태가 급격히 안 좋아지기 시작한다. 심폐소생술 팀이 급히 달려왔으나 아이는 얼마 지나지 않아 사망했다.

디곡신이 과다 투여되어 사망에 이르는 데 보통 60~90분 정도가 소요되므로, 재판부는 관찰 장비에서 오전 1시 15분부터 2시 45분까지의 기록을 출력했다. 기록에는 장비가 오전 1시 20분부터 1시 48분까지 꺼져 있던 것으로 나타나 있었다. 재판부는 이 때 범죄 행위가 일어났다고 판단했다. 루시아가 관찰 장비를 끈 뒤 정맥에 연결되어 있던 주사 바늘을 통해 독극물을 주입했다고 본 것이다. 이와 더불어 아이의 몸에서 발견된 디곡신이 증거로 인정되어 루시아는 암버르 살인 혐의에 대해서 유죄 판결을 받았다.

그러나 데르크센은 진찰이 오전 1시에 이루어지지 않았을 수도 있다는 점을 지적했다. 장비가 꺼져 있던 시간이 너무 짧았던 것이다. 한 마디로 범행이 이루어지기엔 너무 짧은 시간이었다. 그는 이때 간호사들이 배탈이 났던 아이를 씻기거나 옷을 갈아입혔으리라고 짐작했다. 관찰 장비의 그래프를 면밀히 보면 오전 1시 20분부터 1시 48분까지가 의사가 진찰을 했던 시간이었음을 알 수 있다. 데르크센은 진찰이 기록에 적힌 것처럼 오전 1시가 아니라 1시 20분에 시작되었다고 결론 내렸다. 진료 기록에 시각이 이런 식으로 잘못 기록되는 것은 전혀 이상한 일이 아니었다. 데르크센은 다른 진료 기록들에도 모두 시각이 정시 혹은 30분 단위로 기록되어 있다는 사실을 발견했다. 오히려 분 단위로 진료 시각을 적는 것이 이상한 일이었던 것이다. 의사들이 기억한 진찰 시각은 잘못되었다. 1시가 아니라 1시 20분에 진찰이 시작된 것이 분명했다.

디곡신이 작용하는 데 필요한 시간과 새롭게 발견한 사실을 함께 고려하면, 루시아는 진찰이 이루어지던 바로 그 시각에 독극물을 주입했어야 한다. 관찰 장비는 1시 48분부터 다시 동작하기 시작했으므로 이보다 늦게 범행을 저질렀을 수는 없다. 이보다 일찍 주입했다면 아이가 더 일찍 사망했을 것이므로 그것도 불가능하다. 데르크센이 지적했듯, 정확히 어느 시각에 범행이 저질러졌는지 알아내기란 사실상 불가능했다.

법원이 인정한 살인의 증거 중 두 번째 오류는 아이가 디곡신에 의해 사망했다는 의학적 증거였다. 데르크센은 대법원에서 채택되지 않았던 스트라스부르 연구소의 보고서를 이용해 디곡신이 사망의 이유가 아니라는 사실을 증명했다.

체내의 디곡신 농도를 측정할 때, 특히 유아의 경우에는 면역 반응성 유사 디곡신 물질Digoxin Like Immunoreactive Substances, DLIS이 체내에 자연적으로 존재하기 때문에 다소 곤란한 문제가 발생한다. 법원이 증거로 채택한 의학 검사 결과는 디곡신과 DLIS를 구분하지 못했다. 해당 의학 검사는 두 가지 방식으로 이루어졌는데, 각 방법을 적용한 결과 암버르의 혈액에서 리터당 각각 22밀리그램, 25밀리그램의 디곡신이 검출되었다. 아이가 디곡신에 의해 사망하지 않았다면 리터당 1~2밀리그램 정도만이 검출되어야 했다. 참고로 디곡신 농도는 사망 후 증가 — 수분이 증발하기 때문에 어떤 물질이건 농도가 높아진다 — 하고, 리터당 1~7밀리그램 정도의 수치는 독극물이 주입되지 않았음을 의미한다.

스트라스부르 연구소에서 시행한 검사는 디곡신과 DLIS를 구분하는 유일한 검사법이었으며, 이 검사에서 검출한 값은 리터당 7밀리그램이었다. 또한 암버르를 부검한 결과 디곡신에 의해 사망할 때의 증상인 심장 수축도 없었다는 점을 알아냈으나, 이는 스트라스부르 연구소의 검사 결과와 더불어 네덜란드 대법원에서 채택되지 않았다.

어린 암버르의 사망이 안타까운 일이긴 하지만 살해당하지는 않은 것이다.

간호사를 살인범으로 만든 통계의 비밀

재판의 핵심이 되는 사건에서 루시아의 무죄가 드러나자 나머지 건도 급속히 힘을 잃어 갔다. 하지만 여전히 중요한 의문이 남아 있었다. 대체 왜 루시아는 그렇게 비현실적으로 높은 빈도로 환자의 사망 현장에 있었던 것일까? 엘페르스가 계산한 결과에 따르면 루시아의 주장처럼 그런 일이 우연히 일어났다고는 도저히 생각하기 힘들다. 엘페르스가 p값을 구해서 확인해 준 스미츠의 계산 결과는 그녀에 대한 의혹의 출발점이었다. 이를 어떻게 설명해야 할까?

루시아에게는 다행스럽게도, 통계학 전문가 두 명이 — 레이덴대학교의 리하르트 힐Richard Gill과 페테르 흐뢴발트Peter Grunwald 교수 — 불의에 맞선다는 목표 아래 메타 더노와 톤 데르크센에게 힘을 보태기로 했다. 자료를 면밀히 검토한 이들은 헹크 엘페르스가 사용한 통계 분석 기법이 언뜻 보기엔 옳은 것처럼 보이나 실제로는 부정확하며, 이 사건에 적절하게 적용되지 않았다는 사실을 알아냈다. 가장 두드러진 오류는 p값들을 곱한 것(엘페르스는 이를 부인했지만, 곱한 결과가 재판부와 언론에 전달되었다)이었다.

루시아의 사건을 단순화하여 살펴보자. 주의가 부족하거나 경험이 없어 다른 간호사보다 실력이 상대적으로 떨어지는 간호사 N이 가끔 환자에게 실수를 저지른다고 하자. 어느 간호사라도 때로는 실수할 수 있고, 실수의 대부분은 환자에게 특별히 위험하지는 않다. 네덜란드에는 25만 명의 간호사가 있다. 이제 간호사 N이 가장 실수를 많이 저지르는 간호사 1,000명 중 정확히 중간에 위치한다고 해보자. 간호사 N이 저지른 실수를 나열한 표로 만들면 p값은 250분의 1이 되고, 이는 N이 25만 명의 전체 간호사 중 실수가 가장 많은 1,000명에 포함됨을 의미한다. 이 p값은 1,000분의 1보다 크므로, 합리적 의심을 가져 볼 수준보다 높다.

이제 간호사 N이 병원 두 곳에서 일하는 경우를 생각해 보자. 같은 간호사가 두 곳에서 일하므로 두 병원에서 구해진 p값은 모두 250분의 1에 가까울 것이고, 이는 '간호사 N은 업무 처리에 약간 문제가 있다'는 의미와도 동일하다. 그런데 이 두 값을 곱하면 어떻게 될까? p값이 갑자기 충분히 의심할 만한 수준인 6만 2,500분의 1이 되어, 간호사 N이 전국에서 가장 능력이 떨어지는 간호사라는 의미로 돌변한다.

하지만 두 병원에서 일하는 간호사 N은 동일 인물이므로 간호사 N이 두 병원에서 일한다는 사실이 그녀와 관련된 p값의 계산 결과를 바꾸어서는 곤란하다. 왜냐하면 그녀의 업무 능력이 양쪽 병원 모두에서 떨어지는 근본적 원인은 간호사 N의 주의력 부족이나 훈련 부족 같은 동일한 요인에서 비롯한 것이므로 서로 독립적인 사건이 아니기 때문이다. p값을 곱하면 안 되는 이유가 바로 이것이다. 이 경우 p값을 곱하면 현실과 동떨어진 값이 된다.

루시아는 환자들이 사망했건 사망에 이를 뻔했건 간에 자신이 근무 중일 때 일어났던 모든 사건에서 자신은 원인이 아니라고 강력히 부인했다. 그녀는 모든 사건이 순전히 우연에 의한 결과라고 주장했는데, 그녀가 옳다면 p값을 곱하는 것은 문제가 아니었다. 이 경우 주요 쟁점은 루시아가 간호사 N처럼, 정상적인 범위 안에 있지만 평균보다는 낮은 범위에 속하는지, 아니면 정말 그녀의 주장이 옳고 헹크 엘페르스의 계산 결과는 무언가 다른 것을 나타내는지 하는 문제다.

톤 데르크센은 조사 과정에서 흥미로운 사실을 발견했다. 법정에서 사용된 계산에 그때까지 알려지지 않았던 심각한 오류가 있었던 것이다. p값의 곱셈이나 다른 계산 과정에서의 오류가 아니었다. 훨씬 근본적으로, 표를 정리하는 데 문제가 있었다. 엘페르스는 표를 만들고 재검토를 하지 않았으나 데르크센은 표를 만드는 과정부터 파고들었다.

병원 측은 의심스러운 경우의 목록을 먼저 만들고 나서 각 경우에 루시아가 있었는지를 — 그런데 모든 경우에 있었다! — 확인했다고 주장했다. 언뜻 듣기에는 단순한 과정에서 놀라운 결과를 얻어낸 것 같지만 실은 매우 잘못되었다. '의심스러운' 경우를 어떻게 정의할 것인가에 열쇠가 숨어 있다. 병원에서는 어떤 환자가 사망했다고 누군가 의심받는 일은 없으므로, '의심스러운' 사례라는 꼬리표는 나중에 적용되는 개념이 된다. 그런데 루시아가 연관된 9~10건의 사례는 암버르가 사망한 후 사람들의 입에 오르내리기 시작한 사건들이므로, 데르크센이 지적했듯 이 목록이 루시아가 해당 사례마다 현장에 있었다는 사실을 모른 상태에서 만들어졌다고 믿기는 어려운 일이 아닌가?

핵심 쟁점은 루시아가 없을 때 발생한 사건 가운데 목록에 오른 다른 사건과 동일한 특징을 갖고 있으면서, 발생 당시에는 통상적인 것으로 간주되다가 나중에야 '의심스러운' 사례라는 딱지가 붙은 경우가 있었는지의 여부다. 만약 최초 목록에 포함되지 않은 사례가 있다면 표의 내용은 크게 바뀔 것이고 p값에도 큰 영향을 미치게 된다.

어떤 사건도 발생 당시에 의심스러운 사례로 여겨지지 않았기 때문에 답하기 어려운 질문이긴 하지만 데르크센은 병원 기록을 살피며 몇 가지 놀라운 사실을 찾아냈다. 예를 들어 마취제인 클로랄 하이드레이트 과다 투여로 세 번의 심폐소생술과 한 번의 혼수상태를 겪었던 케말Kemal이라는 아이의 경우가 그랬다. 총 세 번의 심폐소생술 시도 가운데 앞선 두 건은 스미츠가 작성한 목록에 들어 있었지만 세 번째는 제외되어 있었다. 왜 그랬을까? 데르크센은 앞의 두 건과 나머지 한 건 사이에서 다른 점이라고는 단 한 가지밖에 찾아내지 못했다. 세 번째 심폐소생술 때는 루시아가 없었던 것이다. 케말이 혼수상태에 빠진 이유는 마취제 과다 투여로 아흐마트의 경우와 원인이 유사했다. 그런데도 케말의 경우는 의심스러운 사례에 포함되지 않았다. 그 자리에 루시아가 없었기 때문이다. 조사를 계속한 데르크센은 목록에 있는 사례와 매우 유사하지만 통계에는 포함되지 않은 사례를 두 건 더 찾아냈다. 물론 둘 다 루시아가 근무 중이 아닐 때 일어난 사건이었다.

1심 재판에 제출되었던 율리아나 아동 병원의 조사 결과(표 3.3)를 다시 살펴보자. 루시아가 없을 때 일어난 두 건을 제외하고 데르크센이 찾아낸 케말의 사례를 추가해서 다시 표를 만들면 표 3.4가 된다.

이전과 같이 피셔의 정확 검정을 표 3.4에 적용하면 약 1,230분의 1이라는 p값이 얻어진다. 이는 이전 표의 900만분의 1과는 엄청나게 다른 값이다. 물론 1,230분의 1도 합리적 의심을 하기에 충분한 값이긴 하

율리아나 아동 병원 근무조	사건이 없었던 근무조	사건이 있었던 근무조	합계
루시아 휴무 시	887	0	887
루시아 근무 시	134	8	142
합계	1,021	8	1,029

표 3.3

율리아나 아동 병원 근무조	사건이 없었던 근무조	사건이 있었던 근무조	합계
루시아 휴무 시	883	4	887
루시아 근무 시	136	6	142
합계	1,019	10	1,029

표 3.4

지만, 네덜란드의 전체 간호사 수를 고려하면 아주 이상한 값은 아니다. 간단히 말해, 25만 명 중 수백 명 정도가 루시아와 유사한 상황을 맞이할 수 있다는 의미다. 실제로 몇몇 간호사들이 자신의 경험을 공개했다. 루시아의 상황을 옹호하는 어떤 간호사가 신문사에 보낸 편지에는, 학생 시절에 자신은 약 30건의 사망 사례를 경험했는데, 동료는 그런 적이 단한 번도 없었다고 적혀 있었다.

톤 데르크센은 자신이 찾아낸 내용을 바탕으로, 브루마 위원회(사건을 종결 사건 심사 위원회에 넘길지 여부를 심사하는 네덜란드의 위원회. 의장인 Y. 브루마 Buruma의 이름을 따서 통칭 브루마 위원회라고 불린다 — 역주)에 루시아 사건이 종결 사건 심의 위원회라는 별도의 기구에서 다루어져야 하는지 판단해 달라고 요청했다. 이 요청은 피고 측은 할 수 없고, 제3자만이 할 수 있다.

브루마 위원회는 추가적인 조사를 제안했고, 2006년 10월에 3인의 위원이 임명되어 사건을 처음부터 다시 살펴보기 시작했다. 이들은 특히 다음의 세 가지 사항을 면밀히 검토할 것을 요구받았다.

- 통계적 증거에 오류가 없는지
- 디곡신에 의한 사망 여부가 확실히 가려졌는지
- 사망 원인이 불확실한 사례들이 정말로 루시아의 주도하에 일어난 일 인지, 그녀가 없었다는 이유로 다른 사례들이 제외된 것은 아닌지

2007년 10월, 10개월간의 작업 끝에 작성자 중 한 명의 이름을 딴 흐림베르헌Grimbergen 보고서가 제출되었다. 보고서에는 시간이 오래 걸린

데 대한 사과가 포함되어 있다. 세 명의 작성자들은 최선을 다했으나, 루시아가 수감 중에 점점 건강이 악화되어 간다는 사실을 잘 알고 있었다.

보고서는 암버르의 사망 이후 곧바로 루시아가 유일한 용의자로 지목되었다는 점과, 이 사실이 일부 수사관들로 하여금 그녀가 일했던 병동과 그녀가 근무했던 시기에 대해서만 수사를 집중하게 된 점 등을 최초 수사의 주요 오류로 지적하고 있다. 실제로 루시아는 암버르의 사망 이전부터도 의심을 받고 있었다. 그녀도 이 사실을 알고 있었고, 따라서 자신이 암버르를 맡게 된 것 자체가 병원 측의 시험이 아닌지 생각했다. 이처럼 루시아의 유죄를 입증하는 데 수사의 초점이 맞춰지는 과정에서 경찰은 간단하지만 중요한 요소를 놓치는 실수를 범했다. 예를 들어 루시아가 일했던 율리아나 아동 병원에서 그녀가 근무한 기간 동안 6건의 사망 환자가 있었는데, 그녀가 이 병원에서 일하기 전 같은 기간 동안에는 7건이나 발생했다! 루시아를 비난하는 것은 연쇄 살인범이 병원에서 일하기 시작하자 사망자 수가 줄어들었다고 이야기하는 격이었다. 이처럼 단순한 내용조차 재판에선 거론된 적이 없었다.✻

보고서에는 톤 데르크센이 찾아낸 추가적 심폐소생술 사례의 조사 결과와 더불어 암버르의 혈액에서 검출된 디곡신에 대한 스트라스부르 보고서의 내용도 실려 있다. 흐림베르헌 보고서는 검찰이 아이가 독극물에 의해서 사망했다고 결론 내리는 중대한 실수를 저질렀으며 변호인도 이

✻ 보고서는 검찰이 조사를 위해서 율리아나 아동 병원 소아과장인 아르다 데르크센과 접촉했다고 적시하고 있다. 모든 의료 기록은 원칙적으로 비공개였지만 그녀는 의료 기록 내용을 요약해서 검찰에게 전달했다.

를 받아들이는 실수를 범했다고 지적했다. 보고서는 암버르가 디곡신에 의해 사망했다고 볼 아무런 이유가 없다고 결론 내렸다. 디곡신에 관한 세계적 전문가인 토론토대학교의 기디언 코런Gideon Koren 교수는 증거를 살펴본 뒤 제출한 의견서에서 "이러한 부검으로 (의도적이건 아니건) 독극물이 사망의 원인임을 밝히려는 시도는 너무나 부정확해서 놀라울 따름이다. 이런 잘못된 방식에 의한 의료진 수감은 절대 받아들일 수 없다"라고 적었다.

흐림베르헌 보고서는 루시아 사건을 다시 살펴볼 것을 제안했다. 네덜란드 법무부 장관에게 사건을 재검토하는 동안 임시로 루시아가 석방되어야 한다는 탄원서가 제출되었지만, 법무부는 이를 기각했다. 다음날 탄원서가 신문에 전면 광고로 실렸다.

검찰조차 루시아의 무죄를 주장하다

2008년 1월 5일, 그녀가 수감된 교도소에서 '루시아를 위한 빛'이라는 횃불 행렬이 있었고, 1개월 뒤 〈괴물 루시의 재판Lucy, a Monster Trial〉이라는 제목의 연극이 암스테르담에서 공연되기 시작했다. 언론과 여론은 마치 거대한 유조선처럼 서서히 방향을 바꾸고 있었다.

2008년 4월 2일 루시아는 석방을 거부한 결정에 반발했고, 암버르의 살해 증거가 허공으로 사라지자 법무부 장관은 형 집행을 3개월간 유예해 주었다. 뇌졸중으로 인해 아직 몸이 부자유스러웠지만, 루시아는 니우에르슬라위스 교도소에서 스스로 걸어 나올 수 있었다. 거의 6년 만에 처음으로 맛보는 자유였다.

진실을 밝혀내는 일이 으레 그렇듯 진행은 더뎠지만 한 단계씩 끝을 향해 나아가고 있었다. 네덜란드 대법원은 6월 경 사건을 공식적으로 다시 심리하기 시작했다. 10월에는 암버르 이외의 다른 주요 사례인 아흐마트와 갑자기 예기치 못한 심폐소생술을 받았던 아흐라프의 사망에 대해서 전면적인 의학적 재조사를 명령했다. 14개월이 지난 2009년 12월, 새롭게 증인으로 채택된 의료 전문가들은 법정에서 이들의 사망이 자연사라고 증언했고, 법원은 이를 받아들였다. 2010년 3월 17일에 내려질 최종 판결을 앞두고 루시아는 마지막 심문을 받았다. 공판일이 가까워지자 검찰조차도 그녀에게 무죄를 선고해 달라고 요청하는 사상 초유의 일이 일어난다.

2019년 4월 14일, 최종적으로 무죄 판결이 내려졌다. 이를 통해 법원은 네덜란드의 사법 체계의 권위는 물론이고 그저 간호사로 살기를 바라며 주위의 모든 것이 무너져 내리는 동안에도 소신을 잃지 않았던 평범한 개인의 삶을 무너뜨렸던 실수를 바로잡았다.

2007년 11월, 이탈리아의 페루자에서 영국 유학생이 살해되었다. 유력한 용의자의 집에서는 흉기로 추정되는 부엌칼이 나왔는데, 이 칼에 남아 있던 DNA 양이 너무 적어 검사 결과를 신뢰할 수 없다는 비판을 받았다. 그로부터 4년 뒤 진보한 방식의 DNA 검사 장비가 등장하자 검찰 측은 다시 한번 흉기에 남아 있는 DNA를 분석해 보자고 요청했으나 재판부는 이를 거부했다. 판사가 이 추가적인 분석 요청을 거절한 이유는 무엇이었을까?

DNA 검사로도
범인을
잡지 못한 이유

CASE 04

어맨다 녹스 사건

확률 실험의
신뢰도를 높이는 방법

확률은 본능적인 직관과 반대의 결과를 보여 주기도 한다. 설령 어떤 사건이 발생할 확률이 정확하게 계산되었더라도, 개개의 사건이 독립적이지 않다면 이들 각각의 확률을 곧바로 곱해서는 안 된다. 이 장에서는 사건이 여러 번에 걸쳐 일어날 때 흔히 범하는 오류에 대해서 살펴본다.

답이 예 또는 아니오 중의 하나인 검사를 — 예를 들어 어떤 병에 걸렸는지 아닌지 확인하는 것 — 할 때, 실제로 병에 걸렸는데 검사 결과도 병에 걸렸다고 나오는 경우가 60퍼센트, 검사 오류로 인하여 병에 걸리지 않았다고 나오는 경우가 40퍼센트라고 가정해 보자. 검사 결과가 양성으로 나왔다면 이는 60퍼센트의 확률로 해당 검사 내용에 부합한다는 의미다. 그렇다면 검사를 다시 해볼 필요가 있을까? 다시 치른 검사에서 또 양성이라는 결과가 나왔다면 60퍼센트의 확률로 양성이라고 확신할 수 있을까? 물론 반복 검사의 장점이 있기는 하다. 단 한 번의 시험보다는 결과를 더 신뢰할 수 있기 때문이다.

동전이 하나 있는데, 이 동전은 다음의 두 종류 중 하나에 속한다고 해보자. 하나는 던지면 앞면과 뒷면이 나오는 빈도가 동일하고, 다른 하나는 앞이 나오는 빈도가 70퍼센트에 이른다. 지금 손에 있는 동전이 이 둘 중 한 가지일 확률은 반반이다. 자, 이 동전을 한 번 던졌더니 앞면이 나왔다.

이 동전이 앞면이 더 자주 나오는 종류인지 아닌지를 알려면 앞면과 뒷면이 나올 확률이 같은 동전을 던졌을 때 앞면이 나올 확률 A, 앞면과 뒷면이 나올 확률이 다른 동전을 던졌을 때 앞면이 나올 확률 B를 먼저 알아야 한다. 이제 A와 B를 각각의 경우 앞면과 뒷면이 나올 전체 확률의 합이 1이 되도록 만들어 주는 환산계수와 곱한다(둘 중 어떤 동전이든 앞면 또는 뒷면만 나오므로, 동전을 던졌을 때 앞면 또는 뒷면이 나올 전체 확률은 1이다). 그러므로 환산계수 C = 1 / (A + B)로 구할 수 있고, 이 동전이 앞뒷면이 동일한 확률로 나올 동전일 확률은 A × C, 한쪽 면이 더 자주 나오는 동전일 확률은 B × C 가 된다.

앞에서 가정한 것처럼 동전의 앞뒷면이 나올 확률이 같은 동전에서 앞면이 나올 확률 A = 0.5 다. 또 앞뒷면이 나올 확률이 다른 동전에서 앞면이 나올 확률 B = 0.7 이다. 따라서 이 값을 사용하면 C = 1 / (A + B) = 0.8333… 이라는 값을 구할 수 있다. 따라서 이 동전이 앞뒤가 나올 확률이 동일한 동전일 확률 A × C 는 약 0.416으로 대략 42퍼센트가 된다. 한 쪽 면이 나올 확률이 더 높은 동전일 확률 B × C 는 0.583으로 약 58퍼센트다. 그러므로 어떤 동전을 한 번 던져서 앞면이 나왔을 때, 이로부터 내릴 수 있는 결론은 '이 동전은 58퍼센트의 확률로 한쪽 면이 나올 확률이 더 높은 동전이다'가 된다.

　같은 실험을 다시 한번 한다고 해보자. 동전을 던졌더니 또 앞면이 나왔다. 앞서와 마찬가지로 이 동전은 58퍼센트의 확률로 한 쪽이 나올 확률이 더 높다는 결론을 얻는다. 하지만 이 두 실험을 합쳐서 하나의 실험으로 보아, 두 번 동전을 던지는 것이 각각 독립된 실험이 아니라 동전을 두 번 던지는 하나의 실험이고 여기서 두 번 앞면이 나온 것으로 본다면 어떻게 될까?

　이 동전이 앞뒷면이 나올 확률이 같은 동전인지, 아니면 한 쪽이 더 자주 나오는 동전인지의 확률을 계산하는 방법은 절차상으로는 앞의 경우와 똑같다. 앞뒤가 나올 확률이 같은 동전일 확률을 A, 다른 동전일 확률을 B라고 하자. 환산계수는 앞에서와 마찬가지로 C = 1 / (A + B) 이고, A × C 와 B × C 는 두 번 연속해서 앞면이 나왔을 때 각각 앞뒤가 나올 확률이 같은 동전일 확률, 다른 동전일 확률이 된다.

　이 실험에서 다른 부분은, 동전을 한 번이 아니라 두 번 던진다는 데 있다. 즉 '두 번 모두 앞면이 나올 확률'을 구해야 한다. 동전 던지기는 각각 독립된 사건이므로 확률을 곱해도 된다. 그러므로 앞뒤가 나올 확률이 동일한 동전에서 연속으로 두 번 앞면이 나올 확률 A = 0.5 × 0.5 = 0.25 이고, 앞뒤가 나올 확률이 다른 동전에서 앞이 연속 두 번 나올 확률 B = 0.7 × 0.7 = 0.49 다. 환산 계수 C = 1 / (A + B) = 1.3513 이므로, A × C = 0.337, B × C = 0.662 라는 값이 나온다. 그러므로 동일한 조건에서 같은 실험을 두 번 실행하면 신뢰도가 58퍼센트에서 66퍼센트로 올라가게 된다!

이 장에서 소개하는 사례는 판사가 살인 흉기에서 검출된 범인의 DNA를 새롭게 검사하는 일이 무의미하다는 잘못된 판단을 내려, 결정적인 증거를 찾아낼 수도 있었던 두 번째 DNA 검사를 제지한 경우다.

2007년 11월 1일이었다. 유럽연합의 학생 교환 제도인 에라스무스 프로그램으로 이탈리아의 중세도시 페루자에서 1년간 교환학생으로 지내고 있던 영국인 메러디스 커처Meredith Kercher는 친구들과 피자를 먹으며 영화를 보면서 한가한 오후를 보냈다. 그녀는 친구의 아파트에서 저녁 9시 조금 못 미쳐서 나온 뒤, 몇 분 지나지 않아 성벽 바로 밖에 있는 자신의 아담한 집에 도착했다. 그녀는 두 명의 이탈리아 여학생과 어맨다 녹스Amanda Knox라는 미국 여성과 함께 이 집에 묵고 있었다.

비슷한 시각, 메러디스가 살고 있는 이 작고 외딴 집에서 그리 멀지 않은 번잡한 거리에 사는 젊은 이탈리아 학생 라파엘 솔레치토Raffaele Sollecito가 그날의 마지막 컴퓨터 사용을 마치고 전원을 껐다. 그는 일주일 전에 슈베르트의 숭어 5중주와 아스토르 피아졸라의 탱고가 연주되었던 음악회에서 메러디스와 같은 집에 살고 있는 어맨다를 만났다. 둘은 중간 휴식 시간에 이야기를 나누었고 그날 밤 라파엘의 집에서 함께 시간을 보낸 뒤 사실상 떨어질 수 없는 사이가 되었다. 라파엘은 이전까지 여자 친구를 사귀어 본 적이 없고 혼자 시간을 보내는 학생이었다. 그의 관심사는 컴퓨터, 폭력적인 만화, 그리고 칼이었다. 외향적인 성격의 어맨다는 그의 내성적 성격을 그다지 신경 쓰지 않았고, 새 연인의 다정다감함에 빠져들었다.

11월 1일 저녁, 어맨다는 매니저로부터 가게가 한가하므로 저녁에 출근하지 않아도 된다는 문자를 받았다. 르시크Le Chic는 페루자 중심부에 있는 트렌디 펍으로, 콩고 뮤지션 패트릭 루뭄바Patrick Lumumba가 경영하는 곳이었다. 어맨다는 그곳에서 매주 며칠씩 저녁 시간에 일을 했다. 후일 재판에서 그녀는 그날 출근할 필요가 없게 되어 라파엘의 집에서 영화를 보고 저녁을 먹은 후 마리화나를 피우고 성관계를 가진 뒤 잠을 잤다고 배심원 앞에서 분명하게 이야기했다.

같은 날 저녁, 메러디스가 어맨다와 함께 살고 있던 작은 언덕 위의 집에서 흉기에 찔려 살해되었다. 부검 결과 한 명 이상이 그녀를 함께 공격했던 것으로 밝혀졌다. 목에 남은 상처는 서로 다른 종류의 칼로 두 방향에서 — 하나는 오른쪽, 또 하나는 왼쪽에서 — 가해진 것이었다. 침대에 남은 혈흔은 칼이 잠시 침대 위에 놓였던 곳을 알려 주고 있었다. 또한 메러디스의 몸에 남은 수많은 멍과 타박상은 그녀가 묶여서 저항하지 못하는 상태에서 구타당했으며, 살해당하기 전에 목이 졸렸음을 보여 주는 증거였다.

재판정에서 어맨다의 증언 내용은 이렇다. 다음 날 아침 그녀가 새 옷을 챙기러 집에 와서 샤워한 뒤 신경이 쓰이는 몇 가지 "이상한 점"을 눈치 채고선 두려운 생각이 들어 라파엘에게 가서 이야기를 했다. 그녀는 그를 집으로 데려와서 미심쩍은 부분을 보여 주었는데, 욕실 중 한 곳에 피가 약간 묻어 있었고, 다른 곳의 변기는 물이 내려지지 않은 채였으며,

메러디스의 침실은 잠겨 있었다. 집을 살펴본 둘은 매우 수상한 점을 발견했다. 함께 사는 이탈리아 여성 필로메나의 침실 창이 박살 나 있었고, 방 안은 엉망이었던 것이다. 어맨다는 필로메나에게 전화를 걸어 바로 집으로 오라고 했다.

필로메나가 친구 여러 명과 함께 — 경찰도 함께 — 왔는데, 일반 경찰이 아니라 통신 경찰(이탈리아에서 통신망을 이용한 범죄를 수사하는 경찰 기관 — 역주)이었다. 이들은 인근의 정원에서 나이든 집주인 여성이 발견한 메러디스의 휴대전화 두 대를 조사하고 있었다. 필로메나는 자신의 방이 엉망진창으로 어질러진 것을 보고 너무도 놀랐으며, 메러디스의 방을 열고 들어가 보아야 한다고 주장했다. 친구들이 발로 차서 방문을 열자 이미 말라붙은 엄청난 양의 피 위에 메러디스의 시신이 침대보에 덮인 채로 바닥에 놓여 있었다.

경찰이 어느 시점부터 어맨다와 라파엘을 목격자가 아니라 용의자로 보기 시작했는지는 분명치 않다. 어쨌든 경찰이 보기에는 처음부터 수상한 구석이 몇 가지 있었다. 부서진 창문과 어지럽혀진 방은 경찰의 눈을 속이기 위한 것처럼 보였다. 도난당한 물건도 없었고 발자국이나 발에 밟힌 풀은 물론 벽에도 아무런 자국이 없었을뿐더러 창문 바깥쪽 바로 아래에는 신발에서 떨어졌을 법한 풀 한 포기조차 없었다. 다시 말해 누군가가 밖에서 창을 깨고 들어왔다고 볼 만한 증거는 전혀 없었다. 경찰은 외부인에 의한 살인으로 보이게 만들려는 조작이라고 판단했다. 그러려면 범인이 내부자, 즉 함께 사는 사람 중 하나여야만 했다.

더 문제가 된 부분은, 라파엘이 처음 진술과 달리 말을 번복한 데 있었다. 그는 처음 진술에서 자신이 11월 1일 저녁에 어맨다와 함께 친구들과 파티에 갔다고 말했지만, 그 친구들이 누구인지 이야기하지 못하자 그날 저녁 집에 있었다고 말을 바꾸었다.

어쩌면 사건 이후 며칠 동안 어맨다가 보인 미심쩍은 태도가 경찰의 의심을 더 부추겼을 수도 있다. 어맨다는 메러디스의 죽음에 눈물을 흘리던 친구들 앞에서 남자 친구와 애정 표현을 하는가 하면, 사건에 대한 질문에 "뭣 같은 일이 일어난 거죠"라던가 "걔는 피를 줄줄 흘리다 죽은 거예요"라는 식으로 이해할 수 없는 태도를 보였다. 사실 이후에 그녀가 체포된 데에는 이런 부적절한 모습이 크게 작용했다. 하지만 그게 전부는 아니었다. 이들 커플은 사건 이후 여러 날에 걸쳐 때로는 함께, 때로는 따로 심문을 받았는데, 11월 5일 늦은 저녁에 갑자기 라파엘이 자신은 어맨다를 보호하기 위해 거짓말을 한 것이며, 자신이 집에서 인터넷 서핑을 하는 동안 — 그의 컴퓨터 사용 기록에 의하면 이는 거짓말인 것으로 드러났다 — 어맨다가 혼자 나갔다 왔다고 이야기했다. 아마 그랬을지도 모른다. 그는 너무나 취한 상태여서 기억이 분명하지 않았다.✻

✻ 라파엘의 변호사(라파엘이 직접 증언하지 않았다)가 했던 마지막 증언과 최근 출판한 책 《무너진 명예Honor Bound》에 따르면, 이 둘은 저녁 내내 같이 있었다고 한다. 하지만 이는 라파엘이 사건 후 며칠간 경찰에서 이야기했듯 어맨다가 혼자 나갔다 왔다는 이야기뿐 아니라 감옥에서 쓴 일기에 "어맨다가 일하던 펍에 가야했던 건 기억나지만 얼마 동안 나갔다 왔는지는 기억이 나지 않는다. 그녀가 가게 문이 닫혀 있었다고 이야기했던 기억은 난다(정말 나갔다 왔는지는 나도 심히 의심스럽다). 자세한 내용을 기억하려고 애를 쓰고 있지만 모든 것이 헷갈린다"라고 한 내용과도 배치된다. 휴대전화 통화 내역을 조사한 결과에 따르면 어맨다는 패트릭이 보낸 문자 메시지가 도착했던 저녁 8시 18분에는 라파엘의 아파트에 있었지만, 답장을 보낸 건 8시 35분 라파엘의 아파트에서 몇 블록 떨어진 곳에서였다. 즉 거의 20분의 시간 차이가 나고 있다.

이 내용을 들은 경찰은 당시 아직 소환하지 않았던 어맨다를 데려와 별도의 방에서 강도 높은 심문을 진행했다. 심문의 핵심은 과연 사건이 있던 날 저녁 어맨다가 집 밖으로 나갔는지에 있었다. 어맨다의 상사는 사건 당일 그녀에게 출근하지 않아도 된다고 메시지를 보냈다. 이 메시지는 삭제되어 있었으나 경찰은 그 삭제된 메시지에 대해 어맨다가 알았다고 보낸 답장을 찾아냈다. 또 다른 메시지에는 보통 이탈리아어에서 "다음에 봐요" 정도의 의미인 "Ci vediamo piu tardi. Buona serata" 라는 내용이 있었는데, 이는 사실 "오늘 늦게 봐요"(또는 "오늘 저녁에 봐요")라는 의미로, 누군가와 저녁에 보기로 약속을 한 것이었다. 경찰은 이 문자를 누구에게 보낸 것이냐고 추궁했다. 어맨다는 이때 취조에서 경찰이 자신에게 소리를 질렀으며 뒤통수를 때리기까지 했다고 주장했지만 경찰은 이를 부인했다.

이후에 벌어진 일은 놀라움 그 자체였다. 어맨다가 갑자기 울음을 터뜨리며 패트릭 루뭄바가 살인범이며 그가 살인을 저지르는 동안 자신이 그와 함께 그 집에 있었고, 메러디스의 비명 소리에 귀를 막고 부엌에서 웅크리고 있었다고 한 것이다. 그러나 그녀는 다음 날 아침 서면에, 자신의 기억은 분명치 않고 순간적으로 스친 것에 불과하며 라파엘과 함께 있었던 것만큼은 분명하지 않다는 내용을 담아 이 진술을 번복했다. 이후 어맨다는 이를 두고 순전히 경찰이 엄청난 압력을 가한 탓에 마치 자신이 살인 현장을 본 것 같은 착각이 들게 만들어 일어난 환상이라고 주장했다. 그럼에도 결국 이 진술로 인해 패트릭 루뭄바, 라파엘 솔레치토와 어맨다 자신도 사건 현장에 있었다는 혐의로 체포된다.

한편 경찰은 아직 신원이 파악되지 않은 제4의 인물을 찾고 있었다. 현장에서 그의 발자국과 더불어 집안 여러 장소, 메러디스의 옷, 그녀의 체내에서 또 다른 인물의 DNA 흔적이 발견되었기 때문이다.

용의자의 집에서 피해자의 DNA가 발견되다

경찰은 라파엘을 체포한 뒤 그의 아파트를 수색했는데, 부엌에서 요리용 대형 칼이 나왔다. 이 칼을 찾은 수사관에 따르면 칼은 외양이 유난히 깨끗하고 냄새도 전혀 나지 않았으며 다른 일반적인 식사용 나이프 위에 놓여 있었다고 한다. 이 "매우 깨끗한" 칼은 로마에 있는 과학수사대에 이송되어 법의유전학자인 파트리치아 스테파노니Patrizia Stefanoni 박사에게 맡겨졌다.

스테파노니 박사는 포장을 풀고 밝은 불빛 아래에서 칼을 살펴보았다. 칼을 세게 닦는 과정에서 생긴 듯한 몇 줄의 흔적이 보였다. 박사는 면봉을 이용해 줄 자국 주위에 남아 있을 미량의 생물학적 흔적 — 아주 소량이지만 인간의 세포였다 — 을 수집한 후 두 가지 분석을 수행했다. 하나는 이 세포가 혈액 세포인지를 파악하는 것이고, 또 하나는 DNA 분석이었다. 물론 칼의 손잡이 부분에서도 세포를 수집했다.

손잡이에서 나온 DNA는 어맨다의 것으로 확인되었지만, 그녀가 음식을 만들면서 이 칼을 썼기 때문에 이것만으로 유죄라고 단정하긴 어려웠다. 반면 칼날에서 채취된 DNA는 이야기가 달랐다. 첫 번째 분석을 시행했는데도 이 세포가 혈액 세포인지 아닌지 알 수 없었던 것이다. 인간의 세포이긴 했지만 피부에서 나온 것일 수도 있었다.

그러나 두 번째 검사를 하기에 필요한 세포의 양은 칼에서 확보한 세포의 양보다 훨씬 많았다. 검사 장비 모니터에는 "피검물 양 부족"이라는 경고문이 나타났는데, 이는 세포가 너무 적어 검사가 진행되지 못한다는 의미였다. 법의학자들은 정해진 절차를 따르기 때문에 대부분 이 단계에서 분석을 멈춘다. 그러나 스테파노니는 권장 기준보다 더 낮은 수치에서도 장비가 동작하도록 설정값을 바꾸어 칼에서 추출한 DNA를 분석하는 데 성공한다.

DNA 분석 결과는 수평축을 따라 특정 위치에서 값이 튀는 형태로 나타나는, 유전자 자리genetic loci가 담긴 '전기영동도electropherogram, 電氣泳動圖'라는 그래프로 나온다. 인간에게는 수백만 개의 유전자 쌍이 있으며 각각 명칭이 있는데, 그중 13개의 유전자쌍은 사람에 따라 유난히 다르기 때문에 유전학자들은 이들을 특별하게 다룬다. (일란성 쌍둥이를 제외한) 두 사람의 13개 유전자 쌍이 전기영동도 수평축상에서 모두 같은 위치에서 값이 튈 확률은 400조분의 1이며, 400조는 지구상의 인구보다 훨씬 큰 값이다. 덧붙여 두 샘플이 같은 사람의 DNA라고 확신하려면 그래프가 튀는 위치가 모두 똑같아야 한다. 한 곳의 위치만 달라도 시험에 사용된 두 샘플은 다른 사람의 것이라고 봐야 한다.

다음의 그래프는 메러디스 커처의 DNA 전기영동도다. 수평축 상에서 튀는 곳 13쌍이 확연하게 보인다(편의상 그래프를 세 부분으로 나누어 실었다). 수직축의 단위는 RFUrelative fluorescent units라고 하는데, 샘플의 양

이 충분히 많으면 (다음 사진처럼) 그래프가 튈 때의 값이 1,000~2,000RFU
에 이르기도 한다.

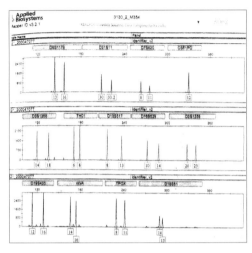

메러디스 커처의 DNA 전기영동도 그래프

과학수사대에서 제출한 이 전기영동도는 사건 현장에서 채집된 다른
DNA 샘플들이 메러디스의 것인지 확인하기 위한 목적으로 만들어진 것
이다. 이 그래프는 아주 명료한 결과를 보여 주고 있으며 배경에 깔리는
잡신호('stutter'라고도 한다)와 확연하게 구분된다. 만약 모든 DNA 검사 결
과가 이처럼 명쾌한 그래프로 나온다면 DNA 분석은 훨씬 정교한 과학
으로 자리 잡을 것이다.

그런데 실제로는 DNA 분석 결과를 해석하는 일이 말처럼 쉽지 않
을 수도 있다. 특히 검사에 사용되는 DNA 샘플에 한 명 이상의 DNA가

섞여 있거나 샘플의 양이 아주 적을 때가 그렇다. 이처럼 품질이 안 좋은 샘플을 이용한 검사의 그래프에는 통상의 13쌍이 아니라 불과 몇 개 쌍의 값만이 두드러져 보일 수 있다. 여러 명의 DNA가 섞여 있을 때는 그래프에 봉우리가 너무 많이 나타나서 결과 분석이 어려울 때도 있다. DNA 샘플의 양이 아주 적을 때는 — 이런 샘플을 LCNlow copy number 이라고 부른다 — 그래프에 나타나는 봉우리의 높이가 샘플이 충분할 때의 1,000~2,000RFU에 훨씬 못 미치는 낮은 값에 머무른다. 법의유전학자들은 LCN 샘플을 분석한 전기영동도에서 실제로 의미 있는 값을 지닌 봉우리와 잡신호로 인한 봉우리를 구분하도록 훈련된 사람들이지만, 확실한 답을 찾기는 여전히 어렵고 이들 사이에서도 의견이 갈리는 경우가 많다. 통상적으로 활용되는 지침에 따르면 그래프의 높이가 50RFU에 못 미치는 부분은 대체로 배제한다.

라파엘의 아파트에서 나온 칼은 날 부분을 닦아 놓았기 때문에 남아 있던 세포의 양이 너무 적은 것이 문제였다. 그나마 남아 있던 세포는 금속면의 파인 자국 속에 있던 것들이었다. 그래서 스테파노니는 DNA 분석의 기본적 기법인, 샘플을 둘로 나누어 각각 분석을 실시한 뒤 결과를 비교해 보는 방식을 적용할 수가 없었다. 같은 샘플을 통해 두 그래프를 얻는 경우 양쪽에 동일하게 나타나는 부분의 정보만 채택하면 되므로, 그래프에서 진짜 의미 있는 봉우리가 어디인지 손쉽게 알 수 있다. 불특정한 잡신호가 두 샘플에서 동일하게 높은 값으로 나타날 확률은 매우 낮으므로, 이 방법은 샘플의 양이 적어서 봉우리가 낮게 나타나는 경우에도 적용 가능하다. 그러나 이미 부족한 양의 샘플을 또 둘로 나눈다면 결과 자체를 확보하지 못할 수도 있었다. 그래서 스테파노니는 전체 샘플을 가지고 한 번의 분석만 시행하는 편을 택했다.

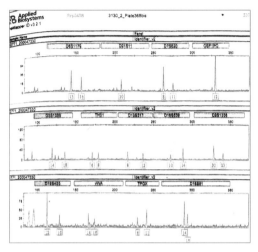

칼에서 검출된 DNA 전기영동도 그래프

위의 그래프는 칼에서 얻은 DNA 샘플의 분석 결과다. 13쌍의 봉우리가 모두 확연하게 보이며, 잡신호도 일부분을 제외하면 거의 보이지 않는다. 이 봉우리들은 모두 메러디스의 DNA 검사 결과에 비하면 그 크기가 매우 작다. 칼에서 확보한 DNA 샘플의 봉우리 값은 대부분 50RFU 정도이거나 결론을 내릴 수 있는 최소 수준에 못 미친다. 하지만 이런 기준은 봉우리의 값이 매우 낮고 배경의 잡신호가 클 때 사용한다는 점이 중요하다. 경우에 따라서는 봉우리의 높이가 충분하지 않아도 배경 잡신호가 낮으면 봉우리가 확연하게 보이기도 한다. 이 사건의 경우가 바로 그랬다.

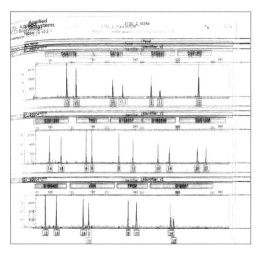

메러디스 커처의 DNA와 칼에서 검출된 DNA 전기영동도 비교
(가는 선은 메러디스의 DNA, 굵은 선은 칼날에서 검출된 DNA)

    스테파노니는 이 결과를 메러디스의 DNA 분석 결과와 비교했다. 위 그래프를 보면 두 결과를 겹쳐 놓은 모습을 확인할 수 있다. 두 그래프의 세로축 비율을 정확하게 조절하지는 않았지만, 이 값은 두 샘플이 같은지 여부를 파악하는 결과 판독에서는 큰 의미가 없다. 중요한 점은 그래프의 봉우리가 수평축상에서 같은 위치에 나타나는가 하는 것이다. 두 DNA 검사 결과에서 나타나는 모든 봉우리 쌍의 위치는 정확하게 일치했으므로, 스테파노니는 칼에서 나온 DNA가 메러디스의 DNA라는 지극히 논리적인 결론을 내렸다. 이 DNA가 메러디스의 것이 아니라면 칼에서 검출된 DNA 샘플 분석 과정에서 우연히 나타난 배경 잡신호가 공교롭게도 마침 메러디스의 DNA 분석 결과와 완전히 일치한다는 의미인데, 이럴 확률은 무시해도 될 정도로 낮다.

새로운 용의자가 등장하다

스테파노니가 실험실에서 분석에 몰두하고 있는 동안 수사관들도 밖에서 진전을 이루고 있었다. 11월 12일, 경찰은 목격자 한 명을 — 그날 밤 펍 르시크에 왔던 유일한 손님 — 확보했다. 그는 바의 주인인 콩고인 패트릭 루뭄바가 저녁 내내 바에 있었다고 증언함으로써 그의 알리바이를 입증해 주었다. 그러나 패트릭은 경찰이 이 내용을 확인할 때까지 풀려나지 못했다.

11월 13일, 경찰은 여전히 욕실과 메러디스의 핸드백, 그리고 그녀의 몸에서 발견된 DNA의 주인인 '제4의 인물'을 찾고 있었다. 이 DNA는 어맨다, 라파엘, 패트릭의 것이 아님이 확인되었다.

11월 15일, 스테파노니 박사가 중대 발표를 했다. 칼에서 발견된 DNA는 메러디스의 것이었다.

11월 16일, 제4의 인물이 누구인지 밝혀졌지만 페루자를 떠났다는 정보가 흘러나왔다.

11월 18일, 제4의 인물이 아프리카인이라는 사실이 드러났다.

11월 19일, 제4의 인물의 이름이 루디 헤르만 게드Rudy Hermann Guede로 밝혀졌다.

11월 20일, 게드는 독일에서 승차권 없이 기차를 타고 다니다가 체포되었다. 같은 날, 루뭄바가 석방되었다.

11월 25일, 독일 코블렌츠에 구금되어 있던 게드가 독일 경찰에게 자백을 했다. 메러디스와 노닥거리다가 잠시 화장실에 갔는데 그 사이 어느 이탈리아인이 집에 들어와서 영국 여성을 살해했다는 이상한 이야기였다. 그는 메러디스의 비명을 듣고 욕실에서 물도 내리지 않고 급히 뛰어 나왔으며, 수영 모자를 쓴 채 왼손으로 칼을 휘두르는 살인범을 공격했다고 주장했다. 하지만 제대로 챙겨 입지 못했던 바지가 무릎까지 흘러내려서 바닥에 넘어지는 바람에 살인범을 놓쳤고 그 괴한이 "흑인이다, 흑인이 범인이다!"라고 외치며 도망쳤다는 것이다.

게드는 12월 6일 이탈리아로 송환되었고, 다음 날 모든 내용을 이야기하겠다고 약속했다. 일곱 시간에 걸친 심문에서 그는 같은 이야기를 반복했고, 집 밖에 또 다른 사람이 서 있다가 살인범과 함께 도망갔다는 이야기를 덧붙였다. 게드는 이미 죽어 가던 메러디스를 구하지 못했다는 사실에 죄책감과 절망감을 나타냈다. 그는 자신이 살인범과 싸웠던 내용을 진술했으며 손가락에 입은 작은 상처도 보여 주었다. 또한 그녀의 출혈을 멈추려고 욕실에서 수건을 가져왔으며(현장에서 실제로 발견되었다), 그녀가 죽어 가며 하려던 말이라고 생각되던 "AF"로 시작되는 글자를 자신이 벽에 피로 어떻게 썼는지도 이야기했다(하지만 그런 글자는 없었다). 경찰을 부르지 않은 이유는 휴대전화가 없었고, 메러디스의 휴대전화는 살인범들이 가져갔기 때문이라고 했다. 그리고는 살인범으로 체포될까 두려워 도망갔다고 진술했다.

경찰이 찾고 있던 살인범은 루디 게드인 것처럼 보였다. 그는 좋지 않은 가정환경에서 자라 고등학교를 중퇴했으며, 거짓말을 손쉽게 하고 직장도 없어 학생들 사이에서 마리화나의 공급책으로도 유명했다. 심지어 절도 전과도 여러 건 있었다. 그는 범행이 있던 시각에 그 집에 있었다는 사실을 인정했으며 방 안과 메러디스의 몸에서 그의 흔적이 발견되었다. 메러디스는 진중한 성격인 데다 거짓말하는 사람들을 싫어한다며 항상 이야기하고 다녔고, 당시 사귀던 남자 친구도 있었으므로 이 둘이 노닥거렸다는 이야기를 믿는 사람은 아무도 없었다. 게다가 그 끔찍한 현장에서 도망 나온 뒤 게드는 근처의 디스코장에서 밤새도록 춤을 추며 시간을 보냈다. 이탈리아에서 벗어난 것도 좋지 않은 인상을 주었음은 물론이다. 범인이 드러났고 곧 법의 심판을 받게 될 것처럼 보였다. 어맨다와 라파엘, 그리고 이들의 가족은 안도의 한숨을 내쉬었다.

하지만 한 가지 문제가 있었다. 그들과 관련된 증거는 여전히 그대로였던 것이다. 특히 메러디스가 방문한 적 없는 라파엘의 아파트에서 발견된 칼에 남아 있던 DNA가 이들이 범인일 수도 있음을 암시하고 있었다. 수감되어 있던 어맨다와 라파엘은 TV의 수사 보도에도 등장했던 이 칼로부터 자유롭지 못했다.

라파엘은 일기장에 이상한 내용을 적어서 더욱 더 궁지에 몰렸다. 예를 들어 루디 게드가 체포되었을 당시에 "오늘 드디어 이 놀라운 사건의 범인이 잡혔다. 그는 스물두 살의 코트디부아르인이고, 독일에서 발견되었다. 아버지는 매우 행복한 웃음을 지으셨지만, 나는 그가 또 무슨 이상한 일을 만들어 낼까 봐 아직 100퍼센트 안심이 되지 않는다"고 적고 있다. 누가 봐도 생면부지일 것으로 생각되는 사람이 "이상한 일"을 만들 것이라고 생각하는 것은 의아하다.

더 이상한 점은, 자신의 칼에서 메러디스의 DNA가 검출되었다는 이야기를 듣고서 일기장에 "메러디스의 DNA가 부엌칼에서 발견된 이유는 우리가 가끔 요리를 같이 할 때 내가 칼을 들고 왔다 갔다 하면서 그녀의 손을 콕콕 찔렀기 때문이다. 나는 곧바로 사과를 했고 그녀는 다치지 않았다. 이게 바로 부엌에서 발견된 칼에 대한 진실이다"라고 적었던 일이다. 메러디스가 라파엘의 집에 간 적이 없다는 사실은 이미 입증되었다. 게다가 그녀의 DNA는 칼끝이 아니라 옆면의 세척 자국에서 발견된 것이었다. 심문 과정에서 그가 이런 일을 이야기한 적도 없었다. 갑자기 경찰이 칼에서 그녀의 DNA를 발견했다고 하자 나온 이야기였다. 라파엘의 상황은 결코 좋지 않았다.[*]

한편 어맨다는 일기에서 메러디스가 라파엘의 집에 온 적이 없기 때문에 칼에서 나온 DNA는 메러디스의 것일 수 없다고 적었다. 그리고는 라파엘이 그 칼을 갖고 나가 메러디스를 살해한 뒤 집으로 돌아와 자신이 자고 있을 때 자신의 손에 칼 손잡이를 대고 눌렀으리라는 조금 이상한 추측을 하고 있었다.

범인이 루디이건 루디가 아니건, 이들 연인에게 이 칼은 엄청난 파괴력을 가지고 있었다.

희망은 오직 한 가지였다. 스테파노니 박사는 칼에서 검출된 DNA를 분석하기 위해 특별한 방법을 사용했다. 검사에 사용할 세포가 너무 조

---

[*] 《무너진 명예》에서 라파엘은 이렇게 설명한다. "메러디스가 내 집에 온 적이 없는데 어떻게 그녀의 DNA가 칼에서 발견되었을까? 경황이 없던 중 나는 순간적으로 메러디스의 집에서 점심을 만들 때 실수로 메러디스의 손을 찔렀던 일이 생각났다. 실제로 사건 일주일 전에 일어났던 일이다. 칼을 놓치는 바람에 그녀의 피부에 살짝 스쳤다. 메러디스는 다치지 않았지만 나는 사과했고 그게 전부다. 물론 이때 내 칼을 쓰진 않았다. 그럴 가능성은 없다."

금이어서 샘플을 둘로 나누는 것이 불가능했으므로, 검사를 한 번 더 수행할 수는 없었다. 어맨다의 가족은 이 검사 결과를 무력화시키는 방법을 택했다.

딸을 빼내기 위한 녹스 부부의 술책

사건이 일어난 지 불과 몇 주 후 — 한창 수사가 진행 중일 때 — 어맨다 녹스의 부모인 커트 녹스Curt Knox와 에다 멜라스Edda Mellas는 시애틀에 있는 홍보 전략 회사와 대규모 홍보 활동 계약을 맺었다. 2008년 1월, 커트와 에다는 ABC 방송 취재단과 함께 페루자를 방문해 리무진을 타고 이동하면서 최고급 호텔에 묵었고, 당연히 딸도 면회했다. 이는 단지 시작일 뿐이었다. 이후 몇 달, 몇 년간 이들 부부는 끊임없이 대중앞에 모습을 드러냈고, 오프라 윈프리, 맷 라우어Matt Lauer 같은 유명 인사와 함께 TV에 출연했다. 잡지《마리끌레르》나《뉴욕 타임스》같은 신문을 비롯한 미국 전역의 수많은 언론 매체에 기사가 실렸다. 사건 관련 내용을 상세히 담은 블로그들이 등장했고, 거의 대부분이 어맨다의 무죄를 주장하고 있었다. 수천 명의 사람들이 녹스 부부의 노력을 응원했고, 워싱턴 주 상원 의원 한 명은 "국무장관 힐러리 클린턴에게 우려를 전달"하기까지 이른다.

녹스와 멜라스 부부는 변론의 요지를 크게 세 가지로 잡았다. 첫째, 그들은 이 살인을 루디 게드의 단독 범행으로 몰고 갔다. 창문이 높았으므로 외부인이 창을 깨고 들어갔다는 사실을 입증하기는 쉽지 않았지만, 누군가 혼자서 필로메나 방으로 기어 올라가 창을 부수고 침입했을 가능성도 있기는 했다. 둘째, 어맨다의 여러 실수와 패트릭 루뭄바를 잘못 지목한 것, 말을 자꾸 바꾼 것 ― 자신이 그곳에 없었다고 했으나, 후에 그 장소에 있었다고 번복했다가 다시 부정하는 ― 등은 경찰의 압력과 강압, 심문 중의 부당한 대우 등의 탓으로 돌렸다.

　가장 중요한 세 번째 쟁점은 어맨다에게 불리한 과학적 증거를 무력화시키는 것이었다. 어맨다와 메러디스는 함께 살았으므로 집 여기저기에서 어맨다의 DNA가 검출될 수 있고, 또한 어맨다의 DNA가 섞인 메러디스의 피가 발견된 것 역시 어맨다의 DNA 위에 메러디스의 피가 떨어진 것일뿐 전혀 이상한 일이 아니라고 말이다. 심지어 이 논리는 엉망이 된 필로메나의 방바닥에서 발견된 흔적에도 적용되었다. 그러려면 필로메나의 방바닥 전체가 어맨다의 DNA로 덮여 있었거나, 살인범이 정말 우연히도 딱 어맨다가 흔적을 남긴 그 위치에 핏방울을 떨어뜨릴 정도로 운이 없어야 하는데도 말이다. 또 다른 가능성으로는 현장을 감식하던 조심성 없는 경찰에 의해 메러디스의 핏자국 위에 어맨다의 DNA가 떨어져 덮인 것일 수도 있었다. 이런 논리를 포함해 가능한 모든 시나리오가 증거를 반박하는 데 동원되었다.

　그러나 어맨다에게 가장 불리하게 작용하고, 사건을 주시하는 많은 사람들에게 중대한 증거로 여겨지는 칼 문제도 처리해야 했다. 메러디스는 한 번도 방문한 적 없는 어맨다 남자 친구의 집에서 피해자의 DNA가 묻은 부엌칼이 발견된 점은 누가 보아도 의아한 일이었다. 아니면 어맨다의 부모가 주장하듯 그 전부터 피가 묻어 있었거나.

2009년 2월 3일, 어맨다의 이모 크리스티나 해지Christina Hagge와 재닛 허프Janet Huff는 〈CNN 헤드라인 뉴스〉 프로그램에 출연했다. 그들은 민감한 문제도 직설적으로 다루기로 유명한 CNN의 유명 앵커 벨레즈 미첼Velez-Mitchell과 대담을 했다. 이 프로그램의 대화록을 보면, 벨레즈 미첼이 이들을 환영하면서도 이들에게 호의적이지 않고, 날카로운 질문을 던지고 있음을 쉽게 눈치 챌 수 있다.

벨레즈 미첼: 어맨다가 사건과 무관하다면 누가 연관된 거죠? 그 코트디부아르인인가요? 설명을 부탁합니다.

해지: 루디 게드는 범죄 사실로 인해 30년형을 선고 받았습니다. 어맨다와 라파엘은 완전히 무죄입니다. 이들은 그날 저녁 함께 집에서 즐겁게 지냈을 뿐, 이 사건과는 아무 관련이 없어요.

벨레즈 미첼: 그럼 칼은 어떻게 된 걸까요?

허프: 칼이요? 칼은 첫째, 메러디스의 상처와 칼 크기가 일치하지 않고, 둘째, 예, 물론 어맨다의 DNA가 손잡이에 있긴 합니다만, 그 칼은 어맨다가 라파엘의 집에서 사용하던 주방용 칼이고 칼날에서 발견된 DNA는 메러디스의 DNA와 1퍼센트 이하로 일치해요. 그녀의 DNA가 아니라 당신의 DNA일 수도, 내 것일 수도 있는 겁니다(이 부분을 강조해서 이야기했다).

해지: 그리고 DNA는 칼날 부위에서 발견되지 않았어요. 피에서 나온 DNA도 아닙니다. 칼날 반대쪽 면에서 검출된 겁니다.

벨레즈 미첼: 그러니까 두 분 말씀은, 그 칼은 어맨다가 남자 친구 집에서 쓰던 주방용 칼이라는 거군요. 사건에 쓰이지도 않았고, 사건 현장에 있던 것도 아닌데 경찰이 그 집을 수색하고선 그 칼을 확보해 살해에 쓰인 무기라고 이야기한다는 의미로군요.

허프: 맞아요. 검찰은 그렇게 주장하고 있지요.

이 대화를 들으면 '검사가 멍청하네'라고 생각하기 쉽다. 과학적으로 매우 엉성한 이 결과 — 칼날에서 검출된 DNA가 피해자의 DNA와 일치할 확률이 1퍼센트 미만이라는 — 에 따르면 이미 진범이 감옥에 있는데 검찰이 무고한 남녀를 체포했다는 뜻일까? 그렇다면 사법적으로 엄청난 실수가 아닌가!

어맨다의 모친인 에다 멜라스는 영화배우 우피 골드버그, 전설적인 TV 앵커 바버라 월터스Barbara Walters를 비롯한 유명 스타들이 진행자로 나오는 쇼 〈더 뷰The View〉에도 출연했다. 에다가 출연했을 때의 진행자는 영화 〈슬럼독 밀리어네어〉의 주연을 맡았던 우아한 인도계 배우 데브 파텔Dev Patel이었다.

원탁에 둘러 앉아 진행된 활기 찬 대담에서, 에다는 칼 문제를 포함해 사건의 모든 측면을 망라하는 질문들에 대답했다. 그녀는 그 칼이 어맨다의 남자 친구 집에서 발견되었다고 수긍했지만, "그 칼에서 발견된 DNA가 실제 피해자의 DNA일 가능성은 매우 낮아요"라는 이야기를 덧붙였다.

맷 라우어가 진행하는 NBC 방송의 〈투데이쇼Today Show〉에서는 어맨다의 부모와 여동생 디에나가 함께 출연했다. 이들은 분홍색 꽃으로 장식한 커피 테이블 앞 소파에 편하게 앉아 담화를 나누었으며 디에나는 "이탈리아 사람들은 언니가 예뻐서 싫어하는 거예요"같은 이야기를 늘어놓았다. 에다가 "어맨다는 빨리 이 일이 마무리 되어서 집으로 돌아오고 싶어 합니다"라고 거들었다. 맷 라우어가 문제의 식칼 이야기를 꺼내자 커트가 나서며, "손잡이에서 어맨다의 DNA가 발견되기는 했지만 칼날에서 발견된 메러디스의 DNA는 아주 약한 확신을 갖기에도 부족한 수준입니다"라고 힘주어 이야기했다.

수백만 명의 시청자들은 칼에서 발견된 DNA가 메러디스의 것이 아닐 확률이 99퍼센트라는 이야기를 계속해서 듣고 있었다.

어맨다와 라파엘에게 유죄가 선고되다

이탈리아에서 형사 사건으로 기소된 사람은 정규 재판 대신 신속 재판을 선택할 수 있다. 국가 입장에서는 정식 재판에 들어가는 노력과 비용을 아끼는 대신에 피고인의 형량을 줄여 주는 셈이다. 루디 게드는 신속 재판을 선택했고, 2008년 10월 28일 메러디스 커처 살해 혐의로 징역 30년을 선고받았다.[*]

같은 날, 어맨다 녹스와 라파엘 솔레치토는 함께 법정에 출두하라는

---

[*] 이후 항소심에서 16년으로 감형되었다.

명령을 받았다. 이들이 선택한 것은 1년 이상이 걸릴 수도 있는 정규 재판이었다. 재판은 2009년 1월 16일에 시작됐다.

　누구나 예상했던 대로 칼이 재판의 핵심으로 떠올랐고, 스테파노니 박사는 꼬박 이틀에 걸쳐 질문에 답하는 힘든 시간을 보내야 했다. 스테파노니가 맞닥뜨린 질문 중의 하나는 메러디스의 DNA와 매우 유사한 예의 검사 결과가 칼에서 얻은 세포로 인한 것이 아니라, 그 검사 이전에 수행했던 검사로 인해 장비 안에 남아 있던 세포 때문이거나 실험실의 공기 중에 떠돌아다니던 세포에 의한 것 아니냐는 것이었다. 말하자면 분석 과정에서 증거가 오염되었을 가능성에 관한 것이었다. 하지만 법정에서 스테파노니는 이를 단호하게 부인했다. 판사가 작성한 보고서에는 다음과 같이 적혀 있다.

　　스테파노니는 다른 검사를 하다가 장비에 그 세포가 남아 있었을 가능성과 DNA가 다른 곳에서 옮겨 왔을 가능성을 배제했다. 그녀는 검사 장비에 그런 일이 일어나지 않도록 방지하는 설비가 장착되어 있다고 반박했다. 실험실이 오염되었을 가능성에 대해서는 (…) 어떤 증거도 없으며, 규정된 실험 절차를 준수한다면 그런 일이 일어날 가능성은 없다고 강조해서 이야기했다.

　다음으로 날아든 질문은 더 곤혹스러웠다. 스테파노니는 양이 충분치 않은 DNA 샘플을 분석하는 과정에서 이를 둘로 나누지도 않았으며, 검사 장비의 감도를 조절하여 결과를 얻었다. 질문의 요지는 이러한 검사 방법이 국제적, 과학적으로 검증되지 않았음에도 이러한 과정을 통해 도출된 결과가 법정에서 증거로 채택될 수 있는지에 대한 것이었다. 이에 대한 스테파노니 박사의 답변은 다음과 같았다.

> 실험실의 절차와 신뢰성에 관한 요소를 준수해 분석을 진행하고, 정확한 양성 대조군과 음성 대조군을 확보했으며, 일회용 장갑 사용시의 주의사항을 비롯한 실험실 내 모든 절차를 정확하게 지켰다면 아주 미량의 DNA만으로도 결과를 얻을 수 있다고 확신합니다. 그러므로 설령 하고자 했어도 분석을 반복할 수 없는 상황이었지만 그 DNA로 한 번의 분석을 시행했습니다. 그리고 그 분석은 완벽하게 타당합니다. 결과가 뚜렷하고, 해석에 별다른 어지가 없기 때문에 이를 의심할 이유가 전혀 없습니다.

피고 측이 제기한 마지막 질문은 메러디스의 DNA와 칼에서 검출된 DNA의 전기영동도가 일치하지 않는 것 아니냐는 것이었다. 경험이 풍부한 유전학자인 박사는 증언석에서 "두 전기영동도를 비교할 때 제가 보기엔 전혀 다른 부분을 찾을 수 없고, 이것이 피해자의 DNA가 아니라 다른 사람의 DNA일 여지도 전혀 없다"고 명쾌하게 답변했다. 스테파노니 박사는 칼에서 검출된 DNA와 메러디스의 DNA를 분석한 두 전기영동도를 겹쳐 보기만 하면 누구나 확인할 수 있는 문제라고 말한 셈이다. 실제로 이 둘은 완벽히 일치했다.

법원은 칼에서 검출된 DNA가 메러디스의 것이라는 스테파노니의 주장을 받아들이고, 이를 근거로 손잡이에서는 어맨다의 DNA가, 칼날에서는 메러디스의 DNA가 검출된 라파엘의 부엌칼이 메러디스의 목에 수많은 상처를 남기고 결과적으로 그녀를 살해한 도구라고 결론 내렸다. 사건의 전체적인 윤곽을 그리는 데 도움이 되는 부분 증거들을 함께 활용해서 어맨다와 라파엘이 그 운명의 날 밤에 사건이 벌어진 집에 있었으며 루디 게드와 합세하여 메러디스를 살해했다고 최종 결론을 내렸다.

재판이 시작된 지 거의 1년이 지난 뒤인 2009년 12월 4일, 라파엘 솔레치토와 어맨다 녹스는 살인 유죄 판결을 받았다. 라파엘은 징역 20년, 어맨다는 무고한 사람에게 살인 혐의를 씌운 이유로 징역 26년을 선고받았다.

재판의 향방이 바뀌던 날

어맨다와 라파엘의 변호인단은 즉각 항소했다. 거기엔 그럴만한 이유가 있었다. 이들 커플에게 내려진 판결에 사용된 증거들은 우연히 이들의 유죄를 입증하는 것처럼 보였으나 완벽한 증거라기엔 조금씩 문제가 있었다. 욕실 매트에 남은 피 묻은 발자국은 라파엘의 발자국 같긴 했지만 확실치 않았다. 또한 메러디스의 찢어진 브래지어 고리에서 라파엘의 DNA가 발견되긴 했지만 사건이 일어난 방을 처음 수색할 때는 없던 것이었다. 처음 사건 현장을 수색한 날부터 이 브래지어가 방바닥에서 발견되기까지 46일 간 여러 물건들이 이 방 저 방으로 옮겨졌으므로 과학

수사대원들에 의해 현장이 오염되었을 가능성도 충분히 존재했다. 이들 커플이 조그만 광장에서 사건이 일어난 날 밤 그 집을 내려다보며 즐겁게 이야기를 나누던 광경을 본 목격자는 그날이 (사건 당일인) 11월 1일이 아니라 10월 31일 할로윈 데이였다고 이야기했다. 사건이 일어난 지 1년 후, 또 다른 증인은 어맨다가 자신의 조그만 잡화점에 11월 2일 아침 8시경 방문했다고 진술했지만, 경찰이 사건 며칠 뒤에 찍은 어맨다의 사진을 보여 주자 그녀를 알아보지 못했다. 루디 게드를 포함한 두 명의 목격자는 사건이 일어난 날 밤 그 집에서 비명 소리를 들었다고 진술했지만, 둘 모두 그때가 정확히 몇 시였는지는 기억하지 못했다. **✱**

또한 사건 당시 대문 앞에 고장 난 자동차가 대략 밤 10시 30분부터 11시 30분까지 서 있었고 트럭이 차를 수리하러 왔는데, 집 안에서 나오는 비명을 듣거나 불빛을 본 사람은 아무도 없었고, 드나드는 사람을 본 사람도 없었다.

무엇보다도 어맨다와 라파엘에게 가장 불리한 증거 중에는 그들 자신의 증언이 포함되어 있었는데, 여기에는 서로 모순되는 부분이 있었다. 나중에 철회하기는 했지만 어맨다가 무고한 루뭄바를 범인으로 지목했던 것, 메러디스가 살해될 때 자신이 집에 있었다고 한 것, 나중에 말을 바꿨지만 라파엘도 어맨다가 자신의 집에 있다가 그날 저녁 혼자 나갔다

✱ 체포되기 전에 친구와 메신저를 통해 나눈 대화에서 루디 게드는 이 끔찍스런 비명 소리를 언급하면서 집 밖에 있었던 사람들도 분명히 들었을 것이고, 시간은 저녁 9시 20분에서 30분 사이라고 이야기하고 있다. 하지만 한편으로 그는 메러디스가 저녁 8시 20분에서 8시 30분쯤 집으로 돌아왔다고 이야기하고 있으므로, 그가 말하는 시각은 신뢰하기 어렵다.

고 한 것 등이 그렇다. 또한 이들은 다음 날 오전 10시까지 계속 잤다고 했는데 라파엘은 부친과 오전 9시 30분에 전화 통화를 한 데다가, 라파엘의 컴퓨터를 보면 오전 5시 30분부터 6시 10분까지 계속 음악을 재생한 기록이 있다. 또한 라파엘의 부친이 저녁 늦게 보낸 문자 메시지가 다음 날 오전 6시에 그의 휴대전화에 도착한 것을 보면, 그가 그 시간에 전화기를 켰다는 사실을 알 수 있다. *

그러나 어맨다와 라파엘의 변호인단은 이런 모순점이 살인의 증거가 되지는 않는다고 끈질기게 주장하면서 모든 증거를 하나씩 무력화시키기 위해 가능한 모든 노력을 쏟아 부었다. 이제 항소심 판결 결과는 하나의 실마리에 달려 있었다. 바로 칼에서 발견된 메러디스의 DNA와 그녀의 브래지어 고리에서 발견된 라파엘의 DNA였다. 1심에서 양측 모두가 증인으로 선택했던 전문가의 강력한 의견과 그에 배치되는 의견들 사이에서 답을 찾기 어려워지자, 항소심 재판을 맡은 클라우디오 프라틸로 헬만Claudio Pratillo Hellmann 판사는 이 사건과 관련이 없는 대학의 법의학 전문가에게 스테파노니가 수행한 검사의 타당성과 신뢰성에 대한 의견을 물어서 최종 결론을 내리기로 했다. 로마 유수의 대학인 라사피엔자대학교의 카를라 베키오티Carla Vecchiotti 교수와 스테파노 콘티Stefano Conti 박사가 자문위원으로 선정되었다. 콘티와 베키오티는 칼과 브래지어 고리를 실험실로 가져가 면밀히 조사했다. 또한 스테파노니의 실험실

● 라파엘은 자신의 책에서 "밤에 여러 번 깨어나서 음악을 듣고, 이메일 답장을 하고, 성관계를 가졌다"라고 적고 있으나, 그날 그가 발신한 이메일은 발견되지 않았다.

에 남아 있던 관련 자료도 빠짐없이 살펴보았다. 이들은 조사한 내용을 정리하여 2011년 6월 말 재판부에 보고서를 제출했다.

이 보고서가 제출된 날이 재판의 방향이 완전히 바뀌는 날이 되었다. 보고서는 현장 감식 작업이 엉망이었다고 맹비난했다. 보고서에 실린 사진에는 흰 옷을 입은 감식대원들이 먼지가 묻은 일회용 라텍스 장갑을 낀 채 범죄 현장에서 피와 머리카락을 집어 들고는 이를 비닐 봉투에 담기 전에 이리저리 옮기는 모습이 실려 있었다. 보고서에는 피해자의 브래지어 고리에서 발견된 라파엘의 DNA 증거 능력은 신뢰할 수 없다고 적혀 있었다. 규정에 따르면 방을 드나들 때마다 신발 덮개를 새로 갈아야 하는데도 현장 감식 장면을 촬영한 비디오에 감식 대원들이 더러운 신발을 신은 채로 방을 들락거리는 과정이 고스란히 찍혀 있었고, 이 과정에서 그의 DNA가 옮겨 붙었을 수 있었기 때문이다. 비록 라파엘의 DNA가 재떨이에 있던 담배꽁초 한 개를 제외하고는 다른 어느 곳에서도 발견되지 않았지만, 현장 감식 작업의 엉성함에 대한 두 전문가의 통렬한 비난은 이조차도 어디선가 옮겨서 묻은 것이 아닌가 하는 의심을 불러 일으켰다.

게다가 이들은 메러디스의 브래지어 고리에서 검출된 DNA의 전기영동도에 라파엘의 DNA 모습이 뚜렷하게 나타나기는 해도, 배경 잡신호로만 보기에는 지나치게 돌출된 다른 봉우리들이 꽤 많이 보이며, 이는 검사에 사용된 샘플이 또 다른 무언가에 오염된 것임을 의미한다고 지적했다. 스테파노니는 그래프에 나타나는 이런 봉우리들의 의미를 해석하는 일반적인 방법을 쓰지 않고 이를 그저 배경 잡신호로 간주하여 브래지어 고리에서 메러디스와 라파엘의 DNA만이 검출되었다고 결론을 내렸다. 보고서에서는 스테파노니가 내린 결론을 부정하면서, 브래지어 고리에서 메러디스의 DNA는 차치하고 라파엘의 DNA가 그 누구의 DNA보다 더 많이 검출되었음을 지적하고 있다. 이들은 이런 이유로 브래지어를 증거로 채택하기는 어렵다고 간주했다.

칼 문제는 좀 더 미묘했다. 콘티와 베키오티는 검사를 새로 진행해 보려 했으나 칼에 남아 있는 세포의 양이 불과 몇 개 밖에 안 될 정도로 너무 적어서 검사가 불가능했다. 이 시점에 남아 있는 세포의 양을 정밀하게 측정하는 실험을 시도해볼 수도 있었지만, 설령 세포가 남아 있다 한들 스테파노니가 검사에 사용했던 양보다도 적을 것이기 때문에 시도를 단념했다. 만약 LCN 샘플을 이용해서 진행한 검사 결과가 과학적으로 신뢰성이 부족해 법정에서 증거로 활용될 수 없다면, 더 적은 양의 샘플로 검사를 진행하는 것은 의미가 없었다.

라파엘의 집에서 이루어진 현장 감식에 대한 검증은 규정을 확인하고 칼을 확보해 봉투에 넣은 뒤 스테파노니의 실험실까지 전달되는 과정을 살펴보는 수준에 불과했다. 그러나 이 보고서에서도 어떻게 해서 이 과정에서 다른 모든 사람들을 제쳐 두고 그 집이나 검사가 진행된 실험실에 한 번도 간 적 없는 메러디스의 DNA가 칼에 옮겨 붙을 수 있었는지 ─ 칼을 만졌던 사람들로부터, 라파엘 집에 있던 다른 물건로부터, 아니면 실험실 직원으로부터 ─ 에 대한 설명은 내놓지 못했다. 칼에 DNA가 옮겨 붙은 것이라고 말하기는 쉽지만, 증거 수집 과정의 어느 단계에서도 ─ 부엌 서랍에서 실험실로 옮겨져 면봉으로 DNA를 채취하고 검사 장비로 옮기는 과정 — 메러디스의 DNA가 끼어들 여지는 없었다.

그러나 보고서에서는 칼이 오염될 가능성이 있는 부분을 한 군데 지적했다. 같은 사람의 DNA가 다량으로 들어 있는 샘플로 검사를 진행한 후에 동일한 검사 장비에서 소량의 샘플로 새로운 검사를 진행한다면, 이전 검사에서 사용한 샘플 일부가 장비 내에 남아 있을 수 있고, 이로 인해 두 번째 검사에 쓰인 샘플이 오염될 수 있다는 것이다. 스테파노니는 칼에서 검출된 샘플의 검사는 "메러디스의 DNA를 검사하는 50~60회의 검사 중반쯤"에 이루어졌다고 증언한 바 있다. 콘티와 베키오티는 2011년 7월 25일 법정에서 증언하는 중에 이 내용을 지적했다. 이들은 스테파노니가 이런 일을 방지하기 위해 LCN 샘플 검사를 다른 실험실에서 별도의 장비로 진행했어야 한다고 비판했다. 그렇지 않으면 결과를 신뢰할 수 없다는 것이다.

5일 뒤인 7월 30일, 검찰이 이 두 전문가에게 질문할 기회가 주어졌다. 검찰은 칼에서 검출된 DNA 검사 이전에 수행한 모든 검사 결과를 가져왔다.

"칼에서 검출된 DNA 검사 이전에 마지막으로 메러디스의 DNA 검사가 진행된 것이 언제인지 아십니까?" 검사가 물었고 둘은 모른다고 대답했다. 이들은 칼의 DNA 검사 결과 보고서만 분석했지 다른 샘플들의 DNA 검사 보고서는 살펴보지 않았으므로 당연히 알 수가 없었다. 확인 결과는 6일 전이었다. "메러디스의 다른 샘플과 칼의 샘플을 검사하는 사이에 장비는 반복적으로 청소되었습니다. 이래도 다른 샘플에서 칼로 DNA가 옮겨 묻을 수 있다고 생각하십니까?" 검사의 지적에 두 전문가도 "아닙니다"라고 인정했다. 6일은 그런 식의 오염이 일어나기엔 너무 긴 시간이었다.

그럼에도 불구하고 콘티와 베키오티는 결과를 신뢰하기에는 칼에서 검출된 DNA 검사에 사용된 샘플의 양이 지나치게 적다는 주장을 굽히지 않았다. 이를 뒷받침하기 위해 LCN DNA 샘플은 법정에서 증거로 사용하기에 적합하지 않다는 학술 논문도 여러 편 인용했다. 이들은 칼에서 나온 DNA의 전기영동도에는 배경 잡신호의 크기가 매우 낮아서 돌출된 봉우리가 확연히 보이는데도 이와 관련된 판단은 내리지 않았다.

검찰은 콘티와 베키오티에게 칼에서 검출한 미량의 샘플을 이용해서 검사를 새로 진행해 달라고 공식적으로 요청했다. 9월 5일, 스테파노니는 법정에서 2007년 당시에는 없던 새로운 DNA 분석 도구를 2011년 현재 확보했다고 이야기했으며, 검찰 측 전문가 증인 주세페 노벨리 Giuseppe Novelli도 이에 동의했다. 스테파노니는 이 기법을 활용하면 불과 몇 개의 세포만으로도 결과를 얻어 낼 수 있다고 설명했다. 그녀는 자신이 실시했던 검사 결과가 틀리지 않았다는 사실을 입증하기 위해 새로운 검사를 진행하기를 원했다. 검찰 역시 공식적으로 새로 검사를 진행할 것을 요청했다.

헬만 판사가 범한 확률의 오류

그러나 9월 7일 헬만 판사는 스테파노니 박사와 검찰의 요청을 거부했다. 이 결정이 내려지자마자 《천사의 얼굴: 학생 살인범 어맨다 녹스의 진실Angel Face: The True Story of a Student Killer》의 저자인 바비 나도Barbie Nadeau를 비롯하여 이 사건을 취재하면서 가장 명쾌하게 범인을 지목했던 기자들조차도 트위터에 "녹스가 석방될 것 같다"라고 글을 올렸다. 판사의 결정을 달리 해석하기는 어려웠다.

나도의 예측은 틀리지 않았다. 10월 3일, 배심원단은 10시간에 걸쳐 회의를 진행했다. 법정으로 돌아왔을 때 이들의 얼굴에는 미소와 기쁨이 가득해 보였고, 판사는 어맨다와 라파엘이 범행을 저지르지 않았으며 석방된다는 내용의, 1심 판결을 뒤집는 판결문을 낭독했다.✼

이 판결은 루디 게드가 단독범이 아니라는 이탈리아 대법원의 판결과 메러디스가 한 명 이상의 범인에게 공격당했다는 부검 결과에 완벽하게 모순되는 것이었다. 무엇보다도 판결은 칼에서 발견된 DNA 결과와 배치되고 있었다. 어째서 항소심 재판부가 칼에서 검출된 DNA 검사 결과를 인정하지 않고 검찰이 요청한 신기술을 이용한 검사를 거부했을까? 일부 국가에서는 이런 질문에 대해 답변을 들을 방법이 없지만 이탈리아에서는 판사가 판결 '동기'라는, 자신들의 결정 내용에 대해 상세한 이유를 밝히는 문서를 제출할 의무가 있다. 헬만 판사가 칼 문제에 대한 자신의 결정을 설명하는 내용을 살펴보자.

✼ 어맨다는 부당하게 패트릭 루뭄바를 고발한 것에 대해 형을 선고받았지만, 그간의 수감 시간이 이보다 많았다.

이 재판의 목적에 비추어 볼 때 과학수사대에서 얻은 결과는 국제 과학계에서 요구하는 기법을 준수하지 않는 절차에 의해서 도출된 것이고, 그렇지 않더라도 과학적 분석과 관련 없는 요소들을 확인할 필요가 너무 많아서 신뢰도가 현저하게 낮아졌다고 보아야 하므로 신뢰할 수 없다는 결론에 도달한다.

이는 전문가 팀이 왜 칼날에서 수집한 샘플 분석을 더 진행하지 않았는지도 설명해 준다. 추가로 확보된 샘플의 양은 여전히 LCN이고, 두 번의 별도 실험을 진행하기에는 부족하므로,* 검사를 진행했다면 재판부가 지정한 전문가들도 과학수사대와 동일한 실수를 범했을 것이다. 한편 위의 내용에서 명확히 드러나듯, 매번 검사할 때마다 한 샘플을 둘 이상으로 나누어 검사를 병렬로 진행해야 결과를 신뢰할 수 있는 것이지, 한 번의 실험으로 부족했다고 절차를 준수하지 않으면서 각각 다른 LCN 샘플로 따로 검사를 수행한다고 결과의 신뢰도가 더 높아지는 것은 아니다. 올바른 과학적 절차에 의해서 얻어지지 않은 두 샘플의 검사 결과를 합쳐도 신뢰할 수 있는 결과를 얻을 수는 없다.

판결문에서 헬만 판사는 특정한 값의 신뢰도를 가진 실험에 대해 언급하고 있다. 예를 들어 결과가 사실과 일치할 확률이 X퍼센트인 실험을 하는 경우를 생각해 보자. 같은 실험을 다시 독립적으로 시행해도 실험 결과가 사실과 일치할 확률은 여전히 X퍼센트다. 헬만이 지적하는 부

● 이 문구에서 판사는 새로운 샘플을 둘로 나누어 각각 검사를 실시하는 표준 절차를 언급하고 있다.

분은, 실험을 독립적으로 두 번 시행한다고 해서 이 확률이 올라가지는 않는다는 점이다. "(신뢰도가 낮은) 두 샘플의 검사 결과를 합쳐도 신뢰도가 높은 결과를 얻을 수는 없다." 판결문의 마지막 문장은 같은 실험을 별도로 두 번 시행하여 얻는 확률적 결과에 대한 완벽한 오해를 보여 주고 있다. 이 장의 서두에서 언급한, 앞뒤가 나올 확률이 같지 않은 동전의 예와 정확하게 일치하는 경우다.

헬만 판사의 논리가 틀렸다는 사실을 보여 주는 다른 예를 들어 보자. 이번에는 첫 시도에서 정답이 나올 확률이 80~90퍼센트라고 해보자. 사실 전기영동도를 통해 칼에서 검출된 DNA가 메러디스의 DNA일 확률을 정확히 계산하기는 어렵다. 눈으로 봐서 일치하는 것 같으면 그렇다고 판단하는 것뿐이다. 그러나 육안으로 보아도 80~90퍼센트의 확률로 맞는지 아닌지 판단할 수 있다면 상대적으로 설득력이 있고, 합리적 의심의 수준은 분명히 넘는다고 할 수 있다. 이제 이런 상황에서 두 번의 검사를 시행하고 유사한 결과가 나왔을 때 수학적으로 어떤 결론을 유추할 있는지 살펴보자.

새로운 예는 이 장의 도입부에서 소개했던 것과 유사하다. 동전이 하나 있는데, 이 동전은 던졌을 때 앞뒤가 나올 확률이 같은 동전이거나 혹은 앞면이 나올 확률이 70퍼센트인 동전 중의 하나고, 이 두 종류 중 하나일 확률이 50퍼센트다. 동전을 몇 번 던져 본 후 이 동전이 어떤 것인지 결론을 내려야 한다. 이제 이 동전을 10번 던지는데, 이 10번의 행위를 한 번의 시도로 본다고 해보자.

첫 번째 시도로 동전을 10번 던졌더니 앞면이 9번, 뒷면이 1번 나왔다. 이 동전이 앞면이 나올 확률이 반이거나 70퍼센트인 것 중 하나라는 사실을 아는 상태에서, 이 동전이 앞뒤가 나올 확률이 같은 동전일 확률은 약 8퍼센트이고, 70퍼센트의 확률로 앞면이 나오는 동전일 확률은 약 92퍼센트다. 상당히 설득력 있는 이야기이기는 해도, 이것만으로 이 동전이 앞면이 나올 확률이 70퍼센트인 동전이라고 결론을 내리기에는 부족하다.

두 번째 시도로 동전을 10번 던져 앞면이 8번, 뒷면이 2번 나왔다. 이제 이 동전이 앞뒤가 나올 확률이 동일한 동전일 확률은 16퍼센트, 앞면이 나올 확률이 더 높은 동전일 확률은 84퍼센트다. 언뜻 생각하기엔 시험을 한 번 더 해서 신뢰도가 더 높아지지 않았으니 얻은 것이 없어 보일 수도 있다. 첫 시험 때는 92퍼센트였던 가능성이 오히려 84퍼센트로 낮아지기만 했다. 위의 글을 쓸 때 헬만의 머릿속에 있던 생각이 바로 이런 것이었다.

하지만 관점을 조금 바꿔서 보자면 동전을 20번 던져서 앞면이 17번, 뒷면이 3번 나온 셈이다. 도입부에서 설명했던 것과 같은 방식으로 확률을 계산해 보면 이 동전은 98.5퍼센트의 확률로 앞면이 나올 확률이 더 높은 동전이라는 결론에 도달한다! 물론 법적으로 이 수치가 얼마 이상 되어야 한다는 규정은 없지만, 98.5퍼센트라는 값은 92퍼센트나 84퍼센트같은 수치에 비하면 훨씬 현실적으로 받아들일 수 있는 값이다.

항소심 판결 결과는 현재 이탈리아 대법원에 계류 중이다. 대법원은 항소심 판결을 확정하거나 취소하고 새로 재판을 열도록 지시할 수 있으며, 대법원 재판에서 칼날의 DNA 검사가 다시 진행될 수도, 아닐 수도 있다. 어떤 결과가 나올지는 두고 보아야 한다(어맨다와 라파엘은 2017년 3월 27일 무죄 선고를 받고 석방되었다. 대법원 재판부는 증거 불충분에 의한 무죄가 아니라 두 사람이 사건과 무관하다고 판결했다. 또한 2019년 유럽 인권 재판소는 이탈리아로 하여금 어맨다가 수감 중 적절한 변호사와 통역을 제공받지 못한 데 대한 배상으로 1만 8,400유로를 지급할 것을 명령했다 — 역주).

현재 라파엘과 어맨다는 각자 이탈리아 남부의 바리Bari와 미국 시애틀의 집으로 돌아간 상태이며 둘 모두 그간의 경험과 자신들의 무죄를 주장하는 책을 집필하고 있다. 누가 메러디스를 살해했건 간에 사건의 전모를 완벽하게 파악하기는 어려울 것이다. 분명한 점은, 과학적으로 잘못된 논리에 근거하여 다시 수행할 수 있었던 칼날의 DNA 검사를 거부함으로써 헬만 판사는 진실을 밝혀낼 중요한 기회를 무산시켰다는 사실이다.

1972년 12월, 한 간호사가 자택에서 강간당한 후 살해되었다. 경찰은 당시 범인의 인상착의와 DNA 샘플을 확보했지만, 범인을 찾을 수는 없었다. 이후 30년이 흘러 경찰은 미제 사건을 해결하기 위해 그때까지 수집한 범죄자 데이터베이스에 30년 전 범인의 DNA를 검색해 보았다. 그에 따라 존 푸켓이라는 남자가 새롭게 용의선상에 등장했다. 검찰에 따르면 그는 110만분의 1의 확률로 범인과 DNA가 일치하는 용의자였으나, 변호사는 어떤 사람과 범인의 DNA가 일치할 확률은 3분의 1이나 된다고 맞섰다. 과연 누구의 계산이 옳은 것일까?

30년 간
보존되어 있던
DNA로 찾아낸 범인

CASE 05
다이애나 실베스터 사건

생일이 같은 사람이
존재할 확률

고전적인 확률 수수께끼 중 생일 문제라는 것이 있다. 사람이 여러 명 있을 때 그중 생일이 같은 사람이 있을 확률이 50퍼센트가 되려면 몇 명이 있어야 하는가를 구하는 문제다.

읽기를 잠시 중단하고 답을 추측해 보자. 대부분의 사람들은 방 안에 임의의 두 사람이 있을 때 이들의 생일이 같을 확률이 365분의 1이라고 (2월 29일생은 무시하자) 정답을 이야기할 것이다. 그런데 방 안에 세 사람이 있을 때 이들 중 생일이 같은 사람이 있을 확률은 3/365으로 커진다. 4명이라면 6/365, 10명이라면 놀랍게도 확률이 52/365가 되어 14퍼센트가 넘는 값이 된다. 23명이 한 방에 있다면 이들 중 적어도 두 명의 생일이 같을 확률이 거의 50퍼센트에 가까워진다. *

일반적으로 여러 명 중 생일이 같은 사람이 있을 확률이 50퍼센트가 되려면 365의 절반 정도인 183명이 있어야 한다고 생각하기 쉬우므로 이 값은 대부분의 사람들이 갖는 직관과는 상당히 거리가 있다. 고작 스물세 명이 모여 있을 때는 이들 중 생일이 같은 사람이 있을 확률이 매우 낮다고 생각하게 마련이다. 실은 그렇지 않은데도 말이다.

흥미로운 점은 사람들이 이 문제와 비슷해 보이지만 특정 날짜를 지정하는, 실제로는 전혀 다른 문제에도 종종 같은 답을 제시한다는 점이다. 가령 방 안에 있는 사람 중 한 명의 생일이 1월 1일일 확률이 50퍼센트가 되려면 몇 명이 필요할까?

이 문제의 정답은 183이 아니라 253이다. 인원이 늘어날수록 생일이 같은 사람이 존재할 확률이 높아지기 때문이다. 어떤 사람의 생일이 1월 1일이 아닐 가능성은 364/365이므로, n명이 1월 1일을 생일로 갖지 않을 확률은 $(364/365)^n$이다. 우리는 이 값이 50퍼센트 이하가 되는 가장 작은 n을 구하면 된다. 따라서 이 값은 253이 된다($(364/365)^{253}$ = 0.499522845963 — 역주).

비슷해 보이는 두 문제의 답에 이런 예상외의 큰 차이(23명 대 253명)가 존재하므로, 다음의 사례처럼 누구라도 손쉽게 함정에 빠질 수 있다.

✘ 이 값을 계산하려면 반대 경우의 확률인 모든 사람의 생일이 다를 확률을 계산하는 편이 더 쉽다. 두 명이 있을 때 두 번째 사람은 첫 번째 사람의 생일이 아닌 나머지 364일 중의 하루가 생일이면 되므로 이 확률은 364/365이다. 3명이 있다면 세 번째 사람은 앞 두 사람의 생일이 아닌 363일 중의 하루가 생일이면 되므로 이 값에 363/365이 곱해져야 하고, 4명이 있다면 여기에 362/365가 곱해진다. 이런 식으로 계산하면 23명째에 그 값이 2분의 1을 밑돌기 시작하고, 이는 23명째부터 생일이 같은 사람이 두 명 이상이 될 확률이 2분의 1을 넘는다는 의미다.

1972년 12월 22일※ 이른 아침, 21세의 간호사 다이애나 실베스터Diana Sylvester는 샌프란시스코캘리포니아주립대학교UCSF 병원에서 밤 근무를 마치고 몇 블록 떨어진 아파트까지 걸어서 오전 8시 경 도착했다. 같은 병원의 간호사인 룸메이트 퍼트리샤 월시는 오전 7시부터 시작하는 낮 근무조였다. 다이애나가 귀가했을 때 퍼트리샤는 이미 출근한 뒤였다. 이후 벌어진 일은 다소 혼란스럽다.

8시가 조금 넘은 시각, 아래층에 살고 있던 집주인 헬렌 니고도프는 위층에서 나는 큰 소리를 들었다. 쿵쿵거리는 소리와 비명이 20분 정도 지속되자 헬렌은 위층에 가봐야겠다고 생각했다. 이전에도 다이애나와 퍼트리샤의 아파트에서 종종 소음이 들리긴 했다. 두 사람은 친구가 많았고, 헬렌은 3주 전에도 소음 때문에 올라가서 주의를 준 적이 있었다. 하지만 이날 아침에 나는 소리는 뭔가 이상했다.

헬렌은 아파트 현관으로 가서 벨을 눌렀는데, 살펴보니 이미 문이 열려 있어 아파트의 주 현관을 통해서 계단으로 올라갔다. 그런데 입구에 어떤 남자가 서 있어서 그녀는 깜짝 놀랐다. 무슨 일이냐고 묻자 그는

※ 이는 공저자 중 한 명인 레일라의 생일이기도 하다. 즉 생일 일치의 문제다.

"꺼져. 우린 지금 사랑을 나누는 중이야"라고 험상 궂은 표정으로 내뱉었고, 헬렌은 바로 내려왔다. 집으로 돌아온 그녀는 바로 경찰에 전화를 걸어 위층에서 폭력적인 일이 벌어지고 있다고 신고했다. 그리고 의문의 남자가 계단을 내려와 밖으로 나가는 모습을 보고 그의 인상착의를 확실히 기억해 두려고 애썼다.

몇 분 뒤 경찰이 도착해 다이애나의 아파트로 올라갔다. 문은 열려 있었고 강압적으로 보이는 행동의 흔적은 찾을 수 없었다. 그러나 방 안에는 안타까운 광경이 펼쳐져 있었다. 존 포브스 경관과 그의 동료 케네스 맨리 형사는 밝은 조명으로 빛나는 크리스마스 트리 아래 예쁘게 포장된 선물들 옆에서 벌거벗은 다이애나의 시체를 발견했다. 그녀의 옷은 개어져서 옆에 놓여 있었고, 가슴 두 곳에 피를 흘린 상처가 있었다. 부검 결과, 범인은 그녀에게 오럴 섹스를 하게 한 후 목을 졸라 죽이고 나서 심장 부위를 두 번 찌른 것으로 드러났다.

경찰은 방 안에 남은 지문과 희생자의 몸에서 채취한 정액을 수거했지만 당시에는 아직 DNA 분석 기법이 존재하지 않았다. 살인범에 대한 유일한 실마리는 헬렌 니고도프의 증언뿐이었고, 그녀는 범인이 "중간 키의 백인이고, 건장한 체격에 살이 쪘으며, 갈색 곱슬머리에 턱수염과 콧수염을 기른 깔끔한 외모"의 소유자라고 묘사했다. 콜린스 부부 사건(7장)과 마찬가지로 경찰은 주변에서 이런 인상착의를 가진 사람을 찾아냈다. 로버트 베이커라는 이름의 거리 예술가로 폭스바겐 밴에 사는 사람이었다. 베이커는 한 달 전에 정신 병원에서 탈출한 상태였다. 그는 다이애나 살인 사건이 일어나기 2주 전에 불과 네 블록 떨어진 곳에서 일어난 강간 사건의 주 용의자였으며 피해자가 그를 범인으로 지목하고 있었다. 강간 피해자가 살해당하지는 않았지만, 베이커는 그녀에게 "지금 너를 강간하거나 죽일 수 있어"라며 위협했다. 또한 다이애나의 경우와 마찬가지로 이 사건에서도 피해자의 현관문은 강제로 열리지 않았다. 감언이설을 통해 피해자로 하여금 문을 열게 했던 것이다. 경찰 기록에 의하면 다이애나가 살해당하고 나흘 뒤, 베이커는 어린 소녀와 보모를 희롱하고 다이애나의 집에서 고작 몇 가구 떨어진 그들의 집까지 쫓아간 것으로 되어 있었다.

경찰은 다이애나 실베스터와 로버트 베이커 사이의 연결 고리를 찾던 중 실마리를 찾아냈다. 살인 사건이 발생하고 1주일 뒤, 같은 병원에서 일하는 간호사인 샬린 놀런이 경찰에게, 살인 사건이 일어난 날 다이애나가 귀갓길에 밀베리 유니온 플라자의 거리 예술가에게서 양초를 살 예정이었다는 사실을 알려 준 것이다. 다이애나의 룸메이트 퍼트리샤도 집에 새 양초가 놓여 있다는 점을 확인해 주었다. 샬린은 그 거리 예술가를 알고 있었다. 그의 외모는 헬렌 니고도프의 묘사와는 일치하지 않았지만, 경찰은 다이애나가 양초를 산 곳에서 멀지 않은 장소에서 로버트 베이커가 그림을 팔았다는 사실을 알아냈다. 얼마든지 다이애나를 보고 집까지 쫓아 갔을 수도 있는 일이었다.

베이커의 자동차를 수색한 경찰은 선셋 구역에서 훔친 우편물과 핏자국이 묻어 있는 주차 위반 고지서를 찾아냈다. 이 피는 O형으로 다이애나와 같았지만, 한편으로 이는 가장 흔한 혈액형이기도 하므로 확실한 증거가 될 수는 없었다. 당시 부검 기술의 한계로 인해 주차 위반 고지서에서 더 이상의 정보는 얻지 못했다. 안타깝게도 고지서는 후일 파기 혹은 분실되었다.

1월 11일, 경찰은 목격자들로 하여금 로버트 베이커를 포함한 용의자들을 확인하도록 했다. 기록에는 어떤 목격자들이 참가했는지 정확하게 남아 있지 않지만, 이들 중 헬렌 니고도프가 포함되어 있었을 것이다. 수사는 거의 마무리 단계였고 베이커가 다이애나 살해범으로 처벌받지 않은 것으로 보아 그녀는 용의자 중에서 로버트 베이커를 지목하지 못했음이 분명했다. 그는 1978년에 사망했고, 다이애나 사건은 30년 이상 미제사건으로 남았다.

사건 발생 30년 뒤, 새롭게 용의자가 특정되다

2003년 샌프란시스코 경찰청은 DNA 증거가 잘 보존되어 있는 경우, 과거의 미제 사건에 새로운 DNA 기술을 적용해도 좋다는 허가를 받았다. 이 기술은 범인을 찾지 못한 채 방치되고 있는 사건의 DNA 샘플을 분석한 후 캘리포니아주가 보관하고 있는 수천 명의 범죄자 DNA와 비교하여 일치하는 사례를 찾아내는 것이었다.

비록 30년 넘게 지난 사건이었지만 다이애나 사건 관련 기록에는 다이애나의 시신에서 채취한 정액이 함께 보관되어 있었다. 이런 이유로 이 사건은 과거의 미제 사건 중 다시 들여다볼 가치가 있는 사례로 선정되었다. 그러나 정액 샘플은 많은 손상을 입은 상태여서 DNA의 일부만 확인이 가능했다. 전기영동도 상에서 DNA 분석에 필요한 13쌍의 유전자(유전자 자리 혹은 유전자좌라고 불린다. 4장 참조) 중 5쌍만이 분명하게 보였고, 2~3쌍은 일부만 보이는 상태였다.

두 샘플의 DNA 분석 결과 각각의 그래프가 튀는 위치가 확연하게 다르면 동일하지 않다고 확신할 수 있다. 그런데 손상된 DNA를 분석할 때는 두 그래프의 몇몇 봉우리는 일치하고 나머지는 판독이 어려운 경우가 종종 일어난다. 온전한 샘플과 손상된 샘플의 그래프를 비교했을 때 손상된 샘플의 판독 가능한 부분에서는 온전한 샘플과 일치하지만 나머지 부분은 파악이 불가능한 경우, 이 두 DNA가 같은 것인지 아닌지는 판단이 불가능하다. 그럼에도 수사관들은 다이애나를 살해한 범인의 DNA를 분석했다. 그 결과 파악이 가능한 부분에서 두 그래프가 완벽하게 일치하는 사람을 범죄자 데이터베이스에서 찾아냈다.

이 인물은 72세의 존 푸켓John Puckett으로 베이 에리어(샌프란시스코만 주변을 포함하는 지역 — 역주)에 살고 있었다. 경찰이 그의 DNA를 보관하고 있던 이유는 그가 25년 전 세 건의 강간 혐의로 유죄 판결을 받았기 때문이었다. 세 건 모두 1977년에 일어났고, 수법도 거의 유사했다. 여성에게 접근해 경찰관 행세를 하면서 얼음 깨는 송곳이나 칼로 위협해서 근처의 외딴 곳으로 차를 몰게 했다. 피해자들 중 두 명은 그곳에서 그에게 강간당했다고 증언했으며, 한 명은 오럴 섹스를 강요당했다. 유죄를 선고받은 푸켓은 1985년까지 복역했다. 석방 후에는 기소되었으나 유죄 판결은 받지 않았던 1985년의 가벼운 폭력 사건 외에 별다른 범죄 기록이 없었다. 2003년의 그는 이동식 주택에서 부인과 살고 있는, 장애인용의자에 의지하며 살아가는 늙고 병든 남자였다.

2003년 10월 12일, 샌프란시스코 경찰청의 살인 사건 수사관 조지프 투미와 홀리 페라가 푸켓의 집을 방문했다. 문을 열어 주는 그의 손에는 소변 주머니가 들려 있었다. 최근에는 세 곳에 혈관우회수술을 받아서 잘 걷지도 못했다. 수사관들은 한 시간 이상 그를 심문했다. 푸켓은 다이애나를 만난 적도, 그녀와 성관계를 가진 적도, 그녀의 집에 들어간 적도 없다고 주장했다. 그는 투미에게 자신의 DNA 샘플을 다시 제공하겠다고 제안했다. 이 제안이 받아들여져 사건 당시에 확보된 정액과 현재 푸켓의 DNA 비교가 이루어졌다. 사건이 일어났던 33년 전에는 아무도 푸켓을 용의 선상에 올려놓지 않았다.

DNA 검사 결과에 덧붙여, 그가 다이애나 실베스터 살인 사건 당시 그 주변에 살았으며 1972년 당시 그 사건을 저지를 충분한 나이였다는 점 — 그러나 직접적인 증거는 전혀 없었다 — 등이 보강 증거로 더해져 푸켓은 체포된 뒤 살인 혐의로 기소되었다. 그를 체포한 경찰관에 의하면 그는 체포 당시 '신사처럼' 행동했다고 한다. 그러면서 부인에게 고개를 돌린 후 "당신을 더 못 볼 것 같아"라고 짤막하게 말을 남겼다.

투미 형사는 푸켓을 다시 심문하고 그의 집을 수색해 옛날 사진들을 확보했다. 다이애나 살인 사건이 벌어지고 사흘 뒤인 1972년 크리스마스에 찍은 사진도 있었다. 사진 속의 그는 머리카락에 웨이브가 있었고 얼굴에 수염이 아주 많았으며 굉장히 뚱뚱한 모습이었다. 헬렌 니고도프가 했던 묘사(백인, 보통 키, 당당한 체격, 살찐, 갈색 곱슬머리, 턱수염, 콧수염)와의 공통점이 확연했다. 그러나 푸켓은 여전히 혐의를 부인했다.

4장의 어맨다 녹스 사건에서 보았듯, 샘플의 양이 너무 적거나 여러 명의 샘플이 섞여 있거나 샘플의 보존 상태가 좋지 못하면 DNA 검사 결과를 분명하게 판독하기 힘들다. 상태가 좋지 않은 샘플에서 법의학자들이 활용하는 13개의 유전자 쌍 중 일부만 확인 가능한 경우, 다른 DNA와 이 부분이 잘 맞아 떨어진다고 해도 이 두 샘플이 같은 사람의 것이라고 확언할 수 없다. 실제로 같은 혈통의 친척들 사이에서는 — 심지어는 전혀 관계가 없는 사람들 사이에서도 — 그래프의 몇몇 봉우리가 일치하는 경우가 흔하다. 또한 캘리포니아주 법에 의하면 일반적으로 그래프에서 7개의 봉우리는 보여야 데이터베이스에서 이와 일치하는 DNA를 검색할 수 있었다.

미국 연방수사국FBI은 대규모 DNA 데이터베이스를 분석해서 유전적으로 관계없는 두 사람의 유전자 자리가 특정 개수만큼 일치할 확률인 무작위 일치 확률random match probability, RMP을 계산해 냈다. 예를 들어 전혀 관계없는 두 사람의 유전자 자리 13개가 모두 일치할 확률은 400조분의 1이다. 전 세계 인구가 60억 정도이므로, 두 유전자 샘플의 13개의 유전자 자리가 모두 일치한다면 두 샘플은 한 사람의 것이라는 의미다.

13쌍의 유전자 각각이 그래프상에서 어느 위치에 자리할지를 나타내는 RMP 값은 — 정밀하게 측정되어 있다 — 정해져 있다. RMP 값은 유전자마다 조금씩 다르지만, 평균적으로 대략 13분의 1이다. 달리 말하자면 13개 중 하나의 유전자 자리가 같은 사람이 13명마다 한 명, 즉 전체 인구의 7.5퍼센트 정도 있다는 의미다.

13개 유전자 자리의 위치는 통계적으로 서로 독립이므로, 각각의 확률을 곱해서 여러 사람이 있을 때 유전자 자리가 몇 개씩 같을 확률을 구할 수 있다. 예를 들어 유전자 자리 2개가 일치하는 사람이 존재할 확률은 0.075^2이므로 대략 177명 중 한 명 꼴이다. 유전자 자리 3개가 같은 사람이 존재할 확률은 0.075^3으로 약 2,370명 중 한 명 꼴로, 유전자 자리가 같은 개수가 커지면 그 확률이 급격히 줄어든다. 10개가 일치하려면 1,770억 명 중 한 명, 11개가 일치하려면 2조, 12개가 일치하려면 31조 명 중 한 명이 된다.

FBI가 각각의 유전자 쌍에 대해 계산한 RMP 값은 7.5퍼센트라는 대략적 수치보다 훨씬 정밀하게 계산된 것이므로 확률을 보다 정확하게 구할 수 있지만, 대체적인 값은 위의 설명과 유사하다. 일례로, 유전자 자리 9개가 일치할 RMP 값은 130억분의 1이다. 즉 어떤 유전자 자리 9개가 주어졌을 때 유전자 자리가 이와 일치하는 다른 사람은 130억 명 중 한 명 꼴로 존재한다는 뜻이다. 이 130억분의 1이라는 값은 위에서 설명한 방식에 따르면 0.075^9와 상당히 가까운 값이다.

이 값들은 과학적으로 심도 있게 연구한 결과에 의해 도출된 것으로, 논쟁의 여지가 없다고 여겨졌다. 어떤 사람이 반론을 제기하기 전까지는 그랬다.

DNA가 일치하는 경우가 짐작보다 더 많은 이유

푸켓의 변호를 맡은 변호사는 샌프란시스코 국선 변호인청에서 근무한 경력이 있는, 법의유전학적 지식을 갖춘 비카 발로Bicka Barlow였다. 비카는 미제 사건을 해결하기 위해 데이터베이스 검색에 DNA 증거와 FBI의 RMP를 사용하는 데 이전부터 우려를 갖고 있었다. 그녀는 이 방법을 사용하면 잘못된 확률 계산으로 인해 무고한 시민이 체포될 가능성이 있다고 생각했으므로, 푸켓 사건의 변호를 맡게 되자 이 문제를 깊이 들여다볼 기회라고 여겼다.

비카는 특히 애리조나주 공무원인 캐스린 트로이어Kathryn Troyer가 2001년에 수행한 통계적 연구 결과를 살펴보고 충격을 받았다. 트로이어는 1만 명이 넘는 사람의 DNA 데이터베이스를 이용해서 여러 검사를 실시했다. 유전자 자리 9개가 일치할 확률은 130억분의 1이므로, 1만 명 정도의 데이터베이스에서는 이를 만족하는 사람이 한 명도 나오지 않을 것이라고 생각하기 마련이다. 그런데 트로이어는 이 데이터베이스에서 그런 사람을 찾아냈다. 전혀 관계가 없는 두 사람의 유전자 자리 9개가 일치했던 것이다.

이런 하나의 사례만으로는 확실한 결론을 내릴 수 없었지만, 시간이 흐르며 데이터베이스는 점점 방대해져 갔고, 트로이어는 검사를 계속했다. 2005년, 6만 5,000명이 넘는 규모의 데이터베이스에서 그녀는 9개의 유전자 자리가 일치하는 사람을 122쌍, 10개가 일치하는 사람을 20쌍이나 찾아냈다. 전체 인구를 대상으로 하면 매우 낮은 확률의 사건일지라도 실제로는 드물게나마 일어난다는 사실이 드러난 것이다.

존 푸켓의 변호를 준비하던 비카는 트로이어의 연구 결과를 놓치지 않았다. 그녀가 보기에 이 연구 결과는 FBI의 RMP 통계 수치가 틀렸다는 사실을 의미했다. 단 6만 5,000명의 데이터베이스에서 9개의 유전자 자리가 일치하는 사람들이 122쌍이나 존재한다면, 대체 130억분의 1이라는 확률의 의미는 무엇이란 말인가? "유전자 자리가 9개나 일치하는 사람들이 그렇게 많다는 건 믿기 어려울 정도이며 (…) 정부는 이런 정보를 피고인들에게 알려 주지 않았습니다. 어쩌면 그간의 통계 분석이 틀렸으며, 그것도 아예 단위가 틀릴 수준일 수도 있습니다. (…) 통계 계산을 할 사람을 두어야 할지도 모르겠습니다. (…) 정말 믿기 어렵습니다."

130억분의 1이라는 RMP 값에 의하면 9개의 유전자 자리가 일치하는 사람은 극히 드물어야 하는데도 데이터베이스에서는 그런 경우가 심심치 않게 발견되었으므로 비카 발로는 이 둘 사이에 존재하는 모순을 지적하고자 했던 것이다. 피고 측이 제출한 항소 이유서에는 이 모순이 항소의 주 이유라고 직설적으로 표현되어 있다. "유전자 자리의 일치 여부를 잘못 판단할 확률이 RMP가 제시하는 수준보다 훨씬 높은데도, 1심 재판부는 검찰이 이를 이용해서 증거를 제시할 때 피고 측이 이의를 제기하지 못하도록 하는 실수를 저질렀다."

이 항소장에 쓰인 대로 "RMP 통계가 무고한 사람을 죄인으로 만들 수 있다고 심각히 우려될 정도"일까? 아니면 어떤 경우에도 증거로 사용될 수 있을 정도로 신뢰도가 높은 것일까? 이 통계가 보여 주는 그 작은 확률 때문에 지금까지 무고한 사람이 몇 명이나 감옥으로 갔을까?

항소 이유서에 대한 답변으로 캘리포니아주가 제출한 문서에 그 답이 들어 있다. 간단한 통계학적 계산을 수반하는, 그 유명한 '생일 문제'가 바로 그것이다.

원론적으로 살펴볼 때, 애리조나주의 데이터베이스를 대상으로 얻은 결과는 잘 알려진, 언뜻 보기에 모순되는 개념을 담고 있는 '생일 문제'의 예에 불과하다. 이 문제는 '날짜에 관계없이 생일이 같은 사람이 최소 두 명 있을 확률이 50퍼센트가 넘으려면 (방 안에) 최소 몇 명이 있어야 하는가?'라는 질문을 던진다. 여기에는 특정한 날이 누군가의 생일일 확률은 365분의 1(즉 무작위 일치 확률인 RMP)이라는 전제가 있다. 그러나 통념과 달리 정답은 23명에 불과하다. 달리 표현하자면, 상대적으로 일치하기 어려운 쌍도 특정한 조건(날짜)을 지정하지 않는다면 데이터베이스의 크기가 상대적으로 작은 경우에도 나타날 수 있다는 의미다. 23명만 있으면 253가지 쌍이 만들어질 수 있기 때문에, 이 중에서 생일이 같은 쌍이 하나 정도 나타날 수 있는 것이다. 핵심은 몇 명이 있어야 특정한 날(예를 들어 1월 1일)이 생일인 사람이 있겠느냐는 게 아니라는 점이다. 미리 정해진 조건(예를 들어 1월 1일이 생일이거나, DNA 데이터베이스에서 특정한 조건)이 맞을 확률은 모든 대상(1년의 모든 날)이 불변이다.

주 정부의 답변서에는 비카가 재판 과정에서 지적했던 애리조나주의 데이터베이스에 관한 내용도 들어 있었다. "1만 명의 데이터베이스에서 9개의 유전자 자리가 일치하는 두 사람을 찾아내려는 것은, 결국 푸켓과 유전자 자리가 비슷한 사람을 찾아내겠다는 것이고, 이는 무작위 일치 확률인 RMP가 갖는 의미에 대한 통념에 정면으로 대항하는 셈이다!" 이는 생일 문제를 다룰 때 일어나는 전형적인 오류인, 데이터베이스에서 같은 조건을 만족하는 두 사람을 찾는 문제(꽤 확률이 높다)와 특정한 DNA

샘플이 주어졌을 때 이와 똑같은 사람을 찾는 문제(아주 확률이 낮다)를 혼동했다는 점을 정확히 지적한 것이다.

답변서에는 이렇게 쓰여 있다. "생일 문제를 예로 들어 설명한다면, 변호인의 주장은 상대적으로 적은 수의 사람을 대상으로 생일이 같은 사람들 쌍 중에 어떤 특정 날짜, 예를 들어 3월 5일이 생일인 쌍이 있는지 확인해 보는 것과 마찬가지다.✱ 이는 물론 잘못된 것이다."

답변서는 이처럼 변호인의 오류를 정확히 파악하고 있었음에도, 정작 애리조나주 데이터베이스의 결과와 FBI의 RMP가 서로 모순되는지에 관한 문제는 명확하게 판단하지 않았다. 답을 구해야 하는 문제는 이렇다. "FBI의 RMP가 주어진 상태에서 6만 5,000명의 정보가 담겨 있는 데이터베이스 중 유전자 자리가 평균적으로 9개 (혹은 10개, 11개, 12개) 일치하는 쌍이 얼마나 발견되겠는가?"

사람들은 '130억분의 1'이라는 숫자를 보는 순간 착각에 빠진다. 현재 구하는 값이 조건을 만족하는 특정 개인을 찾을 확률이 아니라 개인의 쌍을 찾을 확률이라는 사실과, 몇 명을 대상으로 하건 해당 집단 전체의 인구보다 이들로 구성할 수 있는 쌍의 수가 훨씬 더 많다는 사실을 간과하는 것이다.

전체 인원수를 N 이라고 하면, 이들로 N × (N - 1) / 2 개의 쌍을 구성할 수 있다. 유전자 자리 9개가 일치하는 사람을 찾고자 할 때는 이 모

✱ 실제로 답변서에 적혀 있는 이 날짜는 살인이 일어난 날이 공저자 중 한 명인 레일라의 생일인 것처럼 우연히도 공저자 중 다른 한 명인 코랄리의 생일이기도 하다. 이는 생일 일치 — DNA 일치와 마찬가지 — 가 일반적인 직관보다 더 자주 일어남을 보여 준다.

든 쌍에 대해서 쌍을 구성하는 두 사람을 비교해야 한다. 게다가 법의유전학자들이 사용하는 13개의 유전자 자리 중 어떤 9개라도 일치하면 되므로, 13개 중 9개를 고르는 경우의 수인 715를 여기에 곱해야 한다.

표 5.1에는 트로이어가 연구했던 대로 1만 명, 6만 명, 6만 5,000명 순서로 데이터베이스 크기에 따른 각 항목의 값이 나타나 있다. 검사된 쌍은 715 × N × (N - 1) / 2 의 식으로 구해지며, N은 데이터베이스의 크기다. 유전자 자리 9개가 서로 일치할 것으로 기대되는 쌍의 개수는 이 값에 RMP 확률인 130억분의 1을 곱해서 얻을 수 있다. 오른쪽 마지막 열에는 트로이어가 실제로 발견한 쌍의 수가 나타나 있다.

표에서 볼 수 있듯이, 이론적으로 기대되는 값과 트로이어가 실제 구했던 값이 상당히 비슷하다. 즉 130억분의 1이라는 RMP 값과 모순되는 점이 없다. 단지 130억분의 1이라는 숫자가 130억 쌍 중의 하나를 의미하고, 데이터베이스 크기가 꽤 작아도 만들 수 있는 쌍의 수가 엄청나게 많다는 점이 놀라울 뿐이다. 실제로 1만 명의 데이터베이스에서는 350억 개 이상의 쌍을 조합할 수 있다. 생일 문제에 숨어 있는 법칙이 바로

데이터베이스 크기 (N)	검사된 쌍 715×N×(N-1)/2	유전자 자리 9개가 일치할 것으로 기대되는 쌍	실제로 발견된 쌍
10,000	35,746,425,000	2	1
60,000	1,286,978,550,000	98	90
65,000	1,510,414,262,500	116	122

표 5.1

이것이다. 23명이 있으면 253개의 조합을 만들 수 있으므로 생일이 같은 사람이 나타날 확률이 높아지는 것이다. 앞에서 보았듯, 이 확률은 2분의 1을 넘는다.

비카 발로를 비롯한 푸켓의 변호인단은 애리조나주에서 시행한 연구 결과를 근거로 유전자 자리가 일치하는 쌍이 RMP 값보다 훨씬 많을 수 있다고 주장했다. 그러나 이들이 간과한 것은, 쌍이 이처럼 많으려면 전체 데이터베이스에 포함된 모든 사람들을 대상으로 가능한 쌍을 전부 조합해야만 한다는 점이었다. 이는 DNA 하나가 이미 주어져 있고, 미제 사건 데이터베이스에서 이와 일치하는 사례를 찾아내는 경우와는 전혀 다른 이야기다. 이런 경우에는 앞에서 설명한 서로 다른 별개의 생일 문제에서처럼 일치하는 쌍을 찾을 확률이 훨씬 낮아진다.

결론적으로 애리조나주 데이터베이스에서 얻은 결과와 정부가 제시한 RMP 통계 사이에는 아무런 모순이 없다. 변호인단의 이의 제기는 타당하지 않고, 비록 통념적이고 직관적인 추론에 근거하기는 했지만 틀린 것이다.

사람이 많으면 범인과 DNA가 일치할 확률이 더 올라갈까?

푸켓의 재판을 준비하면서 더 복잡한 문제가 떠올랐다. 어떤 사람의 DNA 샘플이 다이애나 살인범의 손상된 DNA 샘플에서 확인 가능한 5.5개의 유전자 자리와 일치할 RMP는 계산상 110만분의 1이었다. 피고 측은 이를 두 번째 쟁점으로 선택했는데, 핵심은 계산값 자체가 아니라 그 값의 의미에 있었다. 논점은 이랬다. 이 값에 의하면 거리에서 누군가를 임의로 지목해서 그 사람의 DNA를 다이애나 살인범의 DNA와 비교했을 때 110만 명에 한 명 꼴로 범인과 유전자 자리 5.5개가 일치해야 한다. 그렇다면 아주 큰 데이터베이스를 대상으로 이 검사를 할 경우 데이터베이스의 규모에 비례해 유전자 자리가 일치하는 사람의 수가 늘어날 것이다. 푸켓이 발견된 데이터베이스에는 캘리포니아주 성범죄자 33만 8,000명의 정보가 들어 있었다.

다른 예를 들어 설명해 보자. 복권이 110만 장 발매되었다. 1장을 사면 1등에 당첨될 확률은 110만분의 1이다. 하지만 2장을 산다면 1등이 될 확률은 2배로 올라가고, 10장을 사면 10배가 된다. 그러므로 이 복권 10장을 사면 1등 당첨 확률이 110만분의 10, 즉 11만분의 1이 된다. 100장을 사면 11,000분의 1, 1,000장을 사면 1,100분의 1이 된다. 만약 33만 8,000장을 산다면 확률이 어떻게 될까? 338,000/1,100,000은 338/1,100이므로, 3분의 1에 살짝 못 미치는 수준이 된다.

이제 범인의 DNA 샘플이 1등 당첨 번호이고, 데이터베이스에서 임의로 선택한 사람이 110만분의 1의 일치 확률을 가진 복권이라고 생각해 보자. 비카 발로가 주장하는 논의의 핵심은 한 명이 아니라 33만 8,000명을 대상으로 검사를 시행할 경우 범인과 DNA가 일치할 사람을 찾을 확률이 거의 3분의 1에 육박한다는 점이었다.

검찰은 푸켓의 DNA가 다이애나의 시신에서 확보된 범인의 DNA와 일치할 확률이 110만분의 1이라고 주장했지만, 피고 측 변호인은 그가

33만 8,000명이 넘는 사람들 중에서 뽑힌 것이므로 실제로는 확률이 3분의 1에 가까워 푸켓은 그저 '어쩌다 들어맞은' 사람에 불과하고 결과적으로 무죄라고 항변했다.

어떤 사건이 — 푸켓이 무죄이고 그저 어쩌다 들어맞은 경우일 뿐인 — 일어날 확률이 110만분의 1이라고 말하는 것과 3분의 1이라고 하는 것은 매우 다른 이야기다. 3분의 1이라는 확률을 제시하면서 비카 발로는 경찰이 미제 사건을 수사하면서 수많은 무고한 사람을 감옥으로 보냈다는 사실을 자신이 멋지게 입증해 보였다고 여겼다. 스스로 생각하기에 살인 사건 재판에서 이처럼 피고가 유리한 적도 없었다. DNA 검사 결과와 목격자들이 범인이 30대 중반이라고 묘사한 것 말고 피고에게 불리한 증거라고는 아무것도 없었다. 비카는 투쟁적인 인물이었다. 모친은 홀로코스트에서 살아남은 사람이었고, 비카 자신도 버클리 지역을 휩쓸던 반전 시위에 참여한 부친의 어깨 위에서 무등을 타고 어린 시절을 보냈다. 이제 그녀는 미제 사건 수사 중 무고한 사람들에게 유죄 판결을 내리던 관행과의 투쟁에서 곧 승리하리라고 믿었다. 하지만 재판은 그녀가 예상했던 것처럼 흘러가지 않았다.

판사는 재판이 시작되기도 전에, 이처럼 상충되는 내용이 담긴 수학적 개념을 재판에서 다루기에는 혼란이 우려된다고 판단했다. 결국 판사는 재판 과정에서 3분의 1이라는 확률을 사용하지 않도록 조처하고, 푸켓이 DNA 데이터베이스와 미제 사건 기록을 통해서 발견되었다는 사실을 배심원단에게 알리지 못하도록 결정했다. 판사는 예심에서 "이런 계산에 대한 본인의 입장은 불변이며, 이는 데이터베이스를 통해 DNA가 전부 혹은 부분적으로 일치하는 사람을 찾는 경우에도, 실험적이건 연구 목적이건 마찬가지다"라고 선을 그었다.

판사의 이 결정으로 인해, 이런 정보는 — 비카가 준비했던 핵심 논리 — 재판 과정에서 전혀 제시되지 못했다. 배심원 한 명은 판사에게 푸켓이 어떻게 해서 용의자로 지목된 것인지 묻기도 했는데, 재판과 무관한 일이라는 답변을 들었다. 판사의 대답은 "이유를 추측하지 마십시오"였다.

배심원에게 제공된 정보는 범죄 현장에서 확보된 증거들, 헬렌 니고도프의 증언, 푸켓이 과거에 살인 및 강간 혐의로 받았던 유죄 판결 내용 등이었다. 또한 피고가 다이애나의 살인과 관련해서 심문받았을 때 "전혀 기억이 나지 않는다"라고 답변했던 내용과 더불어 그가 거의 30년 전에 다른 범죄로 인해 심문받았을 때도 마찬가지로 답변했다는 사실이 배심원단에게 전달되었다. 배심원단에게는 피고가 '사랑을 나누고 싶은' 여성들을 공격하면서 했던 말도 — 다이애나의 살인범이 헬렌 니고도프에게 "꺼져. 우린 지금 사랑을 나누는 중이야"라고 내뱉었던 표현과 같은 — 전달되었다. 또한 푸켓에게 공격당했던 세 명의 피해자들이 그가 저지른 행동에 대해 증언한 내용, 그가 흉기로 피해자들의 목에 남긴 상처가 다이애나의 시신에서 발견된 것과 얼마나 유사한지도 전달되었다. 다이애나의 살인범과 푸켓의 DNA 유전자 자리가 5.5개 일치할 확률이 110만분의 1이라는 내용도 물론 전달되었다.

배심원단은 2008년 2월 14일 숙의에 들어갔다. 며칠에 걸쳐 총 20시간 가까이 회의가 이어졌다. 도중에 배심원단이 재판관에게 메모를 보냈다. "어느 시점에선가 미제 사건의 DNA 검색이 이루어졌다는 사실을 알고 있습니다. 다만 피고가 아직 자신의 DNA를 제공하지 않은 것 같은데, 어떻게 해서 용의자로 지목된 것입니까?" 배심원단들은 이런 의문을 떨쳐 버릴 수 없었고, 재판부는 푸켓이 범죄자 DNA 대조 과정에서 드러난 용의자라고 답하려 했으나 피고 측은 이런 중요한 정보를 전체적인 설명 없이 제공하면 곤란하다고 반대했다. 변호인단이 보기에, 적절한 설명 없이는 '범죄자 DNA 대조'라는 용어 자체가 피고에게 불리하면서 과학적인 증거로 비칠 여지가 많았다. 배심원단은 자신들의 질문이 판결과 무관하다는 답변을 다시 들어야 했으며, 이유도 추측하지 말아야 했다.

긴 시간에 걸친 숙의 끝에 존 푸켓에게는 1급 살인 유죄 평결이 내려졌고 4월 9일 종신형이 선고되었다. 푸켓은 무죄를 주장하면서 곧바로 항소했다.

푸켓이 범인일 확률은 110만분의 1인가, 3분의 1인가

항소의 주된 이유는 푸켓이 그저 우연히 3분의 1의 확률로 범인으로 지목되었다는 비카 발로의 주장이 재판에서 배제되었다는 것이었다. 항소장에는 다음과 같이 적혀 있다.

배심원단은 몰랐고 재판부는 배심원단이 알 필요가 없다고 판단했지만, 이 사건에서 우연히 범인으로 지목될 가능성은 3분의 1에 달한다. 이 숫자는 기소 내용을 전혀 다른 각도에서 조명한다. 이런 통계적인 근거가 배제된 상황은 검찰로 하여금 배심원단에게 피고의 유전자 자리 특성이 범인과 유사하기가 굉장히 어렵다는 오해를 불러일으켰다. 검찰은 "피고 측은 배심원단에게 우연이라고 주장하지만, 이런 우연은 논리적이지도 않고 상상하기도 어려운 일이다. 피고가 무죄 선고를 받으려면 이 사건을 둘러싼 모든 상황을 살펴보고, '피고가 우연히 100만 명 중 하나일 수도 있었다'라고 말할 수 있어야 한다"라고 주장했다.

검찰의 답변서에 3분의 1이라는 숫자가 포함되긴 했지만 사실 항소 이유는 전혀 다른 데 있었다. 검찰은 변호인 측이 도출한 3분의 1이란 값이 타당하지 않고, 배심원단이 이 값을 푸켓이 다이애나의 살인범이 아닐 확률로 받아들일 가능성이 높다고 지적했다. 왜 이 값이 틀렸는지도 설명되어 있었다. "3분의 1이란 값은 (…) 배심원의 관점에서 증거로 활용될 때 유일한 관심사인, 데이터베이스를 검색하는 과정에서 무고한 사람을 유력한 용의자로 만들 가능성과는 전혀 다르다."

검찰 측 논리의 핵심은 일단 DNA가 일치하는 데다, 1972년에 살인 사건을 저지르기에 충분한 나이이면서 캘리포니아에 거주하던 체격 좋은 백인 성범죄자라는 조건까지 충족하는 사람이라면 엉뚱한 사람이 우연히 지목되었을 가능성은 지극히 희박하다는 것이었다.

이 경우 배심원단은 피고가 범인인지를 (1) 우연히 살인범과 DNA가 일치해서 (2) 우연히 살인범과 외모가 유사해서 (3) 우연히 사건 당시 샌프란시스코 인근에 살아서 (4) 우연히 다른 성범죄들을 다이애나 사건과 유사한 형태로 저질렀던 것인지를 근거로 판단해야 한다. 이러려면 DNA 데이터베이스 검색에서 일치하는 사람이 발견되었을 때 이것이 평결의 근거가 될 이유가 필요하다. 하지만 데이터베이스 검색에서 3분의 1이라는 확률로 범인과 DNA가 일치하는 사람이 발견된다면 범인이라는 증거로 보기엔 한참 부족하다. 상관이 없다고 봐야 한다.

과연 어느 쪽이 옳을까? 범인이 아닌 무고한 사람의 DNA를 데이터베이스에서 검색할 때 결과가 일치할 확률은 110만분의 1인가, 3분의 1인가? 핵심은 이 확률을 어떻게 설명할 것인가에 있다. 둘 다 논리적이긴 하지만 어느 쪽도 푸켓이 범인인지 아닌지를 확실히 알려 주진 못한다. 이 두 값은 서로 다른 값을 의미하고 있는 것임이 틀림없었다.

110만분의 1이라는 확률의 핵심은 이 값이 푸켓이 범인인지 아닌지와는 무관하다는 점이다. 그저 임의의 어떤 사람이 범인과 DNA 일부가 비슷할 확률일 뿐이다. 미국의 인구가 3억 1,000만 명이라는 점을 고려한다면, 다이애나의 몸에서 확보된 범인의 정액으로 분석한 DNA와 비슷한 구조를 가진 사람이 미국 전체에 300명 정도 존재한다. 그렇다면 DNA 샘플 이외에 푸켓과 관련된 정보가 아예 없는 상황에서는 그가 이 300명 중의 한 명이고, 300명 모두가 용의자가 된다. 이 경우 110만분의 1이라는 확률은 푸켓이 범인이 아닐 확률인 300분의 299로 치환할 수 있다. 그가 무죄일 확률만 놓고 본다면 DNA 분석에서 얻은 결론은 이것뿐이고, 따라서 푸켓이 범인이 아닐 확률이 아주 높다. 그러나 110만분의 1이라는 확률은 전체적인 맥락과 분리해서 적용할 수 없고, 1심에서 배심원들에게 제공되어 오해를 불러일으키기는 했지만 푸켓이 무죄일 확률은 더더욱 아니다.

그렇다면 3분의 1이라는 값은 대체 어떤 의미일까? 일단 데이터베이스의 크기인 33만 8,000에 어떤 사람의 DNA가 범죄자의 DNA와 일치할 확률인 110만분의 1을 곱하면 338,000/1,100,000이라는 값을 얻을 수 있다. 여기서 비카는 한 방에 있는 사람 중에 생일이 같은 사람이 있을 확률이 50퍼센트가 되려면 183명이 있어야 한다고 생각해 버리는, 앞서의 예와 매우 유사한 실수를 저지른다. 이 예에서 실수의 원인은 방 안에 있는 사람의 수가 183명에 훨씬 못 미칠 때부터 이미 생일이 같은 사람이 있을 수 있고, 실제로 183명이 있을 때는 183명 모두의 생일이 다를 확률이 매우 낮다는 점을 간과한 데 있다. 이 사건에서도 마찬가지로 — 복권의 예와는 다르게 — 데이터베이스에는 DNA 검사 그래프에서 값이 튀는 곳 다섯 군데가 용의자의 DNA 그래프와 일치하는 다른 사람이 얼마든지 있을 수 있고 비카가 계산하려는 값은 실제로는 3분의 1보다는 작고 거의 4분의 1에 가까운 값이었다. 하지만 4분의 1도 110만분의 1에 비하면 엄청나게 큰 값이기는 마찬가지다.

그럼 이 값이 의미하는 바는 대체 무엇일까? 사실 이 값은 범죄자의 DNA 샘플과 일치하는 사람이 데이터베이스에 존재할 확률에 불과하고, 그 사람이 범죄자인지 아닌지와는 관련이 없다. 물론 데이터베이스에서 일치하는 샘플을 찾을 확률이 4분의 1(비카의 주장에 따르면 3분의 1)이긴 하다. 실제로 일치하는 사람이 발견된다면 진짜 질문은 여기서부터 시작된다. 그 사람이 우연히 범인과 DNA만 일치한 것이 아니라 정말 검찰이 찾고자 하는 범죄자일 확률은 얼마일까? 이 질문에 대한 답이야말로 푸 켓이 유죄인지 아닌지를 가릴 확률이었지만 이 부분은 변호인 측이 주장 한 3분의 1이란 숫자에 완전히 묻혀 버렸다. 110만분의 1이란 확률과 마 찬가지로 3분의 1도 수학적으로 분명한 의미를 갖고 있지만, 푸켓이 무 죄일 확률은 절대 아니다.

법학자 데이비드 케이David Kaye는 〈유력한 용의자를 찾아서: DNA 데이터베이스 검색의 법적, 논리적 분석Rounding up the usual suspects: a legal and logical analysis of DNA database trawling cases〉이라는 논문에서 이 3분의 1이란 값에 대해 다른 문제점도 지적한 바 있다. 데이터베이스에 는 다이애나의 살인범이라기에는 너무 어린 사람이나, 인종적으로 다른 사람까지 포함되어 있기 때문에 이처럼 관계없는 정보로 인해 계산 결과 가 왜곡된다는 것이다. 그는 대대적인 데이터베이스 검색을 시작하기 전 에 나이 등의 이유로 전혀 범인일 가능성이 없는 사람들을 먼저 제외해 야 한다고 주장했다. 또한 그는 데이터베이스에서 범인일 가능성이 있는 사람의 비율이 가령 5~10퍼센트 정도이고, 검색에서 찾아낸 사람이 유 력한 용의자라면 이는 우연에 의한 결과라기보다는 실제 범인일 확률이 아주 높다고 주장했다. 이런 논리는 푸켓과 범인의 특징(연령, 인종 등)이 ― 그가 유력한 용의자일 근거 ― 일치한다는 사실이 그의 유무죄 판단 에 고려되어야 한다는 검찰의 주장과 같은 선상에 있다.

푸켓의 무죄 확률과 110만분의 1, 3분의 1 사이에 아무 관련이 없다면 이 각각의 확률은 도대체 무엇을 의미할까? 앞서의 논리를 수치로 설명 하려면 어떻게 해야 할까? 이 사례에서 우리는 수학적으로 정확한 증명을 하려는 것이 아니다. 이는 불가능한 일이다. 그러나 합당한 추론은 상황을 파악하는 데 큰 도움을 준다. 계산이 대략적이더라도 푸켓이 유력한 용의자인 상황에서 그가 무죄일 가능성을 숫자로 보여 주기 때문이다.

이제 다음과 같은 접근법을 사용해 보자. 푸켓이 무죄라고 가정하고, 검색 결과 범인과 푸켓 두 사람의 DNA가 일치한다고 해보자. 110만분의 1이라는 확률에 근거하면 이런 사람이 전 미국에 대략 300명 정도 존재할 것이다. 이들은 연령과 지역에 따라 미국 전역에 불규칙하게 분포하고 있을 것이다. 그런데 푸켓은 다른 중요한 특징이 범인과 일치한다. 둘 다 백인이고, 당시 캘리포니아에 살고 있었으며, 현실적인 관점에서 남성 성범죄자(검거, 유죄판결, 범법자 목록 등재 여부와 관계없이)이고, 사건이 일어난 1972년에 범행을 저지를 수 있었을 것이라고 여겨지는 최저 나이인 65세가 넘는다.

임의의 미국인이 푸켓처럼 범인과 이런 모든 특징을 공유할 확률을 계산해 보자. 110만분의 1은 0.0000009정도다. 미국 인구 중 백인의 비율은 약 72퍼센트이므로, 어떤 미국인이 백인일 확률은 0.72다. 캘리포니아주의 인구는 미국 전체의 12퍼센트이므로 캘리포니아인일 확률은 0.12가 된다.

성범죄자 목록에 포함된 사람의 수는 40만 명 정도이지만, 실제 성범죄자는 이의 2배 정도일 것으로 추산되므로 80만 명으로 잡자. 이들 중약 96퍼센트가 남성이므로 76만 8,000명으로 추산된다. 그러므로 미국의 남성 성범죄자는 전체 인구 3억 1,000만 명 중 76만 8,000명, 비율로는 0.00247이 된다. 평생 한 번이라도 성범죄를 저지른 20세에서

80세 사이의 사람 중 65세가 넘는 사람은 4분의 1, 비율로는 0.25 정도이므로, 65세가 넘는 남성 성범죄 경력자의 비율은 0.00247 × 0.25 = 0.0006174 가 된다.

이 결과를 정리하면 다음과 같다.

미국 인구 중 다음에 해당할 확률:

- DNA 유전자 자리가 일치: 0.0000009
- 백인: 0.72
- 캘리포니아 출신 혹은 거주: 0.12
- 65세 이상의 성범죄 경력 남성: 0.0006175

이 특징들이 모두 독립적이라고 하면, 위의 조건을 모두 만족시킬 확률은 약 0.000000000048이다. 미국 인구가 3억 1,000만 명이므로 이런 사람이 존재할 확률은 3억 1,000만 × 0.000000000048 = 0.01488 이 되어 대략 70분의 1 정도가 된다.✖

확률은 70분의 1이지만, 확률이 어느 정도이건 분명한 점은 그런 사람이 — 다이애나의 살해범 — 실제로 존재한다는 (혹은 했다는) 사실이다. 그러므로 이제 질문은 이렇게 바뀌어야 한다. 이 조건을 만족하는 또 다른 사람이 존재할 확률은 얼마일까? 만약 푸켓이 무고하다면 그 조건을 만

✖ 여기서는 65세 이상의 남성 성범죄자와 인종이 독립적인 것으로 간주되었다. 정확한 통계에 의하면 나이에 관계없이 백인 성범죄자의 비율은 전체 인구 중 백인의 비율과는 다르므로 0.72 대신 정확한 값이 사용되어야 하며, 그 경우 실제 값은 70분의 1보다 더 줄어들게 된다.

족하는 또 다른 사람이 바로 범인일 것이므로, 이 확률은 곧 푸켓이 무죄일 확률인 셈이 된다.[*]

베이즈 정리를 통한 계산

이 문제를 푸는 데 알맞은 수학 정리가 하나 있다. 어떤 사람이 특정 집단에 속한다는 사실을 알고 있을 때, 두 번째 사람도 같은 집단에 속할 확률은 얼마인가? 이 개념은 베이즈 정리라고 알려져 있다. 사건 B가 일어났을 때 사건 A가 일어날 확률은 다음과 같이 구할 수 있다.

사건 B가 일어났을 때 사건 A가 일어날 확률
= 사건 A가 일어났을 때 사건 B가 일어날 확률 × 사건 A가 일어날 확률 /
사건 B가 일어날 확률

이는 간단히 $P(A|B) = P(B|A) \times P(A) / P(B)$로 표시한다. 여기서 사건 A는 '두 사람이 이 집단에 속한다'이고, 사건 B는 '한 명이 이 집단에 속한다'이다. 이 문제를 수학적 용어로 표현하면 다음과 같이 쓸 수 있다. 사건 B가 일어났을 때, 사건 A가 일어날 확률은 얼마인가? 사건 B

---

[*] 서로 다른 두 사람이 이 집단에 속하지만 푸켓이 그냥 두 번째 사람이 아니라 살인범일 확률이 무시되었으므로 실제로는 그가 무죄일 확률보다 약간 크다.

의 확률이 70분의 1이라는 것을 알고 있으므로 사건 A의 확률은 $(1/70)^2$ = 1/4,900 이다. 만약 A(두 사람이 이 집단에 속한다)가 참이라면 B(한 명이 이 집단에 속한다)는 무조건 참이 되므로, 사건 A가 일어났을 때 사건 B가 일어날 확률은 1이다(무조건 일어난다). 그러므로 P(B|A) = 1 이고, P(A) = 1/4,900, P(B) = 1/70 이다. 다른 말로 설명하자면, 이 상황에서 한 사람이 특정 집단에 속한다는 사실을 알고 있을 때 두 번째 사람이 같은 집단에 속할 확률은 한 사람이 그 집단에 속할 확률과 동일하다.

이런 점을 모두 고려해 보면, 존 푸켓이 살인 사건 현장에 정액을 남긴 사람이 아닐 확률이 최대 70분의 1이라는 결론에 도달한다. 검사와 변호인 사이에서 오간 확률과는 달리 대략적인 값을 이용해서 얻은 값이긴 하지만 수학적으로는 합당하게 푸켓이 무고한 사람일 확률을 구한 값이다.

존 푸켓이 범인일 수도, 아닐 수도 있다(존 푸켓은 가석방 없는 종신형을 선고받고 복역 중이다 — 역주). 이 책은 재판의 결과를 판단하려는 목적으로 쓰인 것이 아니다. 분명한 것은 그가 받을 판결이 어떤 것이건 그가 무죄일 확률 이외의 다른 확률에 근거해서 판결이 내려져서는 안 된다는 점이다. 재판에서 수학이 활용된다면 올바르게 쓰여야 한다. 그렇지 않다면 재판을 웃음거리로 만드는 셈 밖에는 되지 않는다.

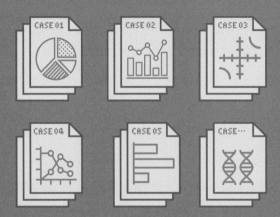

1996년 샐리 클라크는 첫 아이 크리스토퍼를 낳았고, 지극정성으로 아들을 돌봤다. 그러나 크리스토퍼는 한 살도 되지 않아 갑작스럽게 사망하고 만다. 이듬해 샐리는 둘째 해리를 낳았는데, 해리 역시도 한 살을 넘기지 못하고 사망했다. 이 사건은 한 가정에서 두 아이가 연달아 사망하는 '비극적 우연'이었을까, 아니면 엄마가 아이를 살해한 살인 사건이었을까?

엄마가
아이를 죽인
살인범이 된 이유

CASE 06

샐리 클라크 사건

형제 중 첫째가 사망했을 때
둘째가 연달아 사망할 확률

여러 사건이 얽힌 경우에 특정 사건 조합의 확률을 구하려면 각 사건이 일어날 확률을 곱해야 한다. 예를 들어 한 명의 아이를 임신한 여인이 아들이나 딸을 낳을 확률은 각각 2분의 1이다. 그러므로 자녀가 둘인 경우 둘 모두 딸일 확률은 2분의 1을 두 번 곱한 값인 4분의 1이 된다. 두 자녀를 둔 가정의 경우 네 집에 한 집 꼴로 두 아이가 모두 딸이라는 의미다.

이런 계산은 누구나 자주 하기도 하거니와, 거의 기계적으로 이루어진다. 하지만 주의할 점이 있다. 이처럼 두 확률을 곱할 때는 두 번의 임신처럼 두 사건이 독립, 즉 서로 관련이 없어야 한다. 각각의 사건이 독립적이지 않으면 이야기가 달라진다. 예를 들어 초음파 검진을 통해서 태아가 일란성 쌍둥이라는 사실을 알았다고 해보자. 이렇게 되면 두 아이의 성별은 서로 독립적인 사건이 되지 않고, 두 태아의 성별은 동일하므로 두 딸을 낳을 확률은 4분의 1이 아니라 2분의 1이 된다. 두 아이 모두 딸이거나, 둘 다 아들이거나의 둘 중 한 경우만 가능하기 때문이다. 이처럼 서로 독립이 아닌 사건의 확률을 곱하면 정답에 비해 훨씬 작은 값이 나온다.

그러나 이미 일어났거나 앞으로 일어날 사건들이 서로 독립적이라고 가정하는 실수를 범하기는 매우 쉽다. 어떤 사건들은 전혀 관련이 없어 보이지만 실제로는 같은 원인에 의해서 일어나는 경우도 있다. 카드 게임에서 한 사람이 아주 낮은 확률에도 불구하고 계속 이기고 있는데, 이 사람이 실은 속임수를 쓰고 있는 경우가 그렇다.

관련 정보를 모두 확보하지 않은 상태에서 각각의 사건이 서로 독립적이라고 가정하는 것은 위험한 일이다. 하지만 현실에선 법원처럼 매우 치밀하게 업무를 수행하는 곳에서조차 그런 일이 일어났다. 게다가 그 결과는 때로 재앙 그 자체였다.

스티브와 샐리 클라크Sally Clark는 서로 사랑하는, 젊고 야망이 가득한 변호사 부부였다. 둘은 런던에서 열심히 일하는 한편 도심에서 떨어진 곳에 작은 집을 마련한 뒤, 이 집에 호프 코티지Hope Cottage라는 이름을 붙이고 살림을 차렸다. 1996년 9월 22일, 샐리는 아들 크리스토퍼를 낳고 몇 달간 육아 휴직을 갖기로 했다.

아이는 태어났을 때부터 해맑기 그지없는 모습이었고 얼굴은 마치 천사 같았다. 아주 조용한 아이였고 잠이 많았으며 잘 울지도 않았다. 그런데 12월 초가 되자 아이가 훌쩍거리기 시작하더니 심한 감기 증세를 보였는데, 의사는 걱정할 필요는 없다고 말했다. 그러나 12월 13일, 샐리는 음료수를 마시러 10분 정도 부엌에 있다가 방으로 돌아와서는 아이의 얼굴이 회색빛을 띠고 있는 것을 발견했다. 급히 구급차를 불러 병원으로 달려갔으나 안타깝게도 아이의 목숨을 구할 수는 없었다. 부검 결과 폐에 감염이 있던 것으로 드러났다.

크리스토퍼를 잃은 후 샐리는 직장에 복귀해서 그럭저럭 업무에 적응했지만 슬픔과 우울함, 절망감으로 인해 때때로 과음을 했다. 둘째 아이의 임신은 이런 상황을 극복하는 데 도움이 되었고, 샐리는 술을 완전히 끊는 치료를 받았다. 1997년 해리가 태어났고, 아이는 건강했다.

영국에서는 형제가 유아기에 사망한 뒤에 태어난 아이의 경우 별도의 유아 관리 프로그램Care of Next Infants, CONI을 통해 면밀하게 관찰된다. 부모인 스티브와 샐리는 응급 상황에서 필요한 기본적인 소생법을 배웠고, 해리는 무호흡 상태가 되면 이를 알려 주는 경보 장치를 착용했다. 경보가 꽤 자주 울렸지만 정기적, 비정기적으로 해리를 관찰하러 집을 방문한 유아 건강 관찰 담당자와 간호사 모두 아이에게서 아무런 이상을 발견하지 못했으므로, 모두들 경보기가 오작동했다고 여겼다. 해리는 튼튼하고 심장도 건강했으며, 활동적인 데다 울음소리도 컸고, 식사도 많이 했다. 샐리는 한시도 눈을 떼지 않고 아이를 돌보며 유아 관리 프로그램에서 요구하는 다양한 점검 항목을 빠짐없이 채웠고, 아이가 다른 사람과의 접촉으로 인해서 감염이 되지 않도록 매우 신경을 썼다. 그러던 중 스티브가 아킬레스건을 다쳐, 부부는 몇 주간 가사 도우미를 고용해서 집안일을 맡겼다. 1998년 1월 26일, 샐리는 정기 예방주사 접종을 위해 해리를 보건소에 데리고 갔다.

예방 접종을 맞자 해리는 전보다 확연히 조용해졌다. 샐리가 유모차에 태워 집으로 데려오는 동안에는 얼굴이 창백해지고 기운이 하나도 없어 보였다. 다섯 시간쯤 뒤 스티브가 해리와 함께 놀아 주려고 했지만 해리가 별 반응을 보이지 않자, 스티브는 아이를 흔들의자에 앉혀 놓고 부엌으로 갔다. 5분도 채 지나지 않아 샐리가 스티브를 애타게 불렀다. 해리의 얼굴은 창백했고 고개를 앞으로 떨구고 있었다. 스티브가 달려와서 해리를 바닥에 눕혀 놓고 이리저리 흔들어 보며 깨우려고 애쓰는 동안 샐리는 응급 센터에 도움을 요청했다. 앰뷸런스가 달려와서 급히 해리를 병원으로 옮겼지만 이번에도 아이의 생명을 건질 수 없었다.

부검 결과는 놀라운, 어쩌면 말이 안 되는 증거들을 보여 주었다. 병리학자인 윌리엄스Alan Williams 박사는 질식에 의해서 흔히 나타나는 증상인 망막출혈이 있었으며, 언제 그랬는지는 알 수 없지만 갈비뼈가 부러져 있었다고 이야기했다. 이 증상은 X선 촬영으로는 보이지 않았다. 또한 해리의 코와 목, 폐, 복부에서 대량의 박테리아가 발견되었지만 당시에는 누구도 여기에 주의를 기울이지 않았다. 윌리엄스 박사는 진상을 파악하기 위해 부부를 수사해야 할 증거가 충분하다고 확신하게 되었다.

스티브와 샐리는 두 아이를 살해한 혐의로 구속된다. 강도 높은 심문이 진행되었으나, 이들은 변호사도 부르지 않았고 모든 질문에 거리낌 없이 공개적으로 답변했다. 이후 부부는 보석으로 풀려난 상태에서 계속 수사를 받았다.

둘은 여권을 압수당하고 정기적으로 경찰서에 출두한다는 조건으로 집으로 돌아온 뒤 엉망이 된 집을 정리하기 시작했다. 그러나 수사가 계속되며 경찰에 출두해 답변을 하는 과정이 반복되자, 부부는 의학적인 측면에서 아이들의 사망 원인을 밝혀내는 것보다 자신들이 아동 학대 및 살해 혐의로부터 벗어나는 것이 점점 더 중요해지고 있다는 사실을 분명히 느끼게 됐다. 그러나 혐의에서 벗어날 만한 마땅한 방법이 없었다. 부부가 아이들을 질식사시키지 않았다는 증거가 없었던 것이다. 두 사람은 수사 결과에 따라 자신들이 재판에 회부될 가능성이 있다는 사실을 믿기 어려웠고, 친구들의 조언에 따라 형사 사건 전문 변호사를 찾아가게 된다. 변호사 마이크 매키Mike Mackey가 사건을 맡기로 했다.

두 가지 중요한 일이 뒤이어 일어났다. 이듬해 해리의 생일 다음 날 셋째 아이가 태어났고, 샐리가 두 건의 살인 사건 용의자로 기소되었다.

스티브는 무혐의 처분을 받아 기소되지 않았지만, 샐리에게 가해지는 온갖 비난으로 인해 가족이 무너져 가는 상황에서는 그도 속수무책이었다. 새로 태어난 아이는 위탁 양육을 받도록 결정되었고, 샐리의 살인 혐의에 대한 재판 날짜도 잡혔다.

체스터 형사 법정Chester Crown Court에서 판사와 배심원이 자리한 재판이 열렸다. 샐리의 변호인단은 전문 의료진의 도움을 받아 의료 관계자들의 길고 복잡한 증언에 포함된 모순점들을 하나도 빠짐없이 찾아냈고, 또한 해리의 부검 결과에 나타낸 오류들을 밝혀냈다. 대부분의 기소 내용에 대해서 변호인단은 아이들의 죽음이 외부로부터의 충격이나 질식, 기타 폭력에 의한 것이 아니며, 해리를 돌보았던 보모와 유아 관리 프로그램을 통해 해리를 정기적으로 살펴보았던 건강관리 전문가 등의 증언을 통해 샐리가 아이의 엄마로서 지극히 정상적이었다는 사실을 주장했다. 이런 내용을 들으며 샐리는 배심원단도 자신의 무죄를 손쉽게 인정해 주리라고 여겼다. 이런 확신이 있었기에 살해의 증거가 될 여지가 있는 모든 사항에 대해 두 아들의 부검 결과를 조목조목 묘사하는 섬뜩하고도 기나긴 시간을 버텨 낼 수 있었을 것이다. 비록 그것이 법적으로는 필요한 일이었을지라도 말이다. 검찰 측이 내세운 의료 전문가의 긴 증언이 끝나자, 샐리는 검사가 배심원들에게 그녀의 혐의를 입증하려고 준비한 끔찍한 그림 — 망상에 사로잡혀 있고 제멋대로인 데다 엄청난 야망을 가진 샐리가 엄마로서 얼마나 부적절한지를 보여 주는 — 과 그녀가 저질렀다는 범죄를 설명하는 기소 내용을 보고 들어야만 했다. 비단 샐리 자신뿐 아니라 방청객들조차도 두 아이를 잃은 부모를 이처럼 가혹한 상황으로 내모는 재판 체계에 놀라움과 공포를 금치 못했다. 증인석에 앉아서 어쩔 줄 몰라 하던 스티브 클라크에게 부검 과정에서 자신의 아이들의 작은 몸뚱아리가 조각조각 잘린 사진을 정말 보여 줘야 할 필요가 있었을까?

샐리가 듣기에 검찰 측 의료 전문가가 하는 이야기는 하나부터 열까지 잔인하고 공포스러웠으며, 철저하고 명백하게, 모욕적으로 말도 안 되는 것이었다. 적어도 저명한 소아과 의사인 로이 메도Roy Meadow 경이 증언대에 서기 전까지는 그랬다.

품위 있는 이웃집 아저씨 같은 분위기를 풍기는 메도 박사는 샐리가 겪는 고통에 동정심을 느끼는 것처럼 보였지만, 차분한 어조로 샐리를 비난했고 이는 그의 주장을 보다 효과적으로 만들어 주었다. 그는 실력 있고 경험이 풍부하며 능력 있고 자상한 전문가의 분위기를 물씬 풍겼다. 샐리는 말문이 막힐 지경이었다. 후일 샐리는 "스스로 무죄라는 확신이 없었다면 그의 말을 들으면서 나 자신도 유죄라고 믿었을 겁니다"라고 이야기할 정도였다.

메도 박사가 증인석에서 한 발언은 정의의 추를 샐리에게 불리한 쪽으로 밀어 내고 있었다.

재판의 방향을 뒤집은 인물, 로이 메도는 누구인가

로이 메도 박사가 판사와 배심원단에게 증언대에서 샐리 클라크와 그녀의 아이들의 죽음에 관해서 무슨 이야기를 했는지, 그리고 왜 그의 증언이 중요하게 받아들여졌는지 이해하려면 그가 누구이고, 어떤 배경을 갖고 있으며, 그의 명성이 어디서 비롯된 것인지를 알아야 한다. 유명한 아동 심리 분석학자 안나 프로이트Anna Freud의 제자로 아동 학대 문제 전문가인 그는 스승에게서 영향을 크게 받았다. 그는 종종 "아이에게 필요한 것은 엄마가 아니라 보살핌이다"라는 스승의 말을 인용했는데, 사실 안나 프로이트가 실제로 이런 말을 했는지는 분명치 않다. 어쩌면 스승에게서 배운 내용을 바탕으로 스스로 만들어 낸 것일 수도 있겠지만, 어쨌거나 이들이 남긴 말이라고 알려져 있다.

로이 메도는 처음에 가이스 병원, 런던 소아 병원, 브라이턴에 있는 왕립 알렉산드라 병원 등에서 일반의(GP: 영국에서 의과대학을 졸업하고 2년의 수련을 거친 의사 — 역주)로 경력을 시작해 소아과 의사로 자리 잡았다. 그는 경력을 쌓으면서 아동 학대 문제에 관심을 쏟기 시작했고, 특히 아이들에 대한 엄마들의 학대, 잔인함 등을 찾아내고 입증하는 데 몰두했다. 리즈대학교에서 강의와 소아과 자문을 병행하던 그는 1977년 경 비로소 명성을 얻을 방법을 생각해 냈다. 새로운 질병을 발견 — 발명이라고 해야 할 수도 있다 — 해서 대리代理 뮌하우젠 증후군Munchausen Syndrome by Proxy, MSbP이라고 이름 붙인 것이다.

뮌하우젠 증후군은 1951년 리처드 애셔Richard Asher 박사가 처음 주창한 것으로, 정상적인 상태에 있는 사람이 마치 온갖 질병이 있는 것처럼 이야기하거나, 경우에 따라서는 자해를 하면서까지 그런 증상을 만들어 내기도 하는 정신 질환을 가리킨다. 이 명칭은 18세기 독일의 군인이었던 뮌히하우젠Münchhausen 남작이 주변 사람들에게 자신이 전쟁터에서 대포알을 타고 날았다거나, 달에 다녀왔다거나, 총알 한 방으로 오리를 50마리나 사냥했다는 등의 허풍을 떨었다는 이야기에서 비롯되었다. 하지만 실제로는 뮌히하우젠 남작의 이야기와 뮌하우젠 증후군 사이에는 황당함과 과장 이외에 딱히 공통점은 없다.

심리학적 분석에 따르면 뮌하우젠 증후군은 동정심, 보살핌, 주변으로부터의 관심, 즉 이상적으로 보자면 의사가 해야 할 역할인 보호 등에 대한 과도한 욕구에서 비롯된다고 한다. 뮌하우젠 증후군을 앓는 대부분의 환자들은 보통 사람들이 내켜하지 않는 혈액 검사, 조직 검사, 대장 내시경 검사 등을 통해서 위안을 받고 마음이 안정되며, 이런 검사가 불필요한 경우에도 반복적으로 받는 경향이 있다.

메도는 1977년에 발표한 논문에서, 어떤 사람들은 자기 자신이 아니라 자신이 돌보는 다른 사람에 대한 지속적인 의학적 관심을 원하는 변종 뮌하우젠 증후군이 존재한다고 지적했다. 이런 사람들은 계속해서 의사를 찾아가서 자신이 돌보고 있는 대상에게 나타나는, 있지도 않은 거짓 증상을 설명한다. 이 경우 돌봄 대상은 당연히 스스로 자신의 상태를 설명할 능력이 없는 사람들이다. 혼자서는 손 쓸 방도가 없는 환자들이거나 어린 아이들이 대부분이다.

메도가 대리 뮌하우젠 증후군이라고 명명한 질병이 바로 이런 것이었다. 그는 이 내용을 의학 학술지 《랜싯The Lancet》에 발표했는데, 논문의 제목에서부터 이 질병에 대한 그의 관심이 아동 학대의 실상에 대한 심각한 우려에서 비롯되었음을 보여 주고 있다. 〈대리 뮌하우젠 증후군: 아동 학대의 뒷면Munchausen Syndrome by Proxy: the hinterland of child abuse〉이라는 이 논문에는 그가 특별히 관심을 기울였던 두 사례에 관한 내용이 실려 있다. 그중 한 사례는 아주 건강한 6세 여아의 소변을 끈질기게 변조해서 의사에게 가져가는 방식으로 아이로 하여금 끝없이 각종 검사와 장기간에 걸친 항생제 치료, 화학 요법 치료를 받도록 만든 경우다. 이 속임수는 엄마가 항상 데리고 있던 아이가 병원에 입원해서 엄마로부터 2~3일간 격리되고 나서야 들통이 났다. 엄마가 없을 때 채취한 소변에서는 아무런 문제가 없었으나 엄마가 돌아오자마자 곧바로 병이 재발했고 비로소 모든 것이 드러난 것이다. 두 번째 사례는 겉보기엔 아주 헌신적인 엄마가 아이를 소금 중독에 빠지게 만든 후 적어도 한 달에 한 번씩 병원에 데리고 간 경우다. 아이는 입원해 있는 동안은 건강했지만, 엄마가 오기만 하면 곧바로 병이 도졌다. 병원은 관계 기관에 감시와 아이의 보호를 요청했지만 최종 결론이 나기 전까지 아이는 엄마의 학대에 계속 노출되었으며 결국 사망하고 말았다.

메도의 설명에 의하면, 병원에서 별다른 의심 없이 평소에 하던 방식대로 원인을 찾으려했던 이유는 두 엄마가 모두 상냥하고 지적이며 아이에 대한 애정이 가득한 사람으로 보였기 때문이었다(둘 다 히스테리 병력이 있긴 했지만, 이런 기록은 찾아내기 어렵다). 아이의 엄마를 의심한다는 것은 있을 수 없는 일이었으므로 아무도 이들을 의심하지 않았다. 메도 박사는

"엄마는 항상 옳고, 그렇다고 가르쳐야 하긴 합니다만, 만의 하나 엄마에게 문제가 있을 때는 엄청난 일이 벌어질 수 있다는 사실을 항상 기억해야 합니다"라며 엄마도 용의자로 봐야 한다는 점을 강조했다.

메도가 이 논문을 발표하고 10~12년이 지날 때까지도 대리 뮌하우젠 증후군은 의료계나 대중 양쪽 모두에서 거의 관심을 끌지 못했다. 그런데 끔찍한 살인 사건 덕분에 갑자기 자신의 이론을 현실에 적용할 기회가 생긴 데다가, 온 나라의 이목이 자신에게 집중되는 일이 일어났다.

환자를 죽인 간호사의 사례를 통해 명성을 얻다

1991년 2월, 젊은 간호사 베벌리 앨릿Beverley Alitt은 극심한 인력 부족에 허덕이고 있던, 링컨셔주에 있는 그랜덤앤드케스터번 병원의 소아과 제4병동에서 근무를 시작했다. 주변 사람들의 눈에 능력 있고 친절한 사람으로 비쳤지만 그녀는 채 2개월도 되지 않는 기간 동안 네 명의 아이를 살해하고 한 명을 중상에 빠뜨리는, 도저히 이해하기 어려운 범행을 저질렀다.

문제의 그 두 달 동안 그녀와 함께 일했던 동료 간호사 메리 리트Mary Reet는 앨릿의 범행 동기에 대해 자신이 직관적으로 느꼈던 점을 후일 이렇게 표현했다. "그녀도 아이가 목숨을 건졌을 때는 희열을 느꼈을 수도 있다고 생각한다. 특히 자신이 현장에 있었을 때는 스스로가 아이의 구세주라고 느꼈던 것 같다." 앨릿은 아이들이 죽기를 바라지는 않았다. 그녀가 원했던 건 그저 주위의 관심이었다. 그리고 로이 메도가 의학 전문가의 자격으로 법정에서 했던 증언의 내용이 바로 이것이었다. 그는 베벌리 앨릿이 뮌하우젠 증후군과 대리 뮌하우젠 증후군 증상을 모두 보이고 있다는 점을 역설했고, 아이들이 죽어 갈 때 그녀가 보여 준 냉정함이 이 병의 전형적인 증상이라고 설명했다. 대리 뮌하우젠 증후군 환자는 자신이 어떤 해를 가하는지 전혀 모르고 베벌리 앨릿이 완치되기 힘들 것이라고 말이다. 이는 그녀가 계속해서 주변 사람들에게 위험한 존재일 것이라는 의미였다. 결국 앨릿은 13건의 종신형(영국에서는 개별 범죄마다 형을 선고할 수 있음 — 역주)을 선고받았다.

베벌리 앨릿 사건에 관한 한 메도 박사의 분석이 맞았다. 게다가 수사에서 드러난 범죄의 끔찍함과 전문가로서의 입지가 다져지며 그는 명성뿐 아니라 엄청난 영향력까지 손에 넣게 되었다.

베벌리 앨릿이 종신형을 선고받은 순간부터 로이 메도의 대리 뮌하우젠 증후군 이론은 대중적으로나 의학계에서나 엄청난 관심의 대상이 되었다. 모르는 사람이 없을 정도로 유명한 질병이 되었을뿐더러 이 병을 앓는 환자로 간주되는 사람도 나날이 늘어만 갔다. 대리 뮌하우젠 증후군은 화제의 중심이 되었고, 수없이 많은 가정에서 문제의 원인으로 지목되었다. 수천 명의 아이들이 부모로부터 격리되었고, 이런 현상은 영국을 시작으로 미국, 호주, 뉴질랜드, 독일, 캐나다, 더 멀리는 나이지리아와 인도까지도 퍼져나갔다.

새롭게 등장한 이 질병의 이름으로 끔찍한 실수도 많이 저질러졌다. 한 예로 1996년 가을에 일어난, 필립Phillip P.이라는 유아의 '합법적 유괴'

사건을 들 수 있다. 필립은 채 한 살이 안 된 아이로, 엄마인 줄리는 아이가 태어날 때부터 갖고 있던 선천적 결손증과 만성 위장 질환을 치료하려고 당시 거주 중이던 테네시주에서 수많은 병원을 전전했다. 아이의 의료 기록을 살펴본 위장 질환 전문가는 줄리가 대리 뮌하우젠 증후군 환자라고 결론지었고, 줄리가 아이와 함께 병원에 도착한 지 30분도 되지 않아 아동복지부에 연락을 취해 아이를 부모의 품에서 빼앗아 병원의 관리하에 두도록 했다. 아이를 엄마로부터 벗어나게 하면 아이가 곧 회복하리라고 생각했던 것이다. 부모는 아이에게 접근이 금지되었고, 아주 가끔만 관계자의 감시하에서 아이를 볼 수 있도록 허락되었다. 하지만 아이는 실제로 매우 아팠고, 엄마에게서 아이를 떼어 놓는다고 회복될 상태가 아니었다. 정확히 한 달 뒤에 아이는 부모에게서 멀리 떨어져 있던 중 숨을 거뒀다. 이는 대리 뮌하우젠 증후군의 이름으로 저질러진 여러 사건 중의 하나일 뿐이었다.

앨릿이 1993년 형을 선고받은 이후 1996년 일부 의사들이 경고의 목소리를 내기 시작했지만, 대리 뮌하우젠 증후군으로 의심받는 사례는 엄청난 속도로 늘어나기만 할 뿐이었다. C. J. 몰리Morley 박사는 〈대리 뮌하우젠 증후군 진단에 관한 실질적인 우려Practical concerns about the diagnosis of Munchausen syndrome by proxy〉라는 논문에서, 베벌리 앨릿에 대한 비난이 한바탕 지나간 이후 이 병은 "감정에 휩쓸려" 진단이 내려지며 "이 병에 걸린 것으로 여겨지는 사람들은 평판이 땅에 떨어지고 만다"라고 쓰고 있다. 그는 논문에서 대리 뮌하우젠 증후군 사례를 하나씩 살펴보며, 각각의 사례에서 정상적인 사람이라도 충분히 그런 행동을 할 만한 이유를 찾을 수 있음을 지적했다. 심지어 부모로부터 격리된 후 회복한 아이들의 사례에서조차도, 한 살 언저리의 유아들에게서 흔히 발견되는 자연 치유 등과 같이 그런 결과가 일어날 만한 원인은 얼마든지 있다고 목소리를 높였다.

G. 피서Fisher와 I. 미첼Mitchell은 1995년에 발표한 〈대리 뮌하우젠 증후군은 정말 존재하는 질병인가?Is Munchausen Syndrome by proxy really a syndrome?〉라는 논문에서 이 병의 진단이 가진 문제점을 분석하고, "소아과 의사들은 대리 뮌하우젠 증후군 진단을 멈추고 의학적으로 확인할 수 있는 질병을 진단해야 한다"고 말하면서 이 병의 개념은 폐기되어야 한다고 끝을 맺었다.

하지만 이런 목소리는 그다지 주의를 끌지 못했다. 대리 뮌하우젠 증후군 의심 사례는 나날이 늘어만 갔고, 오히려 이 병의 새로운 측면까지 나타나서 아동 학대 문제의 핵심적인 요소로 자리 잡게 된다. 뮌하우젠 증후군이 영유아의 돌연사 문제를 설명하는 데 쓰인 것이다.

유아 돌연사인가, 부모에 의한 학대인가

영유아는 연약한 존재들이다. 그리 오래지 않은 19세기만 해도 1세 이하 유아의 1,000명당 사망률은 상류층에서 100명, 빈곤층에서는 300명에 이를 정도로 엄청나게 높았다. 20세기 초에 이르러서도 유아 사망률은 여전히 높은 수준에 머물러 있었다. 제2차 세계대전이 끝나고 병원과 의료진이 유아 관리에 노력을 기울이기 시작하고 나서부터야 이 비율이 낮아지기 시작했다.

오늘날에도 건강하던 아이가 설명하기 어려운 이유로 갑자기 사망하는 사례가 여전히 존재한다. 1963년 미국 워싱턴주 시애틀에서 이를 주제로 한 학회가 처음으로 열렸는데, 이때까지도 이런 유아 돌연사는 의학적인 문제로 여겨지지 않았다. '유아 돌연사 증후군Sudden Infant Death Syndrome, SIDS'이라는 명칭은 1969년에 개최된 두 번째 학회에서 공식적으로 채택되었다. 당시 두 학회에서 모두 유아 돌연사 중 영유아 학대나 살인의 비율이 어느 정도인지 논의되었지만, 적절한 결론을 이끌어 낼 만한 정보는 확보할 수 없었다. 유아 돌연사 증후군이 (원인 모를) 무호흡과 관련이 있을지 모른다는 이론이 제시된 후 무호흡 경보 장치가 어마어마하게 많이 설치되기도 했다. 이 장치는 아이가 호흡을 하지 않으면 몸에 부착된 작은 센서가 이를 감지해서 경보음을 울리도록 만들어져 있었다. 그러나 오히려 이 장치가 폭넓게 쓰이면서 무호흡만이 유아 돌연사 증후군의 주된 원인이 아니라는 점이 드러났다. 경보음이 울리는 이유는 너무도 많았다. 연구가 진행되자, 어느 사회적 현상과 마찬가지로 유아 돌연사 증후군도 각 가정의 배경, 빈곤 정도, 정신적 상태, 흡연 여부, 약물 등과 관련이 있다는 점이 드러났다.

유아를 키우는 방법이 개선되면서 1990년대에는 유아 돌연사 증후군의 발생이 급격히 감소했고, 이런 현상은 특히 소득이 안정되어 있으면서 정신적, 신체적으로 건강한 상태에 있는 '저위험군' 가정에서 두드러졌다. 이에 따라 더욱 심도 깊은 연구가 진행되었고, 1990년대 초반에는 유아 돌연사 증후군이 의학계에서 초미의 관심사로 부상했다. 고작 두 가지 사례만을 분석해서 발표한 논문으로 명성을 얻은 의사들도 있었다. 심지어 일부 의사들은 뮌하우젠 증후군과 유사한 증상을 보일 가능성이 농후한 부모들로 하여금 툭하면 아이들을 병원으로 데려오도록 부추겼는데, 이는 대리 뮌하우젠 증후군 환자들이 곧잘 보이던 행태였다.

그러다가 올 것이 왔다.

뉴욕주에서 세 형제가 사망한 사건을 수사하던 경찰은 수상함을 느끼고 이들의 시신 발굴과 부검을 요청했다. 처음에 이 세 형제는 유아 돌연사 증후군으로 사망했다고 여겨졌으나 법적, 의학적으로 면밀한 조사가 이루어진 결과 셋 모두 아버지에 의해서 질식사했다는 사실이 밝혀졌다. 이 수사관들은 유아 돌연사 증후군으로 두 아이가 사망해서 유명 의학지에서 사례로 다루어진 또 다른 가정을 조사했다. 경찰은 이 집에서 두 아이보다 먼저 태어났던 아이들도 셋이나 사망했다는 사실을 발견했고, 그제야 엄마는 모든 아이를 자신이 살해했다고 자백했다. 이 사건을 비롯해서 이와 유사한 다른 사건들은 그때까지 서로 아무런 관련이 없다고 생각되었던 유아 돌연사 증후군과 대리 뮌하우젠 증후군을 연결하는 계기가 된다.

1990년대 중반까지 대리 뮌하우젠 증후군 연구는 주위의 관심을 끌려는 목적으로 아이에게 위해를 가하는 부모와 아이를 돌보는 사람들을 대상으로 진행되었다. 아이들이 사망하는 경우도 가끔 있긴 했지만, 환자들의 궁극적 목적은 아이들을 죽이는 것이 아니었다. 그런데 유아 돌연사 증후군이 연속적으로 일어난 사례에서 돌연 대리 뮌하우젠 증후군이 튀어나온 것이다.

처음에 로이 메도의 의도는 유아 돌연사 증후군의 원인과 예방법을 찾아내고, 진짜 유아 돌연사 증후군과 고의적인 질식사 등을 구분하는 방법을 찾아내 관련 분야의 의사들 중에서 두각을 나타내는 존재가 되려는 데 있었다. 하지만 고의적인 질식사를 밝혀내는 것이 거의 불가능하기 때문에 — 아이가 호흡이 힘들어졌을 때 부모가 필사적으로 아이를 살리기 위해서 심폐 소생술을 써도 고의적으로 질식사시킬 때와 비슷하게 멍이 들거나 갈비뼈에 금이 갈 수 있다 — 이 둘을 명확하게 구분해 내기는 거의 불가능하다.

그러나 돌연사할 뻔했던 아이들은 물론이고, 손위 형제가 부모의 학대로 사망했지만 그 사실이 밝혀지지 않은 아직 살아 있는 아이들에게 이 두 가지를 구분하는 일은 굉장히 중요하다. 이러한 사안을 연구하는 다른 의사들과 마찬가지로 메도도 이 두 가지를 구분할 수 있는 근거를 찾고 싶어 했다. 그는 1997년에 발간된 논문집《유아 학대의 ABC ABC of Child Abuse》의 편집을 맡았는데, 이 논문집에 기고한 〈인위적인 유아 돌연사 Unnatural Sudden Infant Death〉라는 자신의 논문에서 18년에 걸쳐서 수집한, 모두 살인으로 드러난 81건의 유아 돌연사 사례를 분석했다. 여기서 그는 유아 돌연사 증후군과 살해를 구분하는 일반적인 규칙을 만들어 내려고 시도했다. 하지만 이는 매우 어려운 일이었다. 절반 정도의 사례에서는 부검 중에 인위적인 질식의 흔적이 발견되었지만, 나머지 절반에서는 아무런 흔적이 없었기 때문이다.

유아 돌연사 증후군으로 사망한 아이들 중 일부가 부모에 의해서 살해되었다는 사실은 분명하지만, 그 비율은 누구도 모를뿐더러 현실적으로 신뢰도를 확보하면서 알아낼 방법도 없다. 무고한 부모들이 기소되거나, 아무 죄 없는 가정이 이유도 없이 망가져 아이들이 보육 기관으로 보내지는 사태를 우려했던 존 데이비스John Davies 박사의 표현을 빌리자면, 이 문제에 대한 소아과 의사들의 입장은 1990년대까지도 "전부 병으로 죽었다고 할 수는 없다" 정도였다.

하지만 로이 메도는 사람들이 알고 있거나 짐작했던 것보다 훨씬 많은 부모들이 자신의 아이들을 죽였으리라고 확신했다. 그는 부모가 아이들을 해하는 증상으로 간주되던 대리 뮌하우젠 증후군이 실제로는 사람들의 생각보다 훨씬 많은 아이들의 생명을 앗아갔으리라는 믿음을 갖고 있었다. 이후 그가 펴낸 책과 연구는 모두 그가 착안한 '간섭주의 전략'에 초점을 맞췄는데, 이는 사망한 유아의 부모는 별다른 의학적 근거가 발견되지 않는다면 아이를 죽인 것으로 간주되어야 한다는 매우 강경한 개념이었다. 또한 대리 뮌하우젠 증후군 전문가로서 그의 명성은 메도의 주장에 큰 힘을 실어 주었다.

그런 평판과 아동 학대에 대한 태도로 인해 로이 메도의 명성은 하늘을 찌를 듯 높아졌다. 1994년에는 영국 소아과 학회 회장이 되었고, 1996년에는 소아과 및 아동 건강 로열 컬리지(소아과 의사 조직으로, 소아과 의사의 훈련 과정을 운영한다 — 역주)의 원장으로 취임한다. 1997년에는 '소아과 의사, 소아과 및 아동 건강 로열 컬리지 원장으로서의 기여를 인정받아' 기사 작위를 하사받았다. 그는 승승장구하고 있었고, 영국 전역에서 아동 학대와 관련된 재판에 가장 많은 요청을 받는 사람이었다.

이들 재판의 증언석에 선 그는 "유아 돌연사가 부모에 의해 저질러졌다는 증거는 없지만 아동 학대의 증거는 차고도 넘친다"라거나 "한 건의 유아 돌연사는 비극이고, 두 건이면 의심스럽고, 세 건이면 살인이다"와 같이 언론이 환영할 만한 문구를 만들어 내는 재능을 발휘하며 재판에서 그의 이론을 설파했다. 이런 태도로 인해 그에 대한 극심한 악평이 퍼져나갔고, 그의 영향력은 250명의 아이 엄마들을 감옥으로 보내는 결과를 초래했다.

한 가정에서 두 아이가 연달아 사망할 확률은?

샐리 클라크 재판의 증언석에서 메도는 지식과 경험을 설파하고 재판관과 배심원들에게서 유죄 판결을 이끌어 내고자 열을 올렸다. 그는 통계학적으로 보자면 "샐리 클라크의 가정에서 유아 돌연사가 일어날 확률은 약 8,543분의 1입니다"라고 온화한 목소리로 설명했다. "이는 유아 돌연사가 같은 집에서 반복해서 일어날 확률은 그 값의 제곱, 즉 대략 7,300만분의 1이라는 의미입니다."

당연히 샐리의 변호인단은 여기에 동의하지 않았다. 아이가 유아 돌연사 증후군으로 사망한 이후 해당 가정에서 태어난 5,000명의 아이들을 관찰했던 유아 관리 프로그램의 기록에 따르면 이 중 여덟 명이 사망했다. 이 통계는 7,300만분의 1에 비하면 압도적으로 높으므로 (8/5,000 = 1/400 — 역주) 만약 메도가 제시한 수치가 맞다면 한 집에서 두 아이가 돌연사하는 일은 영국에서 100년에 한 번 정도만 일어나야 한다. 그러나 유아 관리 프로그램에서 얻은 통계에 의하면 이런 비극적인 사건이 영국에서 수년마다 한 번씩 반복되고 있었다. 실제로 둘, 혹은 심지어 세 명의 아이를 유아 돌연사 증후군으로 잃었던 많은 부부들이 클라크 부부에게 격려 편지를 보내기도 했다.

메도는 샐리 변호인단의 주장이 맞다고 이야기하면서도, 유아 관리 프로그램에서 얻은 자료는 과학적 정확도가 결여된 것이고 체계적인 연구의 표준을 따라 도출된 것이 아니라고 설명했다. 대조적으로 그가 제시한 숫자는 유아 관리 프로그램보다 훨씬 심도 있게 작성된 〈사산과 유아 사망에 관한 비밀 조사 보고서〉에 근거한 것으로, 유아 돌연사와 관련된 수치를 다양한 집단에 대해서 분석한 것이었다.

사산과 유아 사망에 관한 비밀 조사Confidential Enquiry into Stillbirths and Deaths in Infancy, CESDI는 영국 보건부가 시행한 대조 실험이다. 브리스틀대학교 교수 피터 플레밍Peter Fleming은 이 보고서에서 유아 돌연사의 주된 원인으로 가정 내 흡연자의 존재, 실업 상태의 부모, 26세 미만의 모친이라는 세 가지 요소를 꼽았다. 보고서에는 이 중 하나 이상의 조건이 갖춰진 가정과 세 가지 요소가 모두 없는 가정에서 유아 돌연사가 일어날 확률이 실려 있다. 세 가지 요소가 모두 존재하는 가정에서는 확률이 214분의 1까지 치솟는다. 세 요소 중 한 가지도 없는 가정에서는 확률이 8,543분의 1로 떨어지고, 이 값이 바로 메도가 언급했던 수치다. 위 조건의 충족 여부와 관계없이 전체 가정을 대상으로 한 확률은 1,300분의 1이었다. 결국 7,300만분의 1이라는 값이 클라크 부부에게 해당되려면 이들의 수입과 생활 습관이 중요해진다. 전체 인구를 대상으로 한 확률을 계산해도 메도의 방법대로라면 1,300의 제곱분의 1, 대략 150만분의 1 정도가 되고, 이 정도만 해도 그가 샐리에게 적용하려던 확률의 50배에 이른다. 달리 표현하자면 메도도 잉글랜드에서 몇 년에 한 번씩은 한 가정에서 두 건의 유아 돌연사가 일어날 수 있다고 이야기한 셈이다. 하지만 이런 확률은 클라크 부부와 같은 유형의 가정에는 적용되지 않는다. 그의 논리대로라면 이 확률은 너무나 낮아 100년에 한 번이나 일어날 정도에 불과하다. 그렇다면 클라크 부부는 유아 돌연사 증후군의 위험 요소 세 가지 중 어느 것도 보유하지 않았는데 두 아이가 오로지 확률 때문에 죽었어야 한단 말인가?

사실 사산과 유아 사망에 관한 비밀 조사 보고서에서는 유아 돌연사 증후군이 일어날 확률에 영향을 미칠 가능성이 있는 요소가 있지만 아직 확인되지 않았을 뿐이라고 분명하게 지적하고 있다. 메도가 범한 핵심적인 실수는 이 내용을 무시하고 유아 돌연사 증후군이 마치 복권처럼 확률에 의해서만 일어나는 현상으로 간주한 데 있었다.

"그럼 해리가 태어나서 유아 돌연사로 죽을 확률이 크리스토퍼와 같다는 이야기인가요? 8,543분의 1이라는 겁니까? 동전 던지기처럼 항상 같은 확률로요? 매번 앞 아니면 뒤가 나오는 건가요?"라고 샐리의 변호사가 물었다.

"그랜드 내셔널 경마에서 사람들이 돈을 거는 확률과 마찬가지입니다"라고 메도가 무미건조한 태도로 조용히 말을 이었다. "작년에 80분의 1

의 확률로 우승이 예측되던 말에게 걸어서 이기고, 올해엔 다른 말이 같은 확률로 우승이 예측되는데 그 다른 말에 걸어서 또 이겼다고 합시다. 7,300만분의 1의 확률이란 4년 연속으로 80분의 1의 확률을 가진 말에 걸어서 계속 이긴 셈입니다. 유아 돌연사 사망률도 마찬가집니다."

이 답변은 메도가 유아 돌연사를 확률 문제로 바라본다는 점을 분명하게 드러낸다. 그가 근거로 제시한 보고서에서는 유전적 요인처럼 특정 가정에서의 유아 돌연사 발생 확률을 높이는, 아직 밝혀지지 않은 요인이 있을 수 있다고 분명히 적시했음에도 말이다. 샐리의 경우, 유아 돌연사 발생 확률을 계산할 때 수백만 가정에서의 관찰 결과를 토대로 얻은 8,543분의 1이라는 값을 적용하는 것은 맞다. 하지만 한 집에서 두 건의 유아 돌연사가 일어날 확률을 단순히 이 값을 제곱하여 구하는 계산은 유아 돌연사가 순전히 무작위적으로 일어난다는 완전히 잘못된 가정에 근거한 것이다. 만약 유아 돌연사가 유전적 요인에 의한 것이라면 이를 추적해서 확률을 구할 수 있을 것이고, 이 경우 이 두 건의 사망은 서로 전혀 독립적이지 않다. 위의 메도의 계산이 서로 독립적이지 않은 두 확률을 곱하는 수학적 오류의 예다.

그렇다면 로이 메도는 왜 유아 돌연사를 무작위적 확률에 의한 사건으로 바라봤을까? 어떤 사건을 발생시킬 요인이 분명히 존재한다고 이야기하면서 동시에 이 사건이 무작위적으로 발생한다고 주장하는 것은 누가 봐도 말이 안 된다. 이 두 가지는 동시에 성립할 수 없는 조건이다. 무작위적인 사건에는 발생 확률에 영향을 미치는 특정한 요인이란 것이 존재할 수 없다. 메도가 인용한 보고서에서도 이 점을 분명히 하고 있다. 영향을 미치는 요인이 몇 가지 알려져 있다는 이야기는 아직 모르는 요인도 존재한다는 의미다. 아마도 위 보고서에 나온 세 가지 이상의 여러 요인이 있음이 분명하다.

또한 유아 돌연사라는 용어는 하나의 독립된 현상을 가리키는 것이 아니라 의학적으로 원인이 불분명한 유아 사망사고를 통칭하는 개념이라는 사실을 명심해야 한다. 모든 사건에는 원인이 있지만 유아 돌연사의 경우에는 단지 의사들이 그 원인을 밝혀내지 못했을 뿐이다. 가족의 유전적 특성이나, 면밀한 부검 등을 통해서 이유가 밝혀진다고 해도 시간이 꽤 흐른 뒤인 경우도 많다. 일단 사망 원인이 밝혀지면 아이는 유아 돌연사로 사망한 것으로 처리되지 않으므로, 해당 사례는 유아 돌연사와 관련된 통계에서 제외된다. 결국 유아 돌연사는 확실하게 일어났거나 일어나지 않았다고 말할 수 있는 종류의 사건이 아니며, 무작위적으로 발생하지도 않는다. 그러므로 각각의 유아 돌연사는 수학적 의미에서 서로 독립적인 사건이 아니다. 그러나 클라크 부부에게는 안타깝게도, 재판부와 배심원은 메도가 제시한 확률을 아무 의심 없이 받아들였다.

아이가 돌연사할 확률과 복권 당첨 확률의 차이

이 확률은 그냥 받아들여진 것이 아니라 의미마저도 잘못 이해되었다. 7,300만분의 1이라는 수치의 두 번째 문제는, 설령 이 값이 맞다 해도 그 의미가 정확히 이해되지 않는다는 점이었다. 대중과 배심원단은 이 값을 샐리가 무죄일 확률이라고 받아들였다. 사람들의 생각은 이런 식이었다. "샐리 클라크에게 어떤 사건이 일어났고, 그런 사건이 일어날 확률은 7,300만분의 1이야. 그러니 그런 일이 저절로 일어났다고는 보지 않는 편이 합리적이야. 결국 샐리 클라크가 저지른 일임이 분명해."

얼핏 자연스러워 보이지만 이 논리도 (3장에도 다른 예가 나온다) 잘못된 것이다. 어떤 오류인지는 다음처럼 생각해 보면 분명해진다. "복권이 100만장 팔렸고 X가 당첨되었다. 복권이 당첨될 확률은 100만분의 1 밖에 되지 않는데, 이렇게 낮은 확률의 사건이 자연히 발생했다고 생각하기는 어렵다. 그러니 X가 뭔가 속임수를 저지른 것이다." 누구나 알고 있듯, 복권 당첨은 이런 식으로 이루어지지 않는다. 누군가는 항상 당첨이 되고, 당첨자가 타인을 속인 것도 아니다.

핵심은, 드물기는 해도 한 집에서 유아 돌연사가 두 번 연달아 발생하는 것이 실제로 일어나는 일이며, X가 복권 당첨의 행운과 마주하듯 어떤 가정은 이런 불행과 맞닥뜨린다는 데 있다. 어떤 사건이 일어나고 난 뒤에 그런 사건이 일어났을 확률을 계산하고서는, 그런 일은 너무 확률이 낮아서 일어나기 힘들다고 이야기할 수는 없는 노릇이다. 복권 당첨은 누구나 당연하게 받아들이지 않는가.

샐리의 두 아이가 순전히 우연에 의해서 죽었을 가능성과 살해되었을 가능성 이외에도 고려해야 할, 아마도 이 중 가장 그럴듯한 가능성이 한 가지 더 있다. 바로 의사들도 파악하지 못한 의학적 원인으로 아이들이 사망했을 가능성이다. 그러나 아무도 배심원단에게 이런 이야기를 해주지 않았다. 배심원단은 '7,300만분의 1의 확률을 가진 사건이 일어났을 가능성'과 '아이들이 살해당했을 가능성' 중에서 선택해야만 했다. 딱히 망설일 이유가 있었을까?

1999년 11월 9일 배심원단은 10대 2로 샐리 클라크에게 살인 유죄 판결을 내렸고, 샐리는 종신형을 선고받았다. 언론은 하루 종일 그녀를 비난하는 기사를 내보냈다. 스타이얼 교도소에 도착했을 때 샐리는 다른 수감자들이 창살을 기어올라 그녀를 노려보며 "살인자가 납신다!", "죽어라, 나쁜 X, 죽어라!"라고 외치는 소리를 들을 수 있었다.

'7,300만분의 1' 덕택에 샐리 클라크는 순식간에 영국 전역에서 최고의 증오의 대상이 되어 버렸다. 거의 1년이 지난 후인 2000년 10월 2일에 열린 항소심에서도 이 결정이 유지되었다. 법원은 "확률은 중요하지 않으며, 배심원단이 호도되었을 가능성은 없다"며 배심원단을 움직였던 확률의 영향을 인정하지 않았다.

샐리는 마지막 수단으로 상원에 재심을 요청하는 청원을 했지만 이 또한 거부되었다. 이제 그녀는 혐의를 인정하고 반성하는 모습을 보여야만 그나마 가능했던 감형의 희망도 없이 평생을 감옥에서 지내야 하는 처지가 됐다. 하지만 샐리는 결백했다. 자유를 얻기 위해서, 심지어 그녀의 삶을 건지기 위해서라도 자신이 두 아들을 죽였다고 말하지 않았다.

그 후 수개월간 그녀에게 유일한 즐거움이라곤 가정 법원이 스티브 클라크에게 남은 아이를 돌볼 수 있도록 허락한 덕분에 샐리가 매주 아이를 만날 수 있고, 한 달에 한 번은 하루 종일 같이 지낼 수 있게 되었다는 점이었다. 스티브는 그들이 살던 집을 처분하고 샐리가 수감된 교도소 근처로 이사를 왔다. 그리고는 샐리가 석방될 수 있도록 노력하면서 아빠 혼자 집에서 아이를 키우는 주부主夫의 삶을 시작했다. 스티브의 경력과 가정은 산산조각났고, 남은 것이라곤 어린 아들뿐이었다.

나와 아들은 한 팀이 되었다. 아이는 나의 어린 동료이고, 우리 부자는 강력한 사랑으로 연결되어 있다. 나는 누구보다도 아이와 가까운 아빠이지만, 그게 왜 이런 모습이어야만 할까? 아이와 나는 함께 앞에 놓인 진흙탕을 헤쳐 나가는 중이다. 어떤 날은 내가 아이의 방문 앞에서 밤새도록 앉아 있기도 한다. 혹시라도 아이가 나를 찾을까 봐 (…) 그리고 (아이가 어린이집에 가는) 첫날 아침이 밝았다. 너무 괴롭다. 아이를 낯선 사람들에게 맡겨야 한다는 사실을 받아들이기가 힘들다. 하지만 나는 아이의 손을 잡고 걸었고, 아이는 가끔씩 내 손을 꼭 쥐곤 했다. 갑자기, 순식간에 우린 어린이집 앞에 도착해 있었다. 아이에게 우는 모습을 보이고 싶지 않았다. 하지만 마음대로 되지 않았다. 아이에게 뽀뽀를 하고 어린이집의 친절한 선생님에게 아이를 넘겨주고 나니 눈물이 흘렀다. 집으로 돌아오는 길 내내 울었다. 너무도 생소한 공허함이 밀려왔다. 내가 무슨 짓을 한 걸까? 혹여 아이에게 나쁜 일이 생기지나 않을까 하는 생각에 짓눌러 황량한 길가에 멍하니 앉아 있었다.

마침내 아이가 사망한 원인이 밝혀지다

다행히 스티브는 포기하지 않았다. 그는 샐리의 재판이 시작될 때부터 함께했던 변호사를 비롯해 많은 사람들의 도움을 받아 다방면으로 노력했다. 유럽 인권 위원회에 청원을 보내고 형사 사건 재심 청구도 했다. 홍보 전문가의 조력을 받아 진실을 알리기 위해 노력했으며, 최후의 수단으로는 크리스토퍼와 해리가 사망했던 병원이 공개하지 않았던 자료인, 병원이 아이들에게 했던 처치의 내용을 살펴보고자 했다.

초기에 스티브는 병원 기록을 중시하지 않았다. 의료진이 당연히 최선을 다했으리라는 믿음이 있었던 것이다. 새로운 직장을 얻어 힘들게 생활을 꾸려가고 있었기 때문에 달리 신경 쓸 일이 많기도 했다. 그러나 사건이 점점 대중의 관심을 받게 되면서 아이들의 사망 원인을 찾는 데 많은 사람들이 자발적으로 도움을 주기 시작했다. 이 중 한 명은 변호사로, 스티브에게 아이들의 병원 기록이 필요할 것임을 확신하고 병원으로부터 의료 기록을 확보할 수 있도록 애써 주었다. 우선적으로 확보하려던 것은 해리에게 부착되어 있을 당시 종종 경보를 울렸던 무호흡 경보 장치였다. 어쩌면 장치에 문제가 있었던 것이 아니라 실제로 아이에게 문제가 있어서 경고음이 울렸음에도 불구하고 아이의 상태를 확인하던 담당자들이 무언가를 놓쳤을 가능성이 있었다.

몇 달간의 고된 노력 끝에 병원이 내주기를 꺼리던 해당 장치를 확보하여 장치를 살펴보자 놀랍고 충격적인 사실이 밝혀졌다. 기록을 열람할 수 있었던 의사들이 예외 없이 무언가를 간과했던 것이다. 병원 측이 문서를 일부러 숨기려던 것도 아니었다. 사실 이 기록은 재판에 제공되지도 않았다.

해리의 몸 여덟 곳 이상에서 치명적인 황색 포도상구균黃色葡萄狀球菌이 발견되었고, 일부에는 신체가 질병에 맞서 싸울 때 만들어지는 다형핵백혈구polymorph가 존재하고 있었다. 이는 아이가 사망할 당시 수막염을 일으킬 수도 있는 박테리아에 심하게 감염되어 있었음을 알려 준다. 이 기록이 공개되자 10여 명의 독립적인 의료 전문가들이 해리가 심각한 감염에 의해서 사망했을 것이라는 내용을 담은 보고서를 제출했다. 해리의 사망은 절대로 원인 불명의 돌연사가 아니었던 것이다.

비슷한 시기인 2001년 10월 23일, 메도가 주장했던 수학적 가정도 다시 검토대에 올랐다. 영국 통계 학회는 대법원장에게 메도의 오류를 지적하고 그 심각성을 강하게 비판하는 공개서한을 보냈다.

그의 접근 방식은 통계학적으로 완전히 잘못된 것입니다. 그의 주장이 타당하려면 각각의 유아 돌연사 증후군이 개별 가정에서 독립적으로 일어나야 하는데, 이는 경험적으로나 논리적으로 타당하지 않습니다. 이 사건에서는 이런 경험적 타당성이 존재하지 않을뿐더러, 그의 가정이 성립하지 않을 매우 강력한 조건 또한 존재합니다. 유아 돌연사 증후군이 발생하는 데 영향을 미치지만 아직 알려지지 않은 유전적, 환경적 요인이 존재할 가능성이 높기 때문에, 한 번 유아 돌연사 증후군이 발생한 가정에서는 같은 사건이 다시 발생할 가능성이 매우 높습니다.

이런 내용은 모두 형사 범죄 재심 위원회에 제출되었고, 2003년 1월 29일 샐리의 판결은 번복되었다. 드디어 석방된 것이다. 하지만 그녀는 이미 3년 이상을 복역한 상태였고, 가족과 함께하게 된 기쁨에도 불구하고 정상적인 생활로 돌아오는 데 극심한 어려움을 겪었다. 자신의 일에만 몰두해 아이들을 죽였다는 혐의로 기소되었던 샐리는 다시 일을 하지 못했다. 정돈을 잘 하지 못하고 주변을 힘들게 하는 성격이어서 아이들을 죽인 것이라는 소리까지 들었던 그녀는 친구들이 자신보고 깔끔하다고 말할 때면 한없이 움츠러들었다. 그녀가 스스로의 삶에 대해 자부심을 가졌던 것들 모두가 영국 전역에서 공포의 상징이 되어 있었다. 게다가 교도소에서 오래 지내면서 스스로 결정하고 판단을 내릴 능력을 완전히 상실한 상태였다.

샐리는 '재난 경험 후의 지속적 인격변조Enduring personality change after catastrophic experience'라는 정신 질환에 걸리고 말았다. 절망적인 상태가 된 샐리는 크리스토퍼가 죽은 이후 잠시 그랬던 것처럼 다시 술에 의존하기 시작한다. 석방 후 불과 4년 뒤인 2007년 3월 16일, 샐리는 42세의 나이에 극도의 알코올중독으로 사망하고 말았다.

모성을 고발한 로이 메도의 추락

대리 뮌하우젠 증후군과 아동 학대, 부모의 잔혹성과 관련된 분야의 전문가인 로이 메도의 증언은 10여 명의 엄마들을 감옥으로 보냈다. 샐리의 판결이 뒤집어진 후, 다른 사건들도 재심이 시작되었고 모두가 무죄로 석방되었다. 앤절라 캐닝스Angela Cannings도 그중 한 명이다.

앤절라의 경우에는 무려 세 명의 아이들이 알 수 없는 이유로 갑자기 죽었고, 셋째 아이가 사망한 날은 샐리의 첫 판결 다음 날이었다. 앤절라의 가계에는 영유아가 사망한 가족력이 있었고, 이는 아이들의 사망에 유전적인 원인이 있을 수 있다는 의미였음에도 앤절라는 셋째 아이가 죽은 후 살인 혐의로 기소된다. 로이 메도는 검찰 측의 유력한 증인이었다. 앤절라는 자신의 책《확률을 넘어서Against All Odds》에서 그녀를 비극의 주인공으로 몰고 간 메도의 증언 스타일을 적나라하게 묘사하고 있다.

> 어느 날 늦게 있었던 몸서리쳐지는 언쟁이 기억난다. 내 변호를 맡은 맨스필드 변호사가 전반적인 상황 — 나, 우리 가족, (죽은) 제이슨과 매슈에게 상처가 없는 점, 유아 돌연사의 특징 등 — 을 설명하며 우리 아이들이 자연적이지만 아직 밝혀지지 않은 원인으로 사망했을 수 있다고 이야기하고 있었다.
>
> "가족이 정상이기 때문에 아동 학대가 일어나지 않는다는 맨스필드 변호사의 논리에는 문제가 있다고 생각합니다"라고 메도 교수가 대꾸했다. "아동 학대와 질식사가 특정 가정에서 더 흔하다는 것은 엄연한 사실입니다만, 그럼에도 불구하고 대부분의 학대나 질식사는 일상적인 상황에서는 멀쩡하고 아이들도 잘 돌보는 것처럼 보이는 집에서 일어나며, 아이를 질식사시키는 엄마들은 만나보면 대부분 정상입니다. 두 번째는 유아 돌연사 증후군의 특징과 관련된 문제입니다. 유아 돌연사 증후군

으로 사망했다는 것은 아이의 사망 원인을 알 수 없다는 의미입니다. 이는 고의적 질식 같은 인위적 원인뿐만 아니라 자연적 원인 또한 발견되지 않았음을 의미하므로, 유아 돌연사 증후군으로 사망한 아이들 중에는 질식사한 아이가 일부 있게 마련입니다."

나는 덫에 걸렸다. 만약 내가 정상적이라고 판명되면 나는 아동 학대범이 된다. 만약 아이들이 돌연사로 사망한 것이라면 내가 아이들을 질식사시켰다고 받아들여질 수 있다. 내가 범행을 저질렀다는 증거는 전혀 없었지만 메도 교수는 내가 빠져나갈 수 없는 교묘한 술책을 만들어 낸 것이다.

샐리와 마찬가지로 앤절라도 종신형을 선고받았다. 그녀는 즉시 항소했다. 그 사이 유아 돌연사 증후군으로 세 아이를 잃은 또 다른 엄마인 트루프티 파텔Trupti Patel의 재판에 관한 소식이 들려왔다. 트루프티의 재판은 샐리가 석방되고 나서 6개월 후에 시작되었다. 메도는 이번에도 검찰 측의 증인으로 나와서 그녀가 살인범인 이유를 네 가지 이상 제시했다. 그러나 트루프티에겐 다행히도, 당시는 샐리의 재판 결과가 번복되며 언론과 대중에게서 메도에 대한 신랄한 비판이 이어지던 시기여서 유아 돌연사 사건에 아이들의 사망 원인이 될 만한 다른 요인들 — 특히 유전적인 것들 — 을 살펴보기 시작했고 배심원단은 무죄를 선고한다. 이를 계기로 잉글랜드와 웨일스의 법무차관은 로이 메도가 더 이상 검찰 측 증인이 될 수 없도록 조처했다. 앤절라 캐닝스의 유죄 판결은 불과 한 달 뒤에 번복되었고, 그녀가 석방된 후 다른 사건으로 구금되어 있던 엄마들의 사건도 재검토되었다. 그러나 샐리의 경우에서 보듯, 앤절라가 무너진 가정과 삶을 되살리기에는 너무 늦었다. 우울증에 걸린 남편과 정신 장애를 겪는 하나 남은 딸을 보살피며 몇 달 동안 애쓰던 앤절라는 결국 새로운 삶을 찾아 집을 떠나고 만다.

2005년 7월, 영국 의료 위원회General Medical Council, GMC는 로이 메도가 샐리 클라크 재판에서 통계학을 활용하는 과정에서 심각한 오류를 범했다는 사실을 발견하고 그를 의료계에서 추방한다. 이 결정은 추후 뒤집어졌고 메도는 다시 자격을 회복했지만, 이때 그는 이미 은퇴한 뒤였다.

메도는 절대로 자신의 실수를 인정하지 않았고, 단지 자신이 타인을 조금 이해하지 못했을 뿐이라고 주장했다. 하지만 의료 위원회는 그의 행동이 "근본적으로 용납할 수 없는 것"이라고 못 박았다. 위원회는 로이 메도 경이 저명한 소아과 의사이긴 하지만, "자신의 전문 분야가 아닌 곳에 발을 들여놓지 말아야 한다"고 지적했다. 그의 계산법은 한 가정에서 일어난 유아 돌연사가 서로 독립적일 때만 타당한데 의학적으로는 그렇게 볼 근거가 전혀 없기 때문이다. 즉 그의 가정은 처음부터 잘못되었다.

메도는 주장을 굽히지 않았다. 다만 확률을 설명할 때 그랜드 내셔널 경마를 예로 든 것은 후회했다. 그가 명백하게 잘못을 인정한 것은 이뿐이었다. 자신으로 인해 몇 년을 감옥에 갇혔던 무고한 여러 엄마들, 무너져 버린 가정들에는 결코 단 한 마디의 사과도 하지 않았다.

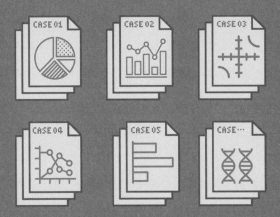

1964년 로스앤젤레스에서 한 여성이 강도를 만나 지갑을 빼앗겼다. 피해자와 목격자는 범인의 얼굴을 기억하지 못했지만 지갑을 빼앗은 범인이 짙은 금발을 지닌 백인 여성이며 그녀를 차에 태워 함께 도망친 공범이 수염을 기른 흑인 남성이라고 진술했다. 이에 형사는 인근에 사는 금발의 백인 여성과 흑인 남성 부부를 용의자로 지목했다. 이들을 기소한 검사는 '수염을 기른 흑인', '콧수염을 기른 남성', '금발의 백인 여성' 등 각각 조건을 모두 만족시킬 확률이 매우 희박하다는 점을 들어 두 사람이 유죄라고 주장했는데, 과연 검사의 주장이 옳을까?

범인과 인상착의가
같을 확률 때문에
체포된 부부

CASE 07
콜린스 부부 사건

논리적이지 못한
확률의 추정

우리가 매일 맞닥뜨리는 정보에는 엄청난 양의 숫자가 포함되어 있다. 이런 수치들은 유용하고 정확한 정보를 전달하려는 목적을 갖고 있지만, 한편으로는 상상 이상으로 사람들을 호도한다. 우리가 일상적으로 접하는 수치 정보 중에는 의도적이건 실수이건, 아니면 단순한 부주의나 오자에 의한 것이건 간에 놀라울 정도로 높은 비율로 틀린 값들이 포함되어 있다. 더 심각한 문제는 숫자가 포함되어 있으면 그 값이 잘못되었든 아니든 간에 정확하고 객관적인 정보라고 간주되어 오류가 있는 수치조차도 잘못된 주장의 과학적 근거인 양 쓰인다는 점이다.

2010년 2월 영국 노동당 정부가 발표한 보고서 중에는 잉글랜드에서 가장 가난한 지역 열 곳에서 18세가 되기 전에 임신을 한 여성의 비율이 54퍼센트나 된다는 내용을 담고 있는 것도 있었다. 이 비율이 상식적으로 납득이 되지 않는다는 비난이 일자, 노동당 정부는 실제로 정확한 값은 5.4퍼센트라고 인정했다. 이 실수는 정부에서 공개적으로 다음과 같은 발언만 하지 않았어도 크게 문제가 되지 않을 수 있었다. "계산 과정에서 착오로 소수점이 빠졌습니다. 그러나 이와 관계없이 우리 노동당 정부가 영국에서 지속적으로 빈곤을 감소시켰다는 보고서의 전반적인 결론에는 아무런 영향을 미치지 않습니다."

수치로 된 정보를 제공하긴 하지만 그게 맞건 틀리건 대수롭지 않다는 태도는 큰 문제다. 수치가 중요하지 않다면 무엇 때문에 굳이 수치로 된 정보를 제공한단 말인가?

이는 중요한 문제다. 이번에 살펴볼 사례에서는 수학적 오류 6에서 본 것처럼 잘못된 곱셈을 했을 뿐만 아니라, 의욕에 찬 검사가 배심원에게 잘못된 값을 제공하기까지 했다. 이 오류가 드러나자 유죄 판결이 뒤집어졌지만, 그때는 이미 피고가 형기를 모두 마친 후였다.

주아니타 브룩스Juanita Brooks는 지팡이를 놓치고 길에 쓰러졌다. 장바구니에 들어 있던 물건들이 여기저기로 쏟아졌다. 고통과 당황스러움을 느끼는 와중에 그녀는 누군가가 뒤에서 자신을 세게 밀었다는 사실을 깨달았고, 범인을 확인하려고 주변을 살펴봤다. 멀리서 골목을 지나 모퉁이를 돌아 뛰어가는 금발의 젊은 여자가 눈에 띄었다. 그녀의 손에는 자신의 지갑이 들려 있었다.

그 골목 끝에 살고 있던 존 배스는 주아니타가 비명을 지를 때 마당에서 잔디에 물을 주고 있었다. 그가 고개를 들었을 때 금발을 하나로 묶은 젊은 여자가 주아니타 뒤로 달려가 기다리고 있던 밝은 노란색 차에 급히 올라타는 모습이 보였다. 자동차는 요란한 소리를 내며 출발했고, 주차되어 있던 다른 차 사이를 빠른 속도로 이리저리 피하면서 배스의 6피트 앞(약 2m)을 지나쳐 갔다. 덕분에 그는 흑인이 운전하고 있는 모습을 똑똑히 볼 수 있었다.

이 사건이 일어난 때는 1964년이다. 흑인과 백인이 사귀는 일 자체가 매우 드문 시대였기에 공공장소뿐만 아니라 거리 어디에서든 이런 사람들은 눈에 잘 띄었다. 사람들은 눈살을 찌푸리며 그들을 무시했다.

로스앤젤레스 경찰청의 킨제이Kinsey 형사가 사건을 맡았다. 그는 두 명의 목격자로부터 얻을 수 있는 모든 정보를 확보했다. 주아니타가 본 여자의 체격은 큰 편 — 몸무게가 145파운드(65킬로그램) 정도일 것으로 봤다 — 이었고 머리색은 "짙은 금발과 밝은 금발 사이"였다. 또한 주아니타는 그 여자의 옷이 "짙은 색"이라고 했다. 배스도 자신이 본 여자가 짙은 색 옷을 입었다고 했으며 키는 대략 5피트(150센티미터) 정도이지만 체격은 "보통"이고 짙은 금발을 하나로 묶고 있었다고 이야기했는데, 주아니타는 용의자의 머리 모양은 기억하지 못했다. 또한 그는 운전자에게 턱수염과 콧수염이 있다고 했다.

경찰은 지갑 강도를 특정할 만한 단서를 찾을 수 없었다. 그런데 주아니타 브룩스의 아들이 엄마에게 일어난 사건에 분노를 터뜨렸다. 어머니가 강도에게 공격을 당한 데다가 넘어지면서 어깨가 빠지는 부상까지 당했기 때문이다. 그는 범인을 직접 찾으려 마음먹고는 주변의 주유소를 하나씩 찾아다니며 이 커플의 인상착의를 설명했다. 한 곳의 직원이 노란 링컨 차를 타는 흑백 커플이 정기적으로 주유를 하러 온다는 이야기를 해주었다. 브룩스는 이 정보를 곧바로 경찰에 알려 주었다. 사건이 일어나고 나흘 뒤, 킨제이 형사는 맬컴Malcolm과 재닛 콜린스Janet Collins가 사는 집을 찾아간다.

킨제이 형사가 주아니타의 아들이 알려 준 정보에 따라 움직이기 시작할 때만 해도 — 콜린스 부부는 단지 인상착의가 목격자들의 진술과 일치했기 때문에 용의자 선상에 올랐다 — 자신이 나중에 법적으로 아주 심각한 문제에 봉착하게 될 행동을 하고 있다고는 상상도 할 수 없었다. 그때만 해도 그는 손쉽게 범인을 잡을 수 있게 되었다고만 생각했다. 어쩌면 자백을 받을 가능성도 있었다.

킨제이는 콜린스의 집 앞에 도착하자마자 길가에 주차되어 있는 노란 링컨 자동차를 발견했고, 문을 열어 주는 재닛이 머리를 하나로 묶은 것을 보고는 확신이 섰다. 재닛의 머리는 밝은 색에 가깝긴 했어도 금발이었으며, 맬컴에게 수염은 없었지만 그래도 주아니타와 배스가 묘사한 용의자의 인상착의와 비슷했으므로 킨제이는 이들 부부에게 경찰서로 동행해 달라고 할 만한 충분한 근거가 있다고 생각했다. 이들은 경찰서에서 용의자로서 사진을 찍었고, 강도 사건이 일어난 시간의 행적에 대해서 심문을 받았다. 재닛은, 남편은 실업자이지만 자신은 샌피드로San Pedro에서 가정부로 일하고 있으며 그날 아침도 8시 반부터 일했고, 남편이 오후 1시에 자신을 데리러 왔다고 이야기했다. 둘의 진술에 따르면 그 후 함께 로스앤젤레스에 있는 친구의 집에서 오후 내내 머물렀다고 한다. 킨제이 형사는 추가로 조사를 진행하기로 하고 경찰차로 이들을 집에 데려다 주었다.

다음 단계는 맬컴과 재닛의 사진을 목격자들에게 보여 주는 것이었다. 그러나 결과는 실망스러웠다. 주아니타는 재닛을 전혀 알아보지 못했고, 배스는 자신이 본 도망가는 여자와 사진 속의 여자는 "머리를 하나로 묶은 것만 동일해 보인다"고 이야기했다. 그러나 킨제이는 단념하지 않았다. 맬컴에게 어딘지 수상한 구석이 있다고 확신했고, 이를 입증하려는 계획을 세웠다.

무능한 형사의 의심이 엉뚱한 사람을 지목하다

며칠 뒤 킨제이 형사는 맬컴과 재닛이 사는 동네를 돌아다니던 중 이들 부부가 노란색 링컨을 몰고 귀가하는 것을 보았다. 그는 이들의 집 언저리에 차를 세우고 부부를 감시하면서 지원을 요청했다. 곧바로 경찰차가 큰 소리를 내며 집 앞에 도착했고, 제복을 입은 경찰 여러 명이 차에서 내린 뒤 요란하게 현관 벨을 울렸다.

이런 방식은 킨제이가 원하는 효과를 바로 보여 주었다. 콜린스 부부의 집 뒤쪽에서 대기하고 있던 킨제이는 뒷문으로 나간 맬컴이 뒷마당을 가로질러 옆집으로 들어가는 모습을 목격했다. 재닛이 문을 열자 경찰은 곧바로 집 안으로 들어가 그녀를 체포해서 밖으로 끌고 나와 경찰차에 엎드리게 했다. 그리고는 옆집으로 가서 모든 방을 하나씩 수색해 옷장 속에 웅크리고 숨어 있던 맬컴을 찾아냈다. 경찰서로 압송된 부부는 이번에는 48시간이 넘는 시간동안 구금 상태에서 심문을 당했다. 그러나 이런 과격한 방법에도 불구하고 이번에도 자백이나 확실한 증거는 얻을 수 없었고, 맬컴과 재닛은 또 다시 풀려난다.

자백을 받아내려다 저지른 두 번째 (어설픈) 실수에 당황한 킨제이는 재닛이 일하는 집, 부부가 사건 당일 방문했던 친구, 그 외 여러 주변 이웃과 지인들을 탐문하며 증거를 모으는 지루한 작업을 다시 시작했다. 가능한 많은 정보를 — 부부의 알리바이, 재정 상황, 머리색과 스타일, 맬컴이 최근 수염을 길렀는지 여부 등 — 확보하고 2주 뒤, 그는 맬컴과 재닛을 세 번째로 체포했다.

수사 과정에서 얻은 정보들은 대체로 정확하지 못하고 혼란스러웠지만, 킨제이 형사는 두 가지 강력한 근거를 바탕으로 체포를 정당화했다. 첫째, 재닛은 남편이 자신을 오후 1시에 데리러 왔다고 주장했지만 집 주인의 증언에 따르면 실제로 그 시각은 오전 11시 30분 정도였다. 그런데 주아니타가 강도를 당했다고 이야기한 시각이 바로 11시 30분 언저리였기 때문에 처음엔 재닛을 범인으로 지목할 수가 없었던 것이다. 그러나 주아니타와 배스 모두 사건이 일어난 시각을 정확히 기억하지 못했고, 재닛이 일하는 곳과 사건 장소는 차로 불과 몇 분 정도의 거리에 불과했다.

둘째, 사건 다음 날 맬컴은 두 건의 교통법규 위반으로 35달러의 벌금을 물었다. 경찰은 그의 주머니에서 영수증을 찾아냈다. 벌금을 어떤 돈으로 냈느냐고 묻자 맬컴은 도박장에서 쓰던 돈이었다고 이야기했고, 재닛은 자신이 모아 둔 돈으로 낸 것이라고 말했다. 주아니타가 자신의 지갑에 들어 있던 돈이 35달러에서 40달러 사이였다고 말했기 때문에 더 골치가 아파졌다.

1964년 당시의 상황을 이해하기 위해 몇 가지 비교를 해보자. 그 해 미국 월세의 평균값은 115달러였고, 식빵 한 봉지는 0.2달러 정도였다. 재닛 콜린스는 파트타임 가정부로 일하면서 일주일에 12달러를 받았다. 아무리 1960년대라고 해도 50달러로 한 달을 살기는 힘들어 보이지만, 일부 품목은 오늘날에 비해서 엄청나게 저렴했다는 점을 염두에 두어야 한다. 재닛과 맬컴은 사건이 일어나기 2주일 전인 6월 2일에 결혼해 멕시코의 티후아나로 신혼여행을 다녀왔다. 신혼여행에 든 돈은 "주급인 12달러에도 못 미쳤다."

그러므로 재닛의 수입을 고려하면 저 정도의 벌금은 상당히 부담이 되는 수준이었다. 또한 훔친 지갑에 그 정도의 돈이 들어 있다는 사실은 거의 기적이나 다름없는 행운이었을 것이다. 남의 지갑을 훔칠 정도로 절박한 상황에 35달러나 되는 — 딱 벌금만큼의 — 돈이 있으리라고는 기대하지 못했을 터였다. 이 정도면 재닛의 한 달 수입에 버금가는 액수라는 점을 생각해야 한다. 평상시 이런 금액을 지니고 다니는 사람은 드물다. 돈의 액수가 맞아떨어지는 점은 선뜻 믿기 어려울 정도였다.

구금 상태에서 예심을 기다리고 있던 재닛은 점점 겁이 났고, 킨제이 형사와의 단독 면담을 요청했다. 재닛은 킨제이 형사에게, 남편에게 범죄 전과가 있어서 유죄 판결이 나면 오랫동안 수감될지 모른다고 걱정을 토로했다. 그녀는 이 점에 대해 지속적으로 우려를 표명했고 결국에는 킨제이 형사에게 만약 둘 중 한 명이 유죄 판결을 받는다면 남편이 아니라 자신 혼자여야 한다고 말하기에 이른다. 혼자 모든 걸 감수하기로 했던 것이다. 대화 내용은 모두 녹음되었으며 재판 과정에서 요약본이 재생되었는데, 그녀는 그 가능성에 대해서 묻고 또 묻고 있었다.

"만약 남편은 아무것도 몰랐고, 모두 내가 한 일이라고 한다면 남편은 석방되는 건가요?"

"나는 전과가 없으니 징역형을 선고받아도 형기가 길지 않겠지만 남편은 그렇지 않을 테니 남편이 풀려나기를 바랄 뿐입니다."

"내가 형을 산다면 최대 얼마나 살아야 하죠?"

"뭐가 되었든 자백을 한다면 재판까지 기다리지 않고 지금 이야기하는 편이 나은가요?"

대화 도중에 킨제이 형사가 맬컴을 불러들였다. 아마 대질 심문을 통해서 둘의 이야기가 모순되는 부분을 — 예를 들어 벌금을 내는 데 사용된 돈이 어디서 난 건지 — 찾아서 자백을 유도하려던 것이었을지도 모른다. 하지만 재닛과 마찬가지로 맬컴의 관심도 오로지 어떻게 하면 가능한 짧은 형을 받는가에 집중되어 있었다. 녹음에는 맬컴이 "그녀에게 맡기겠습니다"라고 말하는 부분이 담겨 있다. 또한 "제 입장에서는 좀 미묘한 문제입니다"라고 이야기하는 대목도 있다.

삼자 대화는 부부가 좀 더 생각해 보겠다는 말과 함께 끝났다. 킨제이 형사가 보기에 부부의 태도와 징역형에 대한 우려는 자신들이 범행을 저질렀다는 신호처럼 보였고, 재판에서도 "그들은 유죄 판결을 받을 것으로 생각하고 있는 것으로 보였으며, 그 상황에서 최선의 방법을 찾아내려고 했다"라고 증언했다.

하지만 과거에 경찰과 얽힌 쓰린 기억이 있는 맬컴 같은 사람의 경우, 경찰이 찾아 왔을 때 이웃집 옷장에 숨었다는 사실이 곧 그가 범행을 저질렀다는 증거가 되지는 않으므로, 경찰에서의 대화 내용은 상당히 다른 각도에서 바라볼 수도 있다. 또한 인종차별이 공공연하던 시대에 흑인 남자와 결혼한 19세의 백인 여성 재닛은 온갖 사회적 비난을 지속적으로 겪었을 수밖에 없다. 학력도 낮은 데다가 가난한 노동 계급이었던 그녀는 자신의 권리를 찾는 데 익숙지 않았을 것이다. 실제로 범행을 저질렀건 아니건 그녀는 재판에서 무죄 판결을 받을 가능성이 전혀 없다고 느

껐음이 분명하다. 전과 기록이 있는 흑인 남자와 결혼했다는 사실은 이들 부부가 소소한 범죄를 저질렀으리라는 인상을 주었고, 교도소행은 따 놓은 당상이나 다름없었다. 그런 상황에서 남편이 심각한 상황을 맞는 것보다 자신이 모든 부담을 지겠다는 재닛의 태도는 유죄의 방증이라기보다는 사랑의 표현에 가깝다고 볼 수도 있는 것이다.

목격자의 진술과 피의자 인상착의는 얼마나 일치했을까?

7일간에 걸쳐 진행된 부부의 공동 재판에서 드러났듯이, 검사의 기소 내용은 범인의 식별 가능성에 기반을 두고 있었다. 피고 측은 11시 30분에 일을 마친 사람이 같은 시각에 몇 블록 떨어진 곳에서 범행을 저지르는 것은 불가능하다고 강조했다. 검찰은 주아니타, 배스, 재닛의 고용주를 포함한 누구도 이들의 행적을 분 단위로 정확히 알지는 못한다고 응수했다. 앞서 이야기했듯, 바로 이 지점이 이들 부부가 범죄 현장까지 도달할 수 있었는가를 설명하는 쟁점이었다.

물론 맬컴과 재닛의 알리바이에 대한 문제도 있었다. 둘에게는 안타까운 일이었지만, 부부가 사건 당일 방문했다는 로스앤젤레스의 친구는 이들의 방문 사실은 기억했으나 정확한 시각은 물론 날짜조차 기억하지 못했다.

게다가 이 두 가지로는 사실상 아무것도 입증하지 못하기 때문에 증거 능력이 미약했다. 검찰은 맬컴과 재닛 콜린스가 배스의 증언에 딱 들어맞는 사람들이길 원했다. 이들에겐 노란색 차가 있고, 재닛은 짙은 금발을 하나로 묶어 올린 스타일이고 어두운 색 옷을 입었으며, 맬컴은 콧수염과 턱수염을 길렀다는 점이 바로 그것이었다.

이런 세세한 점들이 두 피고와 완벽히 일치한다면 두 사람은 어지간해선 빠져나가기 힘들 터였다. 하지만 목격자의 진술은 모호했고, 두 사람에게 딱 들어맞지도 않았다. 예를 들어 맬컴은 당시 수염을 기르지 않았다. 그런데도 배스는 첫 재판에서 맬컴이 자신이 본 차의 운전자였다고 말했다. 하지만 변호인은 재판 직전에 배스가 경찰의 용의자 사진 목록에서 맬컴을 지목하지 못했던 것을 지적함으로써 배스의 증언을 무효화하는 데 성공한다.

사건 당일인 6월 18일에 수염을 기르고 있었냐는 질문에 대해, 맬컴은 자신이 가끔 수염을 기르긴 하지만 최근에는 기른 적이 없고, 6월 2일 재닛과 결혼식을 올리기 몇 주 전에 수염을 모두 깎았다고 대답했다. 변호인은 맬컴의 지인들에게서 이를 확인해 주는 증언을 확보했다. 하지만 6월 19일에 맬컴에게 벌금을 부과했던 법원 직원은 당시 맬컴이 수염을 기르고 있었다고 증언했다. 결국 아무것도 분명하게 확인할 수 없는 셈이었다.

재닛의 옷과 머리도 문제였다. 확보된 증거에 따르면 재닛은 사건 당일 짙은 색이 아니라 밝은 색 옷을 입고 있었다. 게다가 주아니타와 배스모두 재닛이 자신들이 본 여자인지 확신하지 못했으며 그녀의 머리색이 사건 당일 목격했던 여자에 비해 밝다고 이야기했다. 재닛의 고용주는 그날 이후 재닛의 머리가 더 짙어졌다고 증언했다. 재닛이 6월 18일 이후 염색이나 탈색 등의 방법으로 머리색을 바꿨을 가능성에 대해서 상세한 검토가 있었지만 뚜렷한 결론은 내리지 못했다. 재닛은 자신의 머리에 특별히 손대지 않았다고 주장했다.

맬컴과 재닛은 각자 진술에서 자신은 범죄에 연루되지 않았다고 이야기했다. 맬컴은 배심원들에게 자신이 부인을 태운 뒤, 그날 오후 시간을 함께 보낸 로스앤젤레스의 친구 집까지 어떻게 데리고 갔는지 설명했다. 재닛도 이 내용을 동일하게 증언했다. 그녀는 법정에서 킨제이 형사와의 별도 심문에 대해서 "범행을 인정하는 자백을 하도록 유도받았지만" 자신은 범행을 인정한 적도 없고, 그런 자백을 할 의사도 전혀 없었다고 말했다.

주아니타와 배스 외에는 목격자가 없었으므로 추가 증인도 없었다. 맬컴과 재닛의 혐의를 입증하기는 힘들어 보였다. 그런데 범인을 찾아내는 노력이 거의 실패로 돌아가려던 마지막 순간, 검사가 놀랍고도 새로운 접근을 시작한다.

의심 많은 검사가 확률을 끌어들이다

경력 2년의 30세의 젊은 검사 레이 시니타Ray Sinetar는 자신의 생각을 배심원에게 어떻게 납득시켜야 할지 고민하고 있었다. 목격자들의 진술과 일치하는 커플이 워낙 적었으므로, 그가 보기엔 인근에 사는 사람들 가운데 이 증언에 그럭저럭 들어맞는 콜린스 부부가 당연히 범인이어야만 했다. 이처럼 명백한 문제에 증거가 불충분하다는 결론은 도통 말이 되지 않았다. 시니타는 수학적 지식이 거의 없었지만, 이내 자신의 처남이자 수학자인 에드워드 소프를 떠올렸다. 소프는 뉴멕시코주 출신으로 블랙잭의 귀재였다. 앞으로도 보겠지만 그는 이로부터 두 달 후 조 스니드의 살인 재판(8장)에서도 증언대에 서게 된다. 시니타는 로스앤젤레스에 사는 이들을 대상으로 비슷한 특징을 지닌 커플이 존재할 확률을 계산하면 콜린스 부부가 범인임을 수학적으로 밝혀낼 수 있으리라고 생각했다. 노란 차를 지니고 있으며, 수염을 기른 흑인 남성과 금발을 하나로 묶은 백인 여성 커플이 존재할 확률 말이다.

증언 이틀째의 아침이 밝자마자 시니타는 롱비치에 있는 캘리포니아 주립대학교에 전화를 걸어 법정에서 증언을 해줄 수학자가 필요하다고 메시지를 남겼다. 이 메시지에 답을 한 사람은 그날 강의를 하러 학교에 왔다가 이론을 재판에 적용해 보는 데 흥미를 느낀, 확률을 전공한 26세의 대니얼 마르티네스Daniel Martinez였다.

그러나 그는 나중에 회상하기를, 재판이 진행됨에 따라 자신이 범상치 않은 사건에 휘말린 것이 아닌가 싶어 동요했다고 말했다.

법정에서 시니타는 배심원들을 향해서 수학적으로 증거를 보여 주겠다고 말했다. 그의 의도는 목격자들의 묘사와 일치하는 — 차를 탄 커플, 흑인 남성, 콧수염, 턱수염, 백인 여성, 금발, 하나로 묶은 머리, 노란 자동차 — 커플을 찾으려 하는 경우에 이에 딱 맞는 커플이 있을 가능성은 아주 작지만, 목격자들의 진술에 가까운 확률이 엄청나게 높은 커플은 존재한다는 점을 보여 주려는 의도였다.

시니타는 마르티네스를 증언대에 세우고, 6장에서 살펴본 것처럼 두 개의 독립적인 사건이 동시에 일어날 확률은 각각의 확률을 곱해서 구해 진다는 사실을 설명하도록 했다.

그 후 시니타는 이들 커플의 특징에 대한 각각의 확률을 다음과 같이 추정했다.

- 턱수염을 기른 흑인: 10분의 1
- 콧수염을 기른 남자: 4분의 1
- 금발의 백인 여성: 3분의 1
- 머리를 하나로 묶은 여성: 10분의 1
- 차를 탄 흑백 커플: 1,000분의 1
- 노란 자동차: 10분의 1

시니타가 마르티네스에게 각각의 확률에 대한 근거를 제시했는지, 아 니면 각각의 확률 자체의 타당성은 중요하지 않다고 말했는지는 분명하 지 않다.

사건이 일어난 지 40여년이 지나 이루어진 전화 인터뷰에서 시니타는 자신이 단지 수치만 제공했다고 주장했다. 그러나 주 대법원 상고심 재 판의 증언으로 녹음된 질의응답 내용을 들어 보면, 시니타는 실제로 다 음과 같은 이야기를 했다.

자, 여기 종이와 연필이 있으니 이제 각각의 독립적인 확률이 주어졌을 때 전체 확률을 구하도록 도움을 주시면 좋겠습니다. 전문적 지식에 의거해서 볼 때도, 제 생각에, 노란색 자동차가 다른 자동차와 구분되는 확률을 제시할 수는 없겠죠? (…) 어떤 차가 노란색일 확률을 제시할 수는 없는 거지요?

녹음된 마르티네스의 대답은 "네, 못합니다"였다.

마르티네스는 명백하게 모든 상황에서 주어진 숫자를 곱하도록 요구받고 있었다. 그 결과 다음의 과정을 통해 1,200만분의 1이라는 확률이 나왔다.

$$1/10 \times 1/4 \times 1/3 \times 1/10 \times 1/1,000 \times 1/10 = 1/12,000,000$$

계산이 끝나고 그는 증인석에서 내려가라고 지시받았고, 검사는 인상적인 연설을 통해 배심원들에게 이 값을 설명했다. 그는 이 1,200만분의 1이라는 값은 로스앤젤레스에 있는 어떤 커플이 위에서 주어진 모든 조건을 — 함께 차에 타고 있고, 금발을 하나로 묶는 등 — 충족할 확률이므로, 그런 커플을 찾는다면 그들이 바로 문제의 커플이라고 확신할 만한 충분한 근거가 된다고 이야기했다. 사실상 검사는 어안이 벙벙해진 배심원들에게 그 스스로 "형법에서 가장 진부하고, 전형적이고, 틀에 박히고, 잘못 이해되는 개념"이라고 말한 합리적 의심을 뛰어넘어 전통적인 증명의 개념을 대체하는, 그야말로 새로운 수학 이론을 제시하고 있는 것이나 마찬가지였다.

범죄의 증거를 제시하는 전통적인 방식이 아니라 오로지 이론과 숫자만을 이용해서 범인을 찾아내려는 시도에 일부 사람들이 불편해하고 있고, 어쩌면 이런 접근법이 사법적으로 문제가 될 수도 있다는 사실을 눈치 챈 그는, "아주 드물게는 (…) 무고한 사람이 유죄 판결을 받을 수도 있다"라고 인정했다. 그러나 이와 동시에 통상적으로는 무죄인 사람을 유죄로 인정하는 "새로운 수학"과 실제로 죄가 있는데도 무죄로 풀어줄 가능성이 있는 기존의 방식 중 한 가지를 선택해야 하며, 새로운 방식이 더 낫다고 주장했다. 그렇지 않다면 "직장을 구하는 대신 노인을 상대로 강도짓을 일삼는 콜린스 부부같은 사람들이 확실한 증거가 없다는 이유로 풀려날 것이고 세상은 견디기 힘든 곳이 될 것"이라고 그 이유를 설명했다. 시니타 검사는 자신이 제시한 수치가 매우 보수적으로 구해진 것이고 실제로는 더 작을 것이라고 강조하면서 "현실에서는, 이 피고들보다 더 범인일 가능성이 높은 사람은 10억 명 중 한 명이나 될까 말까하는 정도다"라고 발언을 마쳤다.

　　배심원단은 여덟 시간에 걸쳐 숙의했고, 그 결과 다섯 명이 유죄 판결을 내렸다. 이를 통해 범죄사적으로 그리 중요할 것 없는 이 사건은 판례사적으로 엄청난 의미를 지니게 된다. 그날 배심원들은 콜린스 부부가 유죄인지 무죄인지를 따진 것이 아니었다. 바로 법정에서 수학적 계산이 구체적인 증거를 대체할 수 있는가를 논의한 것이었다. 이 사건에서 콜린스 부부의 범행을 입증할 확실한 증거는 하나도 없었다. 외모에 관한 증거도 전혀 명백하지 않았다. 두 사람의 알리바이가 확실하지는 않았지만 그렇다고 거짓말이라고 볼 증거도 없었다. 이들 부부의 빈곤함, 밑바닥에 가까운 사회적 위치, 경찰을 보고 도망간 행동 등은 유죄를 입증하기엔 너무나 빈약했을뿐더러, 경찰이 오자 달아난 것조차 앞의 두 가지 이유 때문일 가능성이 높았다.

판사의 보조 직원이 검사의 오류를 밝혀내다

배심원단은 부부에게 2급 강도 혐의로 유죄를 선고하고 징역형을 내렸다. 각계에서 시니타 검사의 행동에 대한 반응이 잇따랐다. 언론은 "컴퓨터에 의한 정의", "확률로 부부에게 유죄를 선고하다" 같은 헤드라인을 단 기사를 내보냈다. 이 사건에 대한 대중의 관심이 높아져 갔고, 한 달도 안 되어 《타임》에 관련 기사가 실렸다. 1965년 1월 8일 판의 〈재판: 확률법〉이라는 기사에는 다음과 같은 내용이 실려 있다.

> 30세의 레이 시니타 검사가 정황 증거를 활용하는 완전히 새롭고 으스스한 방법인 통계적 확률을 제안하자 배심원단은 콜린스 부부에게 2급 강도 혐의로 유죄를 선고했다.
> 수학에 근거해서 유죄 판결을 받은 맬컴 콜린스는 1년형을, 재닛 콜린스는 "최소 1년 형"을 선고받았다.

재닛 콜린스는 항소하지 않고 상황이 흘러가는 대로 내버려 두었다. 그러나 태생적으로 좀 더 반항적이었던 맬컴은 사법 체계의 혁명적 변화의 낌새를 눈치 챈 어느 변호사의 설득에 힘입어 항소했다. 이 항소심에서도 패하자 다시 상소했고, 사건은 캘리포니아주 대법원으로 가게 되었다. 여기서 시니타는 한 판사의 보조 직원이었던 25세의 로렌스 트라이브Laurence Tribe라는 적수를 만난다.

트라이브는 로스쿨에 진학하기 전 하버드대학교에서 수학을 전공했을 만큼 수학에 뛰어난 학생이었다. 그는 시니타가 말도 안 되는 결론을 도출하는 데 활용한 수학적 방법에 담긴 모든 오류를 자신이 체계적으로 조목조목 지적할 수 있다고 적은 메모를 판사에게 전달했다. 작성자의 이름은 적혀 있지 않았지만 대법원 판사를 비롯해 어떤 수학자라도 이 메모를 보면 비범한 사람이 쓴 것이라는 사실을 쉽게 눈치 챌 수 있었을 것이다. 트라이브의 논리는 명확했고 내용엔 설득력이 있었다.

그가 우선 지적한 오류 두 가지는 이 장에서 살펴보고자 하는 '비논리적 추정' 문제와 우리가 앞 장에서 살펴보았던 '둘 이상의 사건이 서로 독립 관계인지'의 문제였다. 검사는 자동차가 노란색일 확률 같은 각각의 사건이 일어날 확률을 임의로 정했을뿐더러, 여성이 머리를 하나로 묶었을 '확률'처럼 언제든지 바꿀 수 있는 헤어스타일에 확률이라는 개념을 적용하기까지 했다. 또한 이 사건의 범인들이 부부라는 가정은 아무런 근거도 없었다. 노란 자동차를 탄 강도 남녀가 부부라는 사실을 증명할 방법은 없었다. 한마디로, 시니타가 했던 가정과 그가 제시한 숫자들은 통계학적인 근거에서 나온 것이 전혀 아니었고 (약간은 있었을 수도 있다. 시니타는 발표 자료를 만들기 전에 검찰청 비서에게 의견을 물어봤으니까) 구체적인 증거도 없었다. 물론 이런 식의 가정이 일상생활에서는 나름 의미를 가진다. 논리적으로 어떤 값을 추정하는 능력은 온갖 수치가 사용되는 사회 생활에서 개인에게는 상당히 효과적인 무기다. 그러나 법정에서는 모호한 추정이 설 자리가 없다. 개인의 자유가 여기에 얽매여서는 절대로 안 된다. 이런 문제점을 인식하고 있었던 시니타 검사는 배심원들에게 자신이 제시한 수치가 상당히 "보수적"이라고 선수를 쳤고, 《타임》에서도 지적했듯 심지어 배심원들에게 "어떤 값이든지 추정해서" 계산해 보라고까지 말했다.

대법원의 판결문에는 이렇게 적혀 있다.

> 검찰은 범행 현장에 나타날 수 있는 요소의 확률을 계산하면서 자동차 10대 중 1대가 노란색일 확률, 남자 넷 중 하나가 수염을 길렀을 확률, 여성 10명 중 1명이 머리를 하나로 묶었을 확률을 비롯해 그밖에 제시된 모든 확률에 대해, 그 값이 대체적으로 정확한 값이라거나 그런 값을 추정할 만한 아무런 근거도 제시하지 못했다.

검찰 측 주장의 두 번째 오류는 검찰 측 증인인 수학 전문가에게 각각의 요소(수학 용어로는 '사건' — 역주)가 독립적인지 확인도 하지 않은 채 확률을 곱해 달라고 요청한 것이었다. 이는 심각한 오류였다. 사실 이 사건들은 서로 독립적이지 않았기 때문이다. 턱수염을 기르면서 콧수염이 없는 사람이 매우 드물다는 사실을 생각해 보면, 어떤 남자가 턱수염과 콧수염을 모두 기른 남자일 확률을 계산할 때 그가 턱수염을 기른 남자일 확률과 콧수염을 기른 남자일 확률을 각각 곱해서는 안 된다.

앞선 재판 과정에서 이 문제가 드러나지 않았던 것은 아니다. 맬컴의 변호를 맡았던 렉스 드조지Rex deGeorge는 비록 확신을 가지고 주장하지는 않았지만 이미 이 문제를 지적한 바 있다. 하지만 "흑인 운전자와 노란 자동차 사이에는 관련이 있다. 흑인이 백인보다 노란색 자동차를 훨씬 더 많이 타기 때문이다"라거나, "흑인과 백인의 결혼과 금발 사이에는 관련이 있다. 금발이나 붉은 머리카락을 가진 사람은 모험심이 더 강하고 성정이 대담해서 흑인을 배우자로 선택할 가능성이 더 높다"거나, 심지어 "여성의 평상시 헤어스타일과 강도를 저지르려고 나설 때의 헤어스타일 사이에도 관련성이 있다"라는 주장을 진지하게 받아들일 사람이 얼마나 될까?

드조지 변호사의 주장은 받아들여지지 않았지만 논점에는 타당성이 있었고, 트라이브는 이를 더욱 파고들어 대법원에서 발표했다.

> 검찰 측 주장에는 여섯 가지 요소의 통계적인 독립성 증명이 잘못됐다는 또 하나의 명백한 결함이 있다. 심지어 증인 스스로가 확률의 '곱셈 법칙'을 적용하려면 이 조건이 반드시 독립적이어야 한다고 이야기했음에도, 언급된 특성들이 서로 독립적이라는 근거는 전혀 제시되지 않았다. 서로 연관성이 있는 특성(예를 들어 턱수염을 기른 흑인과 콧수염을 기른 남성의 범위는 상당 부분 중복된다)의 확률을 곱하면 설령 각각의 확률이 아주 정확하더라도 결과적으로는 엉뚱하거나 아주 과장된 값이 도출된다.

트라이브가 지적한 추가적인 오류 중에는 좀 더 전문적인 것도 있다.

예를 들어 만약 1,200만 쌍의 커플 중 한 커플이 그 강도 사건의 용의자와 비슷하다고 해도, 이를 실제 용의자를 찾을 확률과 혼동하면 안 된다. 이는 다른 종류의 계산일뿐더러, 훨씬 복잡한 문제이기도 하다. 앞에서 살펴본 것처럼 5장의 다이애나 실베스터의 사례에서도 비슷한 상황을 볼 수 있다.

수학, 특히 확률 이론을 잘못 적용해서 얻은 결과가 배심원단에게 지나치게 큰 영향을 미치는 바람에 잘못 내려졌던 판결은 뒤집어졌다. 맬컴은 무죄로 석방되었고, 이미 3년의 수감 생활을 마치고 나와 있던 부인과 함께할 수 있게 되었다.

이들 부부가 용의자로 지목되었던 사건은 그저 수많은 강도 사건 중의 하나로 묻힐 수도 있었다. 그러나 재판 과정에서 사용된 수학적 접근이 언론의 관심을 받기 시작하면서 이 사건은 재판의 역사에서 한 자리를 차지하게 되었다. 로렌스 트라이브는 미국 법조계에서 유명 인사가 되어 2000년 대통령 선거 이후 앨 고어와 조지 부시의 당락을 가르는 대법원 재판에서 앨 고어의 변호인을 맡았고, 여러 유명 인사들을 — 트라이브가 후일 각료로 참여한 버락 오바마 대통령을 포함해서 — 가르쳤는데, 아마도 그의 가장 중요한 업적은 1970년대에 법정에서 수학을 사용하지 말 것을 요구하는 여러 논문을 발표한 점일 것이다. 미국의 형법 체계에서 트라이브의 논문이 끼친 영향은 어마어마하다. 그 결과 법정에서 수학을 어떤 식으로 활용할지를 연구하던 관련 분야에서 수십 년 간 수학이 사용되지 않을 정도였다. 그러나 이제 과학이 더욱 발달하여 법정에서 DNA 분석이 흔히 사용되고 있으며, 이런 분야에서 수학을 사용하지 않을 수는 없다. 다시 법정에서 수학을 활발하게 활용할 필요가 시급한 새로운 시대가 시작되고 있는 것이다.

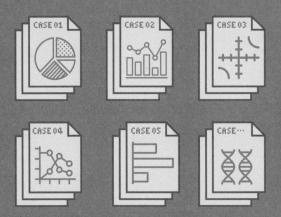

1964년 여름, 뉴멕시코주에서 살인 사건이 일어났다. 피살자들은 지역의 저명 인사인 중년 부부였는데, 최초 발견자는 그 부부의 하나뿐인 아들이었다. 경찰은 조사를 통해 '로버트 크로셋'이라는 이름을 지닌 미지의 인물이 두 부부를 살해했다는 사실을 밝히고, 살해당한 부부의 아들이 바로 그 가명을 사용한 남자라고 지목했다. 이때 검사가 아들의 유죄를 입증하기 위한 증거로 제시한 것이 바로 '전화번호부'였다. 검사는 왜 법정에서 전화번호부를 필요로 했을까?

부모를 살해한
아들이 수사망을
빠져나가려던 방법

CASE 08

조 스니드 사건

전화번호부에는 없는 이름이
실제로 존재할 확률

1,000쪽 분량의 원고를 교정하는 데 통상 20여 개의 오탈자를 찾아낸다고 해보자. 이미 50쪽을 주의 깊게 읽었는데 아직 한 개의 오탈자도 발견하지 못한 상황이라면 앞으로 어느 정도의 오탈자가 나올까? 지금까지는 하나도 못 찾았다. 나머지 부분에는 오탈자가 몇 개나 있을까?

지금까지 읽은 부분만으로도 전체적인 책의 완성도를 짐작할 수 있으므로 대략 50쪽에 하나 이하, 즉 1,000페이지 책 전체에 20개 이하의 오탈자가 있다고 볼 수 있을까? 그러니 책을 덮고 상사에게 가서 더 이상 볼 필요도 없다고 말해도 될까?

혹은 책의 나머지 부분에서 오탈자가 나올 이유를 수십 수백 가지라도 댈 수 있다. 어쩌면 오탈자들이 책 어딘가에서 무더기로 나올 수도 있지 않겠는가. 저자가 유달리 피곤하거나 집중력이 떨어진 날에 쓴 부분이 있을 수도 있고, 어떤 주제는 저자도 잘 모르면서 썼을 수도 있으며,

마지막 부분은 흔들거리는 기차에 앉아서 썼을지도 모를 일이다.

이렇게 생각한다면 책의 마지막 페이지를 확인하기까지 조금도 쉴 수 없을 것이다. 그렇지 않았다가는 책이 제대로 나올지 확신할 수 없을 것이기 때문이다.

어떤 태도가 최선일지는 작업의 종류에 따라 다르다. 오류가 균일하게 분포할 것으로 예상되는 경우라면 — 예를 들어 자동으로 생성되는 출력물처럼 — 첫 번째 방식의 접근이 타당하다. 반면에 오류가 균일하게 분포했다고 볼 이유가 없는 경우에는 난감한 상황이 될 수도 있다. 앞부분만 살펴본 결과를 가지고 전체의 오류가 얼마나 될지 추측하기는 힘들기 때문이다. 책 전체에 아무런 오류가 없다고 판단하기는 어렵고, 특히나 법정에서 이런 식으로 판단하는 것은 더욱 말이 안 된다.

이 장에서 소개하는 내용은 앞의 두 가지 수학적 오류가 결합된 경우다. 즉 근거가 충분치 않은데도 통계적인 추정을 하는 경우와 서로 독립이 아닌 관계에 있는 값을 곱하는 경우다. 특히 문제가 된 점은 위에서처럼 자료의 일부만 살펴보고 전체 오류가 0이라고 예상하는 것과 같은 논리에 근거했다는 데 있다.

한여름의 찌는 듯한 무더위가 기승을 부리던 1964년 8월 17일, 뉴멕시코에서 살인 사건이 일어났다. 사건이 일어난 곳은 1870년 대규모 은광이 발견되어 갑자기 거대한 천막촌이 되었던 실버시티Silver City였는데, 광산이 고갈되면서 유령 마을이 되고 만 인근의 다른 지역과 달리 이곳은 끈질기게 살아남았다. 어쩌면 사막 한복판에 외롭게 위치한 이 도시의 태생적 특성 덕분이었을지도 모른다. 이 마을은 목장을 중심으로 형성되어 보안관이 치안을 책임지는 형태로 꾸준히 발전했지만, 한편으론 부치 캐시디와 선댄스 키드 같은 서부의 전설적 범죄자들의 근거지인 동시에 그들의 지배를 받기도 했다.

중상류층 거주지인 실버하이츠Silver Heights에 서늘한 저녁 공기가 내렸을 무렵, 아늑한 주택의 주민인 폴린 힉스는 집 밖에서 나는, 어둠을 가르는 날카로운 소리를 들었다. 폴린은 의아한 기분으로 마당으로 나가 옆집까지 천천히 걸어 주위를 둘러보았다. 그러나 딱히 눈에 띄는 것이 없었으므로, 그녀는 그대로 집으로 돌아가 잠자리에 들었다. 후일 그녀는 "별 다른 생각이 들지 않았습니다"라고 증언했다.

다음날인 8월 18일 아침, 한 젊은이가 그녀의 집으로 달려와 충격과 공포에 찬 모습으로 문을 급히 두드렸다. "저 좀 도와주세요!" 그가 소리쳤다. "부모님이 살해당했어요. 총에 맞았어요!"

힉스 부인이 그를 마지막으로 본 지는 꽤 오래되었지만, 그녀는 이웃집 아들인 20세의 조 스니드Joe Sneed를 알아봤다. 그는 2년 전에 실버시티 고등학교를 졸업한 후 집을 떠나 캘리포니아에 살고 있었다.

둘은 곧바로 경찰을 불렀고, 도착한 경찰과 함께 조가 열어 둔 채 뛰어나온 뒷문을 통해 집으로 들어갔다. 눈앞에 보이는 광경은 놀라움 그 자체였다.

조의 어머니인 48세의 엘라 메이 스니드Ella Mae Sneed는 베개를 베고 침대에 쓰러져 사망한 상태였다. 그녀는 왼쪽 귀와 몸의 왼쪽, 등에 모두 세 발의 총을 맞았다. 자고 있는 동안 총에 맞은 것이 분명했다.

그녀의 남편인 50세의 조 앨비 스니드Joe Alvie Sneed는 침실과 욕실 사이의 좁은 통로에 잠옷을 입은 채로 쓰러져 있었고, 옆구리와 등에 두 발의 총상이 있었다. 그러나 조가 깨어 있다가 총에 맞았을 가능성은 — 강도 때문에 잠에서 깨었거나 강도와 싸우다가 — 거의 없어 보였다. 바닥에 남은 핏자국의 모양과 그가 입은 총상의 형태를 보면 그도 부인과 마찬가지로 자고 있다가 침대에서 총을 맞은 것이 분명해 보였다. 이 남자는 안타깝게도 사망하기 직전까지 욕실 문을 붙들고 있다가 바닥에 쓰러진 것이 틀림없었다.

문을 따고 들어온 흔적조차 찾을 수 없을 정도로 강도의 흔적은 전혀 보이지 않았다. 총알은 권총에 사용되는 22구경이었고 현장에서 권총은 발견되지 않았다.

경찰은 아들 조를 불러 달리 목격한 것이 있는지 물었고 심문 당시의 분위기는 나쁘지 않았다. 경찰 중 몇몇은 조의 친구였고 또 다른 이들은 수년 전 함께 신문 배달을 하면서 낯이 익은 사이였다. 그는 오랜만에 집으로 돌아오는 길이었다고 진술했다. 캘리포니아에서부터 자동차를 운전해서 왔으며 마지막 날은 라스크루시스Las Cruces에 있는 모텔에서 묵었고, 부모님 댁에는 아침 식사를 함께하려고 새벽에 도착했다고 말했다. 그는 이어서, 집에 들어와서 현장을 보고는 아무것도 손대지 않고 즉시 이웃집으로 뛰어가 도움을 요청했다고 설명했다.

거짓말 탐지기를 사용해도 괜찮겠냐고 묻자 조는 승낙했다. 탐지기를 이용한 심문은 엘패소El Paso에 있는 별도의 장소에서 진행되었으며 경찰은 조의 답변과 반응을 면밀하게 조사했지만 그의 태도는 전혀 흔들림이 없었고 답변은 완벽하게 일관적이었다. 검사 결과는 그가 진실을 말하고 있음을 보여 주고 있었다.

검사를 확실히 하기 위해 경찰은 피부에 남아 있는 성분을 통해 최근에 총을 쏜 적이 있는지 파악하는 기법인 파라핀 테스트도 진행했다. 그러나 조의 손에서는 아무것도 발견되지 않았다. 조는 풀려났고 인근 도시인 센트럴에 거주하는 조부모의 집에 묵었다. 다음 날 아침인 8월 19일, 검시 배심(검시 결과를 판결하는 배심원단으로 12명으로 구성됨 — 역주)은 확인되지 않은 범인에 의한 총상으로 인해 사망했다는 평결을 내렸다. 신문은 "거짓말 탐지기와 파라핀 테스트에서도 용의자의 혐의를 찾지 못했기 때문에, 침실에서 살해당한 실버시티 유명인 부부 살인 사건에 의혹이 증폭"되고 있다고 보도했다.

조 앨비 스니드 부부는 실버시티에서 유명 인사였다. 부부는 지역 일

간지인《실버시티 데일리 프레스Silver City Daily Press》의 판매를 맡고 있었다. 결혼한 두 딸은 따로 살고 있었고, 아들은 조뿐이었다. 지역 신문에 "평균적인 미국 청년"이라고 묘사되었듯, 그가 실버시티에 살던 시기에 폭력적 경향을 보였거나 큰 사건을 일으킬 만한 이유는 전혀 없었다. 하지만 살해당한 피해자를 처음 발견한 것이 그였으므로 경찰은 그를 용의선상에 놓지 않을 수 없었다. 그런데 사건이 일어나고 처음 며칠 동안은 경찰이 그를 그다지 진지하게 용의자로 생각하지 않았던 듯하다. 아마도 그가 살인범이 아니라고 생각했을 것이다.

하지만 이런 안이한 태도가 사법상의 심각한 실수 ― 연이은 실수 중 첫 번째 ― 로 이어졌다.

살해된 부부의 아들이 범인으로 지목되다

사건 다음 날, 실버시티 경찰의 리처드 잉그럼Richard Ingram 경사가 센트럴에 살고 있는 조의 조부모에게 전화를 걸어 추가로 심문할 내용이 있으니 조를 데리고 경찰서로 나와 달라고 요청했다. 조는 할아버지의 차를 직접 몰고 경찰서에 출두했다. 질문에 답을 하지 않아도 된다는 이야기를 듣자 그는 놀라면서, 자신은 모든 질문에 대답해서 경찰에 협력하려고 하며, 가능하다면 유용한 정보를 주고 싶을 뿐 아니라 범인이 누구인지 정말 알아내고 싶다고 말했다. 심문 도중에 그는 전날 경찰이 자신을 경찰서로 데려온 이후 자신의 차가 부모님 댁에 그대로 있기 때문에, 자신의 차를 돌려받고 싶다는 의사도 밝혔다. 조사팀을 이끌고 있던 잉그럼 경사는 스니드에게 자신이 차를 가져다주겠다고 이야기했다. 후일 그는 조가 기꺼이 자동차 열쇠를 넘겨주었다고 이야기했다.

경찰은 차를 가져다주기만 한 것이 아니었다. 그들은 그 기회를 틈타 차 내부를 수색했고 ─ 한 시간이면 발급이 가능했던 영장 없이 ─ 라스 크루시스에서 증거를 수집할 때 찾으려 애썼던, 의심스러운 무언가를 발견한다. 바로 다음 날인 8월 20일, 조 스니드는 부모 살해 혐의로 체포되었다. 예심에서 스니드와 그의 변호사 J. 웨인 우드버리Wayne Woodbury는 차 안에서 발견된 증거에 관한 문서가 불법적인 수색과 압수에 의한 결과물이라고 이의를 제기했다. 예심이 진행되는 동안 잉그럼 경사는 영장 없이 그런 행동을 한 근거가 무엇이냐는 질문을 받았다. 그는 조가 열쇠를 건네주었으므로 수색을 허락한 것이라고 주장했다.

> 잉그럼: 피고 조가 자기 차를 걱정하기에, 저는 가능한 빨리 차를 돌려주겠다고 이야기했습니다. (…) 차를 수색하고 싶었으므로 조에게 차 열쇠를 줄 수 있냐고 물었고, 차를 바로 시청으로 가져왔습니다.
>
> 질문: 그가 뭐라고 말했습니까?
>
> 잉그럼: 자동차 열쇠를 건네줬습니다.
>
> 질문: 당시 조는 체포된 상태였나요?
>
> 잉그럼: 아닙니다.
>
> 질문: 그때 어떤 목적으로 그에게 질문을 하려 했습니까?
>
> 잉그럼: 그의 여정과 관련된 질문을 하려고 했습니다.

질문: 조에게 이런 질문과 답을 구하려한 이유는 무엇입니까?

잉그럼: 단서를 찾고 싶었습니다.

질문: 그렇군요. 그러니까 조에게 혐의가 있는지 확인하고 싶었던 것이군요?

잉그럼: 아닙니다. 그저 사건 해결의 단서가 될 만한 것을 찾고 있던 겁니다. 저는 그를 심문하지 않았고 단지 몇 가지 질문을 했을 뿐입니다.

질문: 조금 명확히 할 필요가 있는 것 같습니다. 질문과 심문은 어떻게 다른 겁니까?

잉그럼: 그에게 어떤 혐의도 두고 있지 않았습니다.

질문: 그때 그는 체포된 상태가 아니었지요?

잉그럼: 그렇습니다.

질문: 용의자도 아니었나요? 그저 다른 사람들과 마찬가지 상태였나요?

잉그럼: 대부분의 사람들보다는 조금 더한 상태였다고 생각합니다.

질문: 대부분의 사람들보다는 조금 더요?

잉그럼: 예.

질문: 하지만 당신이 보기에는 조가 경찰에 협조를 해주었다는 거지요?

잉그럼: 예.

'불법 압수 수색'이란, 영장도 소유주의 동의도 없이 대상물의 압수와 수색이 이루어진 경우를 가리킨다. 잉그럼은 조 스니드가 차를 살펴보는 일에 구두로 동의했다고 이야기했다. 그러나 당시 스니드는 용의자가 아니었기에 만약 차를 수색해도 되겠느냐는 질문을 받았다면 상당히 당황했을 것이다. 그러므로 이 질문을 던졌다는 사실 자체가 어느 정도는 강압이 있었던 것처럼 들린다. 조는 그런 이야기를 들은 적이 없다고 했고, 영장 없이 불법적으로 차를 수색하는 등의 압수나 수색에 관해서 헌법에 보장된 자신의 권리를 어떤 형식으로도 포기한 적이 없다고 주장했다. 그는 재판에서, 자신의 친구들이기도 했던 경찰이 친절하게도 차를 직접 가져다주겠다고 한 제안은 자신을 기소하기 위해 증거를 만들어 내려는 의도였으며, 한마디로 자신을 속인 것이라고 주장했다.

피의자의 차에서 수상한 영수증이 발견되다

지나고 나서 보니 조가 경찰에게 자동차 열쇠를 넘겨준 것 자체가 놀라운 일이었다. 어쩌면 당시에는 경찰에게 차를 살펴보도록 해준다는 행위가 어떤 의미인지 몰랐을 수도 있다. 별로 중요하지 않아 보이는 종잇조각 두 장이 발견되었고 그는 자신의 차에 그런 것이 있다는 것조차 모르고 있었다. 실제로 경찰이 그 종이에 쓰여 있는 내용을 따라 추적하기 전까지는 그랬다.

종이 하나는 애리조나주 유마에 있는 홀리데이인이라는 호텔의 영수증이었는데, 발행일은 사건이 일어나기 닷새 전인 8월 12일이었다. 유마는 캘리포니아에서 뉴멕시코로 오는 도중에 위치하고 있기 때문에 이 자체로는 특이할 것이 없었다. 하지만 이 영수증은 조 스니드 앞으로 발행된 것이 아니었다. 영수증에는 "로버트 크로셋Robert Crosset"이라는 이름이 적혀 있었다. 다른 하나는 조 스니드의 부모가 살해된 8월 17일 낮부터 그가 머물렀다고 주장하는 라스크루시스에 있는 상점의 영수증이었다. 영수증에 적힌 날짜는 8월 17일이었는데, 구입 품목이 적혀 있지 않았으므로 경찰은 상점을 찾아가서 내용을 확인하고자 했다.

실버시티 경찰서장 조 바리오스Joe Barrios가 이 영수증에 대해서 묻자 스니드는 로버트 크로셋이란 이름을 쓴 적이 없다고 이야기했다. 이에 경찰은 더욱 의심하게 되었고, 결국 이 의심이 스니드의 체포로 이어졌다.

스니드의 국선 변호인인 J. 웨인 우드버리가 첫 번째로 한 일은 자신의 의뢰인이 뉴멕시코주 지방 법원에 두 가지 소송을 제기하도록 한 것이었다. 첫 번째 소송에서 스니드는 이 사건이 "뉴멕시코주 그랜트 카운티에서 관심의 초점이 되었으며,《데일리 프레스》에 실린 잘못된 기사가 조장한 오해로 인해 편견이 생겼고 (…) 이로 인해 공정하고 타당한 평결을 기대할 수 없다"는 이유를 들어 재판 장소를 바꿔 달라고 요청했다. 당시 실버시티에서는 모범적인 시민 두 명이 살해당한 이 사건에 온통 관심이 쏠려 있었다. 스니드의 두 누나가 모두 지역 신문인《데일리 프레스》에 근무했기 때문에 취재는 더욱 요란했다. 결국 재판 장소는 실버시티에서 도나애나 카운티의 라스크루시스로 옮겨졌다.

그의 사활이 걸린 두 번째 소송에서는, "어떤 형태로도 실버시티 경찰 당국에 자동차를 수색해도 좋다고 승인한 적이 없기 때문에" 차에서 발견된 두 영수증은 재판에서 배제되어야 한다고 주장했다. 증거를 제외시키려 한 이 주장은 불법적인 압수와 수색에 의한 수사 결과들이 배제되었던 과거 재판 사례를 다양하게 제시했다. 요청서는 입법 기관과 사법 기관의 법률 남용으로부터 시민을 보호해야 한다는 미국 연방 대법원의 저명한 판결문을 인용하며 끝맺는다.

> 만약 범죄자가 반드시 석방되어야 한다면, 이를 가능하게 하는 것은 오로지 법률뿐이다. 스스로 법을 지키는 데 실패하는 것 이상으로 정부를 와해시키는, 혹은 스스로의 존재를 무시하는 행위는 없다. 좋건 나쁘건 정부는 사례를 통해서 국민을 가르친다. (…) 만약 정부가 법을 위반하는 존재가 된다면, 이는 법에 대한 경멸을 키우게 된다. 모든 사람이 스스로 법이 되게 만들며, 종국에는 무정부 상태를 초래하게 된다.

이런 노력에도 불구하고 스니드의 도박은 실패했고, 증거물을 재판에서 배제해 달라는 요구는 기각되었다. 판결문에는 "이 증거물이 묵인이나 요청에 의한 제출 또는 강압에 의해서 입수된 것으로 볼 근거가 없다. 법률과 지금까지 드러난 사실을 검토한 결과 수색에 필요한 동의가 합법적으로 얻어질 수 있으며 — 이런 경우 체포도, 영장도 필요하지 않다 — 이 사건은 현재 재판이 진행 중이기도 하다"라고 적혀 있었다.

스니드 사건 담당 지방 검사인 E. C. 세르나Serna에게는 이 두 문서를 재판에 제시하는 것이 매우 중요한 사안이었다. 이 영수증들은 경찰이 로버트 크로셋이라는 이름을 실마리로 해서 추가로 찾아낸 다른 정보와의 연결 고리였기 때문이다. 이 중 하나는 로버트 크로셋과 관련된 다른 정보로, 그가 유마에 머무르기 직전 캘리포니아주 시사이드Seaside에 있는 모텔에 머물렀다는 기록이었다. 두 번째 정보이자 그의 유죄를 강력히 시사하는 정보는 8월 17일 라스크루시스 전당포의 22구경 권총 판매 기록에 적힌 구입자의 이름이 로버트 크로셋이고 그 외모가 "신장 5피트 9인치(175센티미터)의 남자, 갈색 눈동자와 머리카락"이라고 묘사되어 있는 점이었다. 이 구입자는 자신의 주소로 라스크루시스의 사서함 번호를 제시했고, 이는 유마의 홀리데이인 호텔에서 로버트 크로셋이라는 이름으로 투숙한 사람의 기록과 일치했다. 미지의 로버트 크로셋과 조 스니드 사이의 유일한 연결 고리는 유마에서의 영수증이 스니드의 차에서 발견되었다는 것뿐이었다. 그러나 이 고리가 조 스니드에게는 무척이나 불리하게 작용하기 시작한다.

재판은 1965년 2월 1일에 시작되었다. 검사는 진술에서 다음 내용을 확인했다고 이야기했다.

- 스니드는 캘리포니아주 시사이드와 애리조나주 유마에 있는 두 곳의 모텔에서 로버트 크로셋이라는 가명을 사용했으며, 라스크루시스의 전당포에서 '싸구려' 22구경 권총을 구입할 때도 같은 이름을 썼음.
- 스니드는 라스크루시스의 할인점에서 총탄을 구입했으며, 권총을 구입한 날과 같은 날의 판매 전표가 그의 차에서 발견되었음.
- 스니드의 부모는 침대에서 22구경 권총에 맞아 사망했음.
- 집의 문을 강제로 열고 들어간 흔적이 없음.
- 스니드는 부모님 집의 열쇠를 가지고 있었음.
- 스니드는 살인 직전에 회중전등과 장갑을 구매했음.

- 스니드가 경찰에게 말했던 것과 달리, 그의 자동차는 살인 사건이 나던 밤에 라스크루시스의 모텔에 주차되어 있지 않았음.

만약 검찰이 이 내용을 확실하게 증명할 수 있다면 스니드는 유죄 판결을 피할 수 없을 터였다. 그러나 문제는 이를 입증하는 것이 말처럼 쉽지 않다는 데 있었다. 검찰은 증인 23명을 차례로 세웠는데, 그럼에도 불구하고 17일 밤에 스니드의 차가 라스크루시스의 모텔에 주차되어 있었는지 아닌지 결론을 내릴 수 없었다. 이는 검찰과 피고 측 모두에게 골치 아픈 일이었다. 변호인단의 전략도 대체적으로 스니드가 사건 다음 날 아침까지 라스크루시스에 머물렀다는 주장에 근거하고 있었기 때문에 상당히 곤란한 상황이었다. 스니드가 라스크루시스의 상점에서 구입한 물품이 총탄이라는 검찰의 주장을 그가 부인했고, 회중전등과 장갑의 구입 사실도 확실한 답을 내리지 못하기는 마찬가지였다.

검찰에게 가장 어려운 문제는 조 스니드와 로버트 크로셋이 같은 사람이라는 사실을 입증하는 것이었다. 유마의 호텔 영수증이 스니드의 차에서 발견되긴 했지만 그것만으로 조 스니드가 로버트 크로셋이라고 단정할 수는 없었다. 크로셋은 스니드의 차를 얻어 탄 사람일 수도 있고 살인 청부 업자일 수도 있다. 아니면 스니드가 그 영수증을 호텔 안내 데스크나 주차장에서 자신의 것으로 오인하고 가져왔다고 주장할 수도 있었다. 로버트 크로셋이 조 스니드라는 사실을 — 그가 살인범이라는 사실을 — 확실하게 보여 주려면 훨씬 분명한 증거가 필요했다. 실제로 크로셋과 스니드를 본 사람은 시사이드와 유마에서 묵었던 호텔의 접수 담당자 두 명과 권총을 판매한 전당포의 판매 직원까지 모두 세 명이었으므로, 이를 입증하려면 결국 이 세 명에게 의지할 수밖에 없었다. 그런데 세 명 모두 조 스니드를 확실히 기억해 내지 못했기 때문에 검찰은 어려운 상황에 처하게 된다. 평균적인 키와 피부색을 포함해서 이렇다 할 특징이 없는 '평균적인 미국 청년'의 이미지는 사람들의 뇌리에 강한 인상을 남기지 못했던 것이다.

스니드의 변호사인 우드버리는 "사건이 일어난 밤 이 청년이 실버시티에 있지 않았다는 사실을 입증하겠다"며, 알리바이를 확보하는 아주 단순한 전략을 사용했다. 그는 목격자들을 한 명씩 상대하면서 이들 증언의 불확실성을 부각시켰다.

재판장에 등장한 블랙잭의 귀재

이 시점에서 재판의 결과는 예측하기 힘들었다. 검찰이 배심원단에게 크로셋과 스니드가 동일 인물이라는 점을 납득시킬 수 있다면 유죄 판결이 나올 것이 분명했다. 그렇지 못하면 결론은 당연히 무죄였다.

검찰은 이 상황에서 유리한 고지를 점하고자 했고, 다소 무리한 방법을 선택한다. 검찰은 의외의 인물을 증인으로 불러냈다. 라스크루시스에 있는 뉴멕시코주립대학교의 젊은 수학 교수 에드워드 O. 소프Edward O. Thorp 박사[*]로, 얼마 전에 《딜러를 이기는 법Beat the Dealer》이라는, 블랙잭에서 카드 카운팅 기술로 돈을 따는 방법을 설명하는 책을 출간해 유명해진 사람이었다. 모험심이 가득한 데다 그 지역에서 꽤 유명했던 소프가 증언대에 서자 판사, 배심원, 검찰 모두 기대에 차서 그를 기다렸다.

소프는 스니드의 재판이 열리기 두 달 전에 콜린스 부부 재판(7장 참조)에서 '유죄의 수학적 증거'라는 새로운 접근으로 유죄 판결을 이끌어 냈던 레이 시니타 검사의 처남이었다. 《타임》에 실린 레이 시니타의 수학적 유죄 증명에 관한 기사를 읽었던 E. C. 세르나 검사가 자신이 맡은 사건에도 비슷한 방식을 적용하려고 했고, 시니타에게 전화를 걸어 스니드 재판에 증인으로 서줄만한 수학 전문가를 소개해 달라고 했으므로 이는 전혀 우연이 아니었다. 마침 라스크루시스에 살던 시니타의 처남 에드 소프는 여기에 완벽하게 부합하는 인물이었다.

흥미를 느낀 소프는 세르나를 만나서 재판에 대한 설명과 세르나가 원하는 것이 정확히 무엇인지 들어보기로 했다. 세르나는 소프에게 스니드의 유죄 판결이 사실상 정해진 것과 다름없다는 식으로 설명했으므로, 소프는 확률적 접근이 왜 필요한지 이해하지 못했다. 소프가 들었다고 기억하는 내용●과 실제로 재판에서 제시된 증거들을 비교해 보면, 세르나가 소프로 하여금 이미 유죄의 증거가 확실한 사건에 대해서 확률적으로 확인을 해달라는 식으로 조심스런 접근을 했던 것으로 보인다. 세르

✖ 에드워드 소프는 블랙잭 책으로 유명해진 뒤에도 가짜 수염과 안경을 쓰고 변장해서 카지노에 출입했다. 그는 라스베이거스에 자주 드나드는 것으로 유명했다.

● 이 책에서 E. 소프의 기억과 관련된 내용은 모두 2012년 9월 23일 그와의 전화 인터뷰에서 얻었다.

나는 소프에게 부모가 스니드로 하여금 여자 친구와 헤어지게 만들었으므로 스니드에게 살인 동기가 있다고 이야기했다. 또한 아직 확인이 되지 않은 사실이었음에도 스니드가 유마와 시사이드에 있었다고 말했고, 로버트 크로셋이 바로 그 두 곳에 나타났으며 로버트 크로셋의 영수증이 스니드의 차에서 나왔다는 사실로 인해 경찰은 스니드가 크로셋이라고 보고 있다고도 말해 주었다.

각각의 내용이 그럴듯하게 들리긴 하지만 합리적인 의심을 넘어서는 확실한 증거라고 볼 근거는 전혀 없었기에 세르나는 수학자의 증언을 필요로 했다. 게다가 세르나는 소프에게 스니드가 경찰에게 사건이 일어난 밤에 자신의 차가 라스크루시스 모텔의 주차장 어느 곳에 주차되어 있었는지 확실하게 이야기했지만, 경찰이 확인한 바로 그 위치는 소방차의 주차 구역이어서 스니드가 거짓말을 한 것이라고도 말해 주었다. 그러나 앞서도 나왔듯, 재판에서 스니드의 차의 주차 위치를 증언하고자 나온 사람은 스니드의 차가 그곳에 있었는지 아닌지에 대해서 확실한 답변을 하지 못했다.

마지막으로 세르나는 소프가 해주었으면 하는 일을 분명하게 알려 주었다. 자신이 법정에서 하려는 확률 계산이 맞다고 증인석에서 확인해 달라는 것이었다. 시니타가 콜린스 부부 재판에서 했던 것과 똑같은 모양새였다. 소프는 세르나의 계산 방식이 지닌 문제점을 눈치 채고 이를 지적하려 했지만 세르나는 아랑곳하지 않았다. 그러나 흥미로운 경험을 즐기는 성격의 소프는 자신이 들은 설명으로 미루어 스니드의 유죄가 확실하다고 생각했으므로 증언대에 서주기로 했다. 그가 할 일이란 본질적으로는 그저 몇 가지 확률을 곱하는 확률 법칙을 확인해 주는 것뿐이었다.

세르나는 배심원에게 애리조나주 유마에 있던 (스니드로 여겨지지만 확인은 되지 않은) 로버트 크로셋과 라스크루시스의 전당포에서 권총을 산 로버트 크로셋이 같은 사람이라는 것을 수학적으로 입증하려 했던 것이다.

그는 우선 임의의 사람이 권총을 구매한 로버트 크로셋과 공통적인 특징을 지닐 확률을 제시했다. 그가 말하는 특징에는 신장, 머리 색, 눈동자의 색, 사서함 번호뿐만 아니라 이름까지도 포함되었다.

전당포에서 제시된 사서함 번호는 유마에서 제시된 것과 같았고, 세르나는 이러한 사건이 발생할 확률을 1,000분의 1로 잡았다.

그리고 전당포의 총기 판매 기록에 남아 있는 신장과 머리, 눈동자 색에 대한 정보가 제시되었다. 총기를 판매할 때는 판매자가 구매자의 이름과 주소, 신체적 특징을 기록하도록 법률로 정해져 있었다. 로버트 크로셋은 키가 5피트 9인치에 갈색 머리와 갈색 눈동자를 갖고 있다고 적혀 있었다. 임의의 사람이 이런 특징을 가질 확률을 계산하기 위해, 세르나는 증인석에 앉아 있던 소프에게 전당포의 판매 기록지를 넘겨주고는 기록지에 적힌 구매자들의 키를 확인해 보라고 요청했다. 소프는 35명의 구매자 중에서 12명의 키가 5피트 8인치에서 5피트 10인치 사이였고, 12명이 갈색 머리와 갈색 눈동자였으므로 어떤 구매자가 이 두 가지 특징을 가질 확률은 각각 35분의 12라고 답했다.

마지막으로 로버트 크로셋이라는 이름이 나타날 빈도를 계산하기 위해서 세르나는 인근의 여러 지역의 전화번호부를 가져왔고, 심지어 피고 측에게도 가져오라고 했다. 피고 측도 전화번호부를 가져왔다. 재판관,

배심원, 세르나 검사, 소프, 우드버리 변호사, 심지어 스니드까지 모두 몰두해서 전화번호부에서 크로셋이라는 이름을 찾느라 재판정은 마치 시간이 정지한 것 같았다(누가 봐도 '마치 학교 시험을 보듯' 심드렁하게 전화번호부를 들여다보던 스니드의 태도 때문에 방청객들은 그의 무죄를 확신하기 힘들었다).

세르나는 이 날 살펴본 전화번호부의 목록을 토대로 대체로 30명 중에 한 명이 로버트라는 이름을 지니고 있다고 추산했다. 그러나 크로셋이라는 성은 그날 가져온 어느 전화번호부에도 기재되어 있지 않았다. 재판정에 가져온 모든 전화번호부에는 129만 명의 이름이 올라 있었으므로, 세르나 검사는 크로셋이라는 성이 전체 인구에서 차지하는 비중이 대략 100만 명 중 한 명 꼴일 것으로 계산했다. 그리고는 증언석에 앉아 있던 소프에게 여기에 확률의 곱셈 법칙을 사용해도 되느냐고 물었다. 소프는 세르나가 추산한 각각의 확률이 맞고 그 사건들이 서로 독립적이라면 모든 확률을 곱해도 된다고 설명하면서, 30분의 1(이름이 로버트일 확률), 100만분의 1(성이 크로셋일 확률), 1,000분의 1(사서함 번호가 일치할 확률), 35분의 12(신장), 35분의 12(머리 색 및 눈동자 색)을 곱했다. 이 계산에 의하면 미국에 있는 어떤 사람이 라스크루시스의 전당포에서 총을 샀던 사람과 같을 확률은 대략 2,400억분의 1이었다. 증언석에서 소프는 "이 값의 의미는, 전당포에서 총을 구매한 이 특징을 갖고 있는 사람과 저 피고가 우연히 같은 특징을 가진 사람일 확률입니다. 범죄학에 확률을 활용한 겁니다"[*] 라고 이야기했다.

반대 심문에서 스니드의 변호사 우드버리는 '극히 드문' 사건의 확률을 계산하는 문제에 대해 의외의 방식으로 의문을 제기했다. 그는 소프에게 "그건 마치 핏물이 흘러서 나일 강이 붉을 확률 같은 건가요?"(성서에서 모세가 나일 강에 핏물이 흐르게 한 일을 의미 — 역주)라고 물었다. 기독교적 성향이 매우 강한 라스크루시스의 배심원단 앞에서 검찰이 성서의 내용을 부정한다는 식으로 분위기를 몰아가려 한다고 생각한 소프는 다음과 같이 답하며 상황을 모면했다. "만약 그 사건이 실제로 일어났다고 가정한다면, 그건 인류의 역사에서 단 한 번뿐일 테고 거기에는 확률을 적용할수가 없습니다."

우드버리의 지적은 아주 훌륭했지만, 그에게는 수학적 오류 6과 7 (서로 독립이 아닌 사건의 확률을 곱하는 것과 비논리적 추정의 오류)를 이용해서 검찰측의 주장을 무너뜨릴 수학 지식이 없었다. 배심원단이 나일 강과 크로셋이라는 이름 사이의 연결 고리를 찾지 못했을 수도 있고, 성경을 언급하는 변호사보다는 수학 교수를 신뢰했을 수도 있다. 어찌 되었건 결국은 검찰의 논리가 받아들여져 10명의 남성, 2명의 여성으로 구성된 배심원단은 7시간 반의 논의 끝에 피고에게 1급 살인 유죄에 종신형을 권고하는 평결을 내린다.

재판 결과에 대해서 배심원단 앞에서 하고 싶은 말이 있냐는 질문에 스니드는 자신이 무죄라고 이야기했다. 자신은 범인이 아니고, 로버트 크로셋이라는 이름을 쓴 적이 없다고 주장하던 스니드는 법정에서 곧바로 산타페이SantaFe에 있는 뉴멕시코주 교도소로 이송되어 종신형을 살

✖ 이 발언은 스니드의 항소심 판사 우드Wood의 기록에 적혀 있다. 소프는 자신이 그런 발언을 한 기억이 없다고 했으며, 특히 자신이 '범죄학' 같은 용어를 썼을 가능성은 없다고 말했다.

기 시작했다.

확률의 오류를 이유로 재심을 청구하다

스니드는 수감 생활을 시작하자마자 변호사와 함께 항소에 필요한 모든 내용을 하나씩 검토하기 시작했다. 스니드와 우드버리 변호사는 수감 중인 스니드가 "극빈하고 돈이 없으므로" 재판의 증언 기록을 무료로 제공해 달라고 요청하면서, "지방 법원은 판결이 뒤집힐 만한 큰 실수를 저질렀으며, 뉴멕시코주 대법원에서 사건을 다시 심리해야 한다고 믿는다"고 적었다. 이 요청은 받아들여졌고, 7월이 되자 둘은 아름다운 문장으로 사려 깊게 작성한, 완벽하게 논증된 항소문을 완성했다. 당시 이들은 짐작도 하지 못했지만 이 항소문은 후일 역사적인 문서로 남게 된다.

이들은 항소 이유로 세 가지를 적시했다. 불법적인 압수와 수색, 스니드가 증언하지 않기로 한 데 대해 배심원단에게 부적절한 논평을 한 점, 그리고 무엇보다 가장 중요한 이유로 든 것은 증명되지 않은 사실에 수학적 확률을 잘못 사용했다는 점이었다.

검찰이 수학을 이용하여 주장한 내용은 기본적으로 다음과 같다. 다른 두 사람이 순전히 우연히 같은 이름(로버트 크로셋)과 같은 사서함 번호(210), 같은 신장, 같은 머리 색, 같은 눈동자 색을 가질 확률이 2,400억분의 1로 계산되었으므로, 차에서 발견된 영수증으로 보건대 그 사람과 조스니드는 같은 사람임에 틀림없다는 것이다.

이 논리에는 허점이 많다. 그중 하나는 마지막의 결론 유도 부분이다. 유마에 있었던 크로셋과 스니드가 같은 인물인지 혹은 스니드가 유마에 있었는지도 불분명한 상황에서 두 명의 로버트 크로셋이 같은 인물인가를 밝히는 일은 큰 의미가 없다. 세르나가 스니드의 차에서 발견된 영수증을 근거로 그가 유마에서 나타난 크로셋이라는 취지의 발언을 하긴 했지만, 세르나와 스니드 모두 누군가 스니드에게 죄를 뒤집어씌우기 위해서 차에 영수증을 가져다 놓았을 가능성은 제기하지 않았다. 차에서 영수증이 발견되었다는 사실은 크로셋이 스니드일 가능성이 높다는 사실을 시사하기는 하지만, 이는 여전히 합리적 의심의 수준을 넘지 못한다.

확률 계산 자체에도 문제가 있었다. 세르나는 전체 인구에서 크로셋이라는 이름이 나올 확률을 추산했는데, 이는 실제 그런 이름의 소유자가 있다고 가정하는 것과 마찬가지다. 그러나 동시에 세르나는 로버트 크로셋이 스니드라는 사실을 증명하려고 했고, 만약 로버트 크로셋이 가공의 인물이라면 이런 이름이 존재할 확률 같은 건 아무런 의미가 없다. 실제로도 존 도John Doe 같은 가공의 인물의 이름이 존재할 확률과 실제 존 도라는 이름을 가진 사람이 전체 인구에서 차지하는 비율 사이에는 아무런 관련이 없다.

마지막으로 계산 방법 자체가 정확하지 않았다. 어떤 두 사람이 같은 사서함 번호를 선택할 확률이 1,000분의 1이라는 가정은 모든 우체국에 사서함이 동일하게 1,000개 씩 있을 때만 타당하다. 우체국 규모가 커서 사서함이 많으면 이 확률은 훨씬 낮아질 수밖에 없다.

또한 미국의 남성 중에서 신장이 5피트 8인치에서 5피트 10인치 사이인 인구, 머리카락이 갈색인 사람, 눈동자가 갈색인 사람의 비율을 특정 마을에 있는 어떤 전당포의 구매자 35명의 목록만 가지고 추정하는 것은 말이 안 된다. 미국 내 다른 지역과는 인종적 분포가 확연하게 다를 것이기 때문이다. 모집단의 크기가 이렇게 작으면 부정확한 추정치를 얻을 가능성이 매우 높다.

게다가 특정한 신장, 머리 색, 눈동자 색을 가질 확률을 곱하는 것도 적절하지 않다. 신장과 머리카락 또는 눈동자 색은 서로 독립적인, 즉 상관없는 특성이 아니다. 예를 들어 히스패닉 인구가 많은 지역이라면 신장이 작을수록 머리카락과 눈동자가 검은색일 가능성이 높아진다.

또한 검찰은 미국 남서부에서 어떤 사람이 크로셋이라는 이름을 가질 확률이 100만분의 1이라고 가정한 대목에서도 실수를 저질렀다. 재판 과정에서 찾아본 전화번호부 외에 다른 지역의 전화번호부라면 크로셋이란 성이 있었을 수도 있다. 특정 이름(성)이 어떤 지역의 전화번호부에 나타나지 않는다는 정보만으로는 미국 전체에서 그 이름(성)을 가진 사람이 어느 정도나 되는지 유추할 만한 근거가 없다. 검찰의 접근 방법은 그 이름(성)을 가진 사람이 미국 전역에 균일한 비율로 거주한다는, 타당하지 않은 가정에 근거한 것이다.＊ 재판에서 사용한 전화번호부만으로 내릴 수 있는 결론은 기껏해야 그 이름(성)을 가진 사람이 매우 드물다는 사실 정도다. 목록에 한 번도 나타나지 않은 이름에 어떻게 확률을 부

＊ 가령 공저자 중 한 명의 이름이기도 한 슈넵스라는 이름은 매우 드물지만 만약 이 이름을 가진 사람 둘이 만나서 각자의 조상을 3~4대 정도 거슬러 올라가 확인하면, 이들의 조상이 대체로 (지금은 폴란드에 있는) 갈리시아라는 한 마을 출신임을 알 수 있다.

여할 수 있는가.

그리고 로버트라는 이름과 크로셋이라는 성이 각각 존재할 확률을 곱한 것도 잘못되었다. 이들도 서로 독립적이라고 보기 힘들기 때문이다. 전체 인구 중에 로버트라는 이름의 비율과 크로셋이라는 성을 가진 사람들 중에 로버트라는 이름의 비율이 같다고 볼 근거는 어디에도 없다. 전통적으로 특정한 이름이 매우 자주 쓰이는 성도 있기 때문이다.

요약하자면 비슷한 외모를 지닌 두 명의 로버트 크로셋이 같은 사람일 확률을 계산하는 일은 스니드의 재판에서 근본적으로 무의미한 일이었다. 도출된 결과는 그럴 듯하게 보였지만 현실적으로는 아무 의미도 없는 수에 불과했다. 그러나 2,400억분의 1이라는 숫자는 배심원단으로 하여금 스니드가 크로셋이라고 확신하게 만들었고, 이처럼 잘못된 방법으로 도출된 결과를 바탕으로 피고는 살인 유죄 판결을 받았다. 검찰 측의 논리가 문제를 해결하기보다 혼란만 가져왔다는 사실은 항소심에서 드러났다.

1심 판결이 확정되고 1년이 조금 지난 1966년 5월 31일, 뉴멕시코주 대법원은 판결을 취소하고 스니드의 재판을 다시 열라는 결정을 내렸다. 판결문에는 소프를 증인으로 내세워 도출했던 수학적 논리에 근거한 판결에 문제가 있으며, 정당한 절차를 거쳤는지 의심스럽다는 내용이 적혀 있었다.

[소프는] 전화번호부에 로버트 크로셋이라는 이름이 나오지 않는데도, 어떻게 이를 근거로 양의 값을 갖는 확률을 적용했는지 설명하지 않았

다. 전화번호부에 그 이름이 나오지 않았으므로, 전화번호부에 근거해서 특정 값을 확률로 적용할 수는 없는 것 아닌가? 혹은 0을 사용했어야 하지 않은가?

확률을 사용하지 않고 유죄를 이끌어 내는 법

다시 열린 스니드의 재판에서는 수학이 전혀 사용되지 않았다.

이후에 이루어진 스니드의 재판을 상세히 살펴볼 필요가 있다. 검찰이 용의자의 신원을 파악하지 못한 경우, 다소 미심쩍은 수학적 기법을 사용하지 않으면서 사건을 해결하기가 얼마나 어려운지를 보여 주기 때문이다. 스니드가 로버트 크로셋이라는 사실을 배심원단에게 확실하게 증명해 유죄 판결을 받기 위해 검찰은 다른 증거를 찾아야만 했다. 스니드는 자신이 그 이름을 사용하지 않았다며 계속 부인하고 있었다. 재판은 1966년 8월 16일에 시작됐다.

항소심이 시작되자 검사는 스니드의 차에서 발견된, 라스크루시스의 상점에서 발급한 영수증을 먼저 제시했다. 영수증에 구매 내역이 적혀 있지는 않았지만, 판매 기록에서 그날 총탄이 판매된 기록을 찾을 수 있었다. 또한 스니드의 주장과 달리, 사건 당일 그의 차가 주차되어 있었다고 하는 자리는 소방차를 위해 비워 두는 곳이어서 그곳에 차를 세울 수 없다는 증인도 확보했다. 그러나 확인 결과 그 자리에 사람들이 종종 차를 세우기도 했으므로, 이 증언은 확실하게 채택되기 힘들었다. 그러나 스니드는 자신의 알리바이를 입증할 증인을 아무도 데려오지 못했고, 왜 자신의 차에서 '크로셋'이란 이름이 적힌 영수증이 발견되었는지도 설명하지 못했다. 항소심은 1심에서 세르나가 확률을 이용해 스니드가 범인임을 보이려 했던 지점까지 동일하게 진행되고 있었다. 그러나 이제는 그 방법을 쓸 수 없었다. 경찰은 스니드가 범인임을 확신하고 있었으므로 뭔가 다른 방법이 필요했고, 그렇지 않으면 부모를 살해한 이 살인범을 풀어 주어야 할 판이었다.

검찰이 어떤 방법을 써서 검찰 측 증인의 증언 내용을 바꾸도록 했는지는 알 수 없으나, 유마와 시사이드 호텔의 직원들이 증언대에 섰을 때 말한 내용은 처음 재판 때와 전혀 달랐다. 유마의 홀리데이인 호텔 직원인 클라크 윌리스 파울러는 증인 선서를 한 뒤, 조 스니드가 1964년 8월 12일 숙박객 명부에 적힌 사람이라고 말했다. 그는 얼굴을 기억한다면서 피고를 손가락으로 가리켰다. 시사이드의 호텔에서 접수를 봤던 메릴린 무어도 증언석에서 파울러와 마찬가지로 증언했다. 검찰은 이 두 사람의 증언을 바탕으로 스니드가 로버트 크로셋이라고 결론지었다.

그러나 스니드의 변호사는 두 증인이 처음 재판에서 스니드를 기억하지 못했던 것을 알고 있었으므로 증인들이 그냥 돌아가게 두지 않았다. 반대심문에서 파울러는 1964년에 있었던 예심에서 자신이 스니드를 알아보지 못했다는 사실을 인정할 수밖에 없었다. 우드버리는 "사건 후 몇 주 밖에 지나지 않았던 당시에는 알아보지 못하더니 어떻게 지금은 그렇게 확언할 수 있는 겁니까?"라고 물었다. 증인은 말을 더듬거리며 당시에 "너무 떨리지만 않았어도" 그를 알아봤을 것이라고 답변했다. 우드버리는 더 이상 질문이 없다고 이야기했다. 파울러가 한 증언의 여파는 엄청났다. 메릴린 무어에 대한 반대심문에서 우드버리는 같은 질문을 던졌다. 2년 전에 근무했던 도로변 작은 모텔의 투숙객이 지금 피고석에 앉은 저 청년이라는 사실을 어떻게 그리 확신하느냐고 말이다. 그녀는 "그가 맞습니다. 왜냐하면 그는 말쑥하고 깔끔한 청년이었는데, 우리 호텔 투숙객들 사이에서는 굉장히 튀는 일이거든요"라고 대답했고, 청중은 웃음을 터뜨렸다.

조 스니드 재판은 증거만 없었을 뿐 모든 정황이 피고가 유죄임을 보여 주던 리지 보든Lizzie Borden 사건(1892년 친부와 계모를 도끼로 살해한 사건의 용의자로 지목되었던 리지 보든이 무죄 판결을 받은 사건 — 역주)과 같은 결론이 날 수도 있었다. 하지만 이번에 검찰은 숨겨 둔 무기가 하나 더 있었다. 검찰 측의 마지막 증인은 '로버트 크로셋'이라는 이름이나 뉴멕시코까지의 스니드의 여정, 심지어 조 스니드와 엘라 스니드 부부와도 아무런 상관이 없는 사람이었다. 하지만 이 증인은 줄곧 기소 내용을 부인하면서도 아무 말 없이, 이해하기 어려운 모습으로 피고석에 앉아 있던 젊은이의 정신세계를 엿볼 수 있도록 해주었다.

수사관들은 조 스니드가 어린 나이에도 불구하고 캘리포니아에 머무르는 동안 결혼을 했다가 이혼했다는 사실을 알아냈다. 검찰 측이 법정 밖에 있던 에드워드 소프에게 알려 준 정보에 의하면 스니드가 부모를 살해한 동기는 부모가 전처와의 관계에 끼어들었기 때문이었다. 하지만 이 내용은 첫 재판에서는 제시되지 않았다. 스니드의 전처는 다른 사람과 재혼한 상태였으나 스니드의 재판에 증인으로 나오기로 동의했다. 스니드의 전처인 캐시 스토리가 증언석에서 이야기한 내용은 스니드가 로버트 크로셋이라는 사실을 입증하는 것만큼이나 의미가 있었다. 그가 휘둘렀던 가정 폭력에 대한 증언은 곧바로 언론의 주목을 받았다. 그녀는 자신의 전 남편이 책으로 머리를 때리고 얼굴을 깨물었던 이야기를 생생하게 전했으며, 만년필을 자신을 향해 던졌을 때 다리에 생긴 상처를 보여 주었다. 또한 기르던 강아지를 집어 올린 뒤 공포에 질린 불쌍한 동물을 눈앞에서 온 힘을 다해 벽으로 집어 던졌다는 이야기도 했다.

캐시 스토리가 스니드와의 짧은 결혼 생활동안 그가 했던 말을 — 특히 그의 부모에 대한 — 이야기하려는 순간 우드버리 변호사가 말을 끊었다. 그는 그녀의 증언 내용이 직접 들은 것이 아니라 누군가에게 전해 들은 말일 수 있고, 그런 내용을 증언석에서 발언하는 것이 적절치 않다고 주장했다. 판사는 휴정을 선언하고 법 조항을 살펴본 뒤 변호사의 의견을 받아들였다. 그녀의 증언이 그만하면 충분하다고 생각했던 것이다.

우드버리 변호사는 재판이 진행되는 닷새 동안 조 스니드가 로버트 크로셋이라는 증언에 (대체로 성공적으로) 대처했고, 스니드가 사건이 일어난 저녁에 라스크루시스의 모텔에 있었다는 사실과 그의 차가 주차장에 주차되어 있었다는 점을 (대체로 성공적이지 못하게) 보여 주었다. 하지만 전혀 예상치 못했던 방향으로 진행되었던 캐시 스토리의 증언으로 인해 그의 전략은 실패했다. 피고의 변호인으로서 그도 달리 할 말이 없었다.

우드버리는 증인으로 스니드만을 내세웠고 질문은 단 하나였다.

"부모를 쐈습니까?"

"아닙니다. 쏘지 않았습니다."

우드버리는 이것으로 변론을 마쳤다. 달리 그가 더 할 수 있는 것도 없었다. 그랜트 카운티의 보조 지방 검사 윌리엄 마틴William Martin은 한 시간 반에 걸친 의견진술에서 "5일간에 걸친 재판에서 검찰 측의 23명의 증인들은 스니드가 필사적으로 거짓말을 했다는 사실을 입증했다"고 말하면서 스니드에게 사형을 구형했다.

남성 11명과 여성 1명으로 구성된 배심원단은 오후 6시 10분에 퇴정해서 밤 1시 20분까지 논의를 거듭했다. 평결은 1급 살인 유죄로 형량은 종신형이었다. 지방 판사 윌리엄 스코긴William Scoggin이 판결문을 낭독할 때도 스니드는 아무런 표정이 없었다. 더 할 말이 있느냐는 판사의 질문에 스니드는 "2년 전에 이야기했던 것과 마찬가집니다. 저는 무죄입니다"라고 대답했다.

판결이 내려진 직후 스니드를 이송했던 도나애나 카운티의 보안관 윌리 실바는 언론에 다음과 같이 말했다. "그는 전혀 신경 쓰지 않는 것처럼 보였다. 아무 말도 하지 않았고 내내 조용했다. 작별 인사도, 그 어떤 인사도 없었다. 아무것도 없었다."

조 스니드가 미국 재판사에 미친 영향

스니드는 교도소로 돌아오자마자 변호사와 함께 두 번째 항소를 요청했고 사건을 뉴멕시코주 대법원으로 가져가고자 했다. 그 시점에서 그는 자신의 차 안에서 불법적인 수색을 통해서 발견된 두 장의 영수증이 아니었다면 사실상 그가 범인이라는 증거가 없다는 점을 알고 있었음이 분명하다. 영수증이 증거로 사용되지 못하게 하는 것이 유일한 해결책이었지만, 이는 쉽지 않은 일이었다. 종신형을 선고받은 스니드는 지푸라기라도 잡으려고 했다.

두 번째 재판이 끝나고 10일 뒤, 스니드의 변호사 J. 웨인 우드버리는 판사에게 편지를 보냈다. 이 내용을 살펴보면 그도 더 이상 가망이 없음을 인지하고 있으며, 스니드가 유죄라고 여기고 있음을 알 수 있다.

친애하는 스코긴 판사님,

최근 도나애나 범죄 제11232호로 1급 살인 혐의로 유죄 판결을 받은 조 E. 스니드는 저에게 대법원에 항소할 것을 주장하고 있습니다. 지금까지 스니드의 변호를 맡은 입장에서 볼 때, 저는 현재 그의 요청을 받아들일 수 없다고 생각합니다. 다만 만약 항소가 진행된다면 실제로 소요될 비용이 얼마일지 알고 싶습니다. 또한 향후 재판 과정이 무상으로 진행되도록 추가적인 극빈자 지정 신청을 할 수 있는지도 궁금합니다.
신속한 회신을 바랍니다.
여러 가지로 감사드립니다.

J. 웨인 우드버리 드림

1967년 12월 20일, 뉴멕시코주 대법원이 판결 및 선고 내용을 승인했다. 확실하게 입증된 것도 없고, 누구도 완전히 이해하지 못했던 조 스니드는 수많은 살인자 중의 하나가 되어 역사 속으로 사라졌다. 그러나 수학을 이용해서 그의 유죄를 이끌어 내려 했던 시도와, 그 시도를 뒤엎은 대법원의 결정은 그 재판 자체의 중요성을 훨씬 뛰어넘어 미래에까지 영향을 미치게 된다.

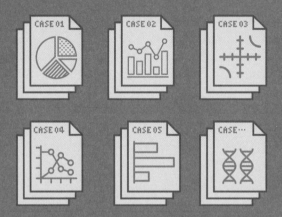

20세기 미국 여성 가운데 가장 부유했던 헤티 그린은 말년에 특유의 뛰어난 투자 감각으로 도시 한 구역 전체를 소유할 정도였다. 그러나 젊었던 서른 살 무렵에는 아버지와 이모의 재산을 물려받는 데 집착했는데, 이모의 유산을 상속받을 때는 유언장의 서명을 위조했다는 의혹에 휩싸였다. 헤티 그린의 적들은 그녀가 가져온 유언장의 서명이 다른 유언장과 지나치게 똑같기 때문에 헤티가 서명을 위조한 것이라고 주장했다. 그들은 이에 대한 증거로 '두 서명이 완전히 같을 확률'을 제시했다. 과연 그들은 어떻게 두 서명이 똑같을 확률을 계산했을까?

미국 역사상 가장 부유했던 여성의 상속 분쟁

CASE 09

헤티 그린 사건

두 서명이 거의 완벽히
일치할 확률

갑자기 닭들이 알을 낳지 않자 농부는 원인을 알아내기 위해 수의사, 의사, 심리 치료사를 차례로 찾아 갔다. 그러나 누구도 그 이유를 알아내지 못하자, 막막해진 농부는 물리학자에게 가보았다. 물리학자는 머리를 긁적거리면서 "일주일만 생각할 시간을 주십시오"라고 이야기했다.

며칠 뒤, 근심에 찬 농부가 물리학자에게 전화를 걸었다. 물리학자는 신나서 이렇게 이야기했다. "해결책을 찾았습니다! 그런데 그게 말입니다, 제 해결책은 진공 상태에 있는 완벽한 공 모양의 닭에만 적용되는 겁니다."

〈빅 뱅 이론〉중

이 이야기를 보고 웃음이 터졌다면 아마도 과학에서 가정하는 이상적인 상황과 복잡한 현실 사이의 차이를 이해하기 때문일 것이다. 과학자들이 현실을 분석하기 위해 만든 정교한 모형이 얼마나 현실과 다른지, 심지어 가장 허무맹랑한 소설보다도 더 비현실적이라는 사실이 드러날 때면 놀라움을 금하기 어렵다.

현실을 완벽하게 수학적 모형으로 표현하는 일은 절대로 불가능하다. 모형이 단순할수록, 사건에서 나타나는 사람들의 행태가 개성적일수록 부정확하다. 그러므로 엄청난 오류가 일어날 가능성을 고려하지 않는다면 수학적 모형을 법정에서 활용하는 행위는 합리적인 접근이 될 수 없다.

헤티 그린Hetty Green의 삶은 결코 평범하지 않았다. 엄청난 성공을 거둔 냉철한 사업가의 유일한 생존 자식이었던 그녀는 아버지에게서 모든 것을 배웠다. 열 살이 되기 전부터 매일 집으로 배달되는 경제 신문을 읽으며 자산 관리의 기초를 익혔으며 어린 시절 그녀의 장난감은 인형이 아니라 주식과 채권이었다. 가격 등락만으로는 재미가 부족했는지, 여덟 살 때 처음 생일 선물로 현금을 받자 곧바로 은행으로 가서 자신의 계좌를 열었다고 한다. 아버지와 마찬가지로 그녀도 엄격하고 검소한 환경에서 자라, 돈을 모으고 늘리는 것이 유일한 관심사이자 낙이었다. 말년에 '월스트리트의 마녀'로 유명했던 그녀는 미국에서 가장 부유한 여성이었으며, 철도, 제조업 분야의 유일한 여성 투자자였고 심지어는 도시의 한 구역을 통째로 소유할 정도였다. 재정적 어려움에 처한 뉴욕시에 어마어마한 자금을 빌려주어 도시 전체를 살려 낸 적도 한 번이 아니었다. 그 유명한 1907년의 공황 때는 뉴욕시에 110만 달러를 빌려주었다. 1916년에 사망한 그녀가 남긴 재산은 1억 달러(현재 가치로 16억 달러)로, 미국 역사상 36위에 해당한다. 헤티 그린(결혼 전의 성은 로빈슨이었다)은 당대에 이미 전설적인 인물이었으며, 특히 돈에 얽힌 여러 독특한 일화로 더욱 유명했다.

1865년 서른 살이던 헤티는 부유한 남성과 약혼한 상태로, 얼마 전 서거한 부친이 남겨 준 100만 달러의 현금과 부동산, 그리고 평생 동안 이자를 지급받을 수 있도록 신탁된 500만 달러까지 엄청난 재산을 보유하고 있었다. 언뜻 생각하기에는 모든 것을 가진 여성 같아 보이지만, 당시 그녀는 분노와 불만에 가득 차 있었다. 분노의 원인은 아버지가 남긴 유언이었는데, 그녀에게 그 내용은 마치 면전에서 뺨을 때리는 것과 같은 모욕을 주는 내용이었다. 아버지는 그녀에게 돈에 관한 지식을 가르쳐 주고 길러 준 존재였다. 그는 딸이 돈을 관리하고 싶어 하며, 그에 충분한 자질인 검소함, 절약 정신, 사려 깊음, 그리고 지성과 본능을 갖추었다는 사실을 알고 있었다. 그녀가 어떤 사람인지 꿰뚫어 보았던 것이다. 하지만 그는 마치 딸이 돈을 파티와 사치에 탕진할 것을 우려한 듯, 재산을 — 500만 달러 — 신탁에 맡겨서 남자의 손에 의해 관리되도록 했다. 자신의 재산을 마음대로 할 수 없다는 사실은 그녀로서는 참을 수 없는 치욕이었다. 헤티는 부친의 유언에 심한 상처를 받았고, 아버지를 끝까지 용서하지 않았다.

부친이 사망했을 때, 헤티는 이모 실비아 하울랜드Sylvia Howland로부터의 또 다른 상속을 기대하고 있었다. 헤티의 어머니는 그녀가 어렸을 때 사망했는데, 그 이후 거칠고 성격이 불같은 데다 의지가 강한 이 어린 소녀는 매사추세츠주 뉴베드퍼드에 사는 미혼의 병약한 이모 댁에서 많은 시간을 보냈다. 실비아의 재산은 엄청났고 — 헤티의 부친도 부인의 재산을 보고 결혼했다 — 재산을 물려줄 친척이 헤티뿐이었으므로 헤티는 어려서부터 이모가 지닌 상당한 재산을 자신이 상속하리라는 사실을 알고 있었다. 아버지의 유언과 같은 경우가 되풀이되지 않기를 바랐던 헤티는 친구와 간호사, 하인들에게 둘러싸여 살고 있던 이모를 주기적으로 찾아갔다. 그녀는 실비아로 하여금 자신이 재산을 탕진하지 않으리라는 확신을 갖게 하려고 애썼고, 이모가 확실하게 유언장을 써두길 바랐다.

그러나 실비아 친구들의 증언에 따르면 실비아는 그럴 생각이 없었다. 헤티에게 돈을 물려주기 싫어서가 아니라, 조카의 거만한 태도와 유언장을 써놓으라는 몰지각한 주장, 점점 심해지는 헤티의 인색함에 더해 헤티가 자신의 집을 증축하고 싶어 할 때 보여 주었던 과격한 성격, 분노, 무시, 이모에 대한 격한 비난 등에 질렸기 때문이었다. 헤티가 보는 앞에서 유언장을 쓴다면 헤티는 실비아가 타인에게 남기는 재산 하나하나마다 얼굴을 찌푸리며 짜증을 냈을 것이다. 조카의 그런 모습을 보기 싫었던 실비아는 이미 유언장을 써두었는데, 이에 따르면 유산의 3분의 2는 신탁을 통해 헤티에게 물려주고, 3분의 1은 자선단체에 나누어 주도록 되어 있었다.

그러나 이 내용은 헤티로서는 받아들이기 힘든 것이었다. 재산의 3분의 1이 가문 밖으로 나간다는 유언은 말도 안 되는 일이었고, 신탁을 통해 재산을 물려주는 것은 더 그랬다. 그녀는 이모에게 유언장을 다시 쓰라고 압력을 가하기 시작했다. 실비아는 처음엔 거절했지만, 헤티가 밀어붙이자 결국 타협했다. 실비아는 헤티에게 모든 재산을 물려주고, 헤티는 재산의 절반은 자식에게(자식이 생긴다면), 나머지는 실비아가 원하는 고아원에 남기기로 각각 유언장을 쓰기로 한 것이다. 젊고 강인한 헤티는 자신에겐 아무런 손해가 없다는 것을 잘 알고 있었다. 자신이 쓰는 유언장은 그저 이모가 자신의 입맛에 맞는 유언장을 쓰도록 만드는 절차에 불과했다. 실비아는 쇠약해진 상태에서 '강요된' — 분위기가 어땠을지 어렵지 않게 짐작할 수 있다 — 유언장을 썼고, 이에 따르면 헤티는 이모의 전 재산, 집, 땅, 현금, 투자금, 주식까지 모든 재산을 물려받도록 되어 있었다.

그런데 마지막에 실비아가 유언장에 서명하기를 거부했다. 둘 사이에 냉랭한 기운이 흘렀고 헤티는 화를 냈으며 간호사들과 하인들은 당혹감을 감추지 못했다. 헤티는 이모가 유언장에 서명을 하지 않으면 집으로 돌아가지 않겠다고 버텼다. 고집스러운 조카가 병상에 누워 있는 환자의 유일한 즐거움 — 친구나 방문객, 하인들과 평온하고 조용하게 시간을 보내는 일 — 을 앗아가 버린 것이다. 결국 원래의 삶으로 돌아가고 싶었던 실비아의 욕망이 이겼다. 그녀는 헤티와 두 명의 절친한 친구를 불렀고, 이들이 보는 앞에서 유언장에 서명했다. 봉투에 밀봉된 유언장은 실비아의 개인 물건이 담긴 가방에 보관되었다. 가방 열쇠는 실비아와 집사만 갖고 있었다. 헤티는 안심하고 뉴욕으로 돌아갔다.

하지만 헤티는 여전히 마음을 놓을 수가 없었다. 왜냐하면 이모가 주변인에게 의지하며 지내는 동안 얼마나 외로워하는지 너무나 잘 알고 있었기 때문이다. 이모가 마음을 먹으면 언제든지 새로운 유언장을 쓸 수 있었고, 헤티가 이를 막을 방법도 딱히 없었다. 게다가 자신이 이모를 얼마나 밀어붙였는지 스스로도 잘 알고 있었으므로, 늘 겁내던 그런 일이 일어날 것만 같았다.

달리 방도가 없던 헤티는 그저 일이 잘 되기만을 바라며 귀를 세우고 상황을 살폈다. 뉴욕으로 돌아간 헤티는 에드워드 그린과 약혼을 하고 이모에게 다정한 편지를 보냈다. 그리고는 기다렸다.

헤티 그린의 상속에 경쟁자가 등장하다

얼마 지나지 않아 헤티의 귀에 걱정스런 소문이 들려왔다. 실비아의 주변에 새로운 누군가가 등장한 것이다. 그는 최근 뉴베드퍼드로 이주한 윌리엄 고든William Gordon이라는 의사였는데, 실비아가 만성적인 등의 통증을 치료하기 위해 처음 부른 이후 방문이 잦아졌고, 이제는 그녀의 주치의로 일하고 있었다. 실제로 그는 실비아를 돌보는 데 대부분의 시간을 써야했고, 그녀는 곧 그의 유일한 환자가 되었다. 고든 박사 덕에 통증은 제법 가라앉았지만, 그가 처방한 진통제는 19세기에 유행한 아편 성분이 들어 있는 약(아편팅크)이었으므로 의료비 지출이 급증했고 실비아는 아편에 중독되어 늘 졸리고 몽롱한 상태가 되었다. 실비아의 건강은 급격히 악화되었고, 주변 사람들의 눈에도 의사의 영향력은 이미 과도한 상태였다.

헤티는 의사가 재산을 가로챌 수도 있다는 소식을 듣고 무척 걱정했다. 편지를 받았다는 확인서에 실비아의 뜻에 따라 고든 박사가 서명을 한 것이 그녀를 더욱 불안하게 했다. 헤티는 더 이상 환영받는 방문객이 아니었다. 달리 방도가 없었으므로 그녀는 뉴욕에서 손이 묶인 셈이나 다름없었고, 이러다가는 자신이 물려받으리라고 생각했던 재산을 엉뚱한 사람에게 빼앗길 수도 있었다.

혜티에게는 힘든 시기였고, 그녀는 이모가 그런 행동을 하지 못하도록 모든 수단을 강구했다. 그러나 100마일이 넘게 떨어진 곳에서는 아무리 의지가 강하고 고집 센 여성이라도 매일 침대 곁에서 자신을 돌봐 주는 의사보다 이모에게 가깝게 느껴지기는 어려운 일이다. 혜티와 타협하고 거의 2년이 지났을 무렵 실비아는 새로 유언장을 썼고, 이를 본 혜티의 분노가 폭발했다.

실비아가 남길 유산은 200만 달러에 달했는데, 절반은 자신이 지정한 자선 단체와 개인들에게 주도록 했다. 뉴베드퍼드시, 친척, 가까운 친구, 하인과 간호사 들은 모두 3,000달러에서 2만 달러에 이르는 금액을 물려받게 되어 있었다.

남은 100만 달러는 그야말로 혜티가 가장 혐오할 방식으로 그녀에게 남겨졌다. 남성들 — 게다가 그중 한 명은 고든 박사였다 — 이 관리하는 신탁에 묶인 것이다. 신탁 관리자들은 이 자산을 마음대로 주무를 수 있었다. 유언장에는 신탁을 운용해서 발생하는 수익을 모두 혜티에게 주라고 되어 있었지만, 내용을 보면 알 수 있듯 이들로서는 굳이 그래야 할 이유가 없었다. "신탁 관리자들이 판단해서 적절하다고 생각될 때 수익을 지급하길 바란다. (⋯) 관리자들은 어떻게 자금을 관리하는 것이 유리할지 독자적으로 판단하면 된다." 이 유언장의 핵심은 신탁 관리자들에게 충분한 보수를 지급하는 것을 넘어, 문제의 의사 고든의 미래를 확실히 보장해 주는 데 있었다. 실비아는 그에게 현금 5만 달러를 남겨 주었던 것이다! 의사는 점점 아편팅크 투여량을 늘리면서 실비아에게 유언장의 내용을 지시했을 뿐만 아니라 직접 유언장을 쓰기까지 했다.

헤티는 이런 사실을 전혀 모르고 있었다. 6개월 후 실비아가 사망하고 유언장의 내용이 공개되자 헤티는 충격을 받는다. 헤티는 요즘 용어로 '부당 위압'이 있었음을 직감했다. 아버지의 유언과 마찬가지로 이모의 유언도 그녀에 대한 배신이나 다름없었다. 헤티는 이 문제를 법정으로 끌고 가기로 마음먹었다.

헤티는 바보가 아니었으므로, 이모의 심약한 상태를 근거로 법정 싸움을 해서는 승산이 없다는 사실을 알고 있었다. 그녀는 2년 넘게 이모를 찾아가지도 않았으며, 주변인들은 실비아가 신체적 정신적으로 멀쩡했다고 증언할 것이 분명했다. 심지어 고든 박사가 너무 많이 챙겼다고 생각하는 사람들조차도 자신들에게 유리한 유언장 내용에 불리한 증언을 할 리가 없었다. 헤티는 자신이 모든 재산을 차지하기를 원했지만 자신의 편을 들어줄 사람은 하나도 없었다. 혹시라도 있다면 약혼자 에드워드 그린과 두둑한 보수를 주고 고용할 몇몇 변호사들뿐이었다.

유언장을 두고 소송을 벌인다면 이모의 정신적 상태를 언급하는 것보다 더 확실한 무기가 필요했다. 가장 좋은 방법은 실비아와 자신이 함께 작성한 유언장이었다. 그러나 이 방법이 효과가 있으려면 자신의 유언장이 실비아의 지시에 따라 쓰였다는 것을 증명해야 했다. 당시는 지금처럼 유언장을 변호사에게 맡기거나 은행 금고에 맡기는 일이 드물었다. 실비아가 쓴 첫 번째 유언장은 변호사와 함께 쓴 것이 아니었으므로 헤티는 그 유언장이 분명히 집안 어딘가에 있으리라고 생각했다. 그리고 만약 아직도 그 유언장이 존재한다면 실비아와 집사만 열쇠를 갖고 있는 실비아의 가방 안에 있을 터였다.

실비아의 장례식이 있던 날 저녁, 헤티는 집사와 간호사를 데리고 실비아의 방으로 올라가서 가방을 열고 안에 들어 있던 서류를 챙겼다. 두 개의 큰 봉투 중 하나에는 실비아의 유언장이, 다른 하나에는 실비아가 불러 준 내용을 쓴 자신의 유언장이 들어 있었다. 집사와 간호사는 나중에 법정에서, 자신들은 당시 이 문서가 무엇인지 몰랐지만 헤티가 이 두 문서를 가져갔다고 증언했다. 어쨌든 헤티는 이모가 처음에 썼던 유언장을 없애지 않았다는 사실에 굉장히 흥분했음이 분명했다. 그녀는 유언장의 효력을 판단하는 검인檢印 법원 판사에게 이 유언장의 효력에 대해 문의하면서 강력하게 그 유효성을 주장했다(뇌물을 줄 수도 있다는 분위기도 흘렀다). 그러나 판사는 새로 작성한 유언장이 유효하다는 결정을 내린다. 이에 헤티는 신탁 관리자들을 상대로 소송을 제기하기로 결심했다.

재판에서 헤티는 재산의 유일한 법정 상속자로서 자신이 모든 재산을 물려받아야 한다고 주장했다. 그녀는 고든 박사가 노령의 여성에게 약물을 과다 투여해서 정신을 혼미한 상태로 만들고 개인적인 이득을 취했다고 비난했다. 먼저 작성된 유언장에 나타났듯, 고든 박사의 영향력 아래 있지 않을 때 실비아의 의사는 전 재산을 헤티에게 물려주는 것이었다고 헤티는 주장했다.

신탁 관리자들은 증인들의 증언을 근거로, 실비아가 만년의 삶을 보내면서 막무가내로 밀어붙이는 조카가 마음에 들지 않아 태도를 바꾼 것이라고 반격했다. 이들은 헤티가 찾아 왔을 때 실비아가 간호사에게 제발 자신이 혼자서 헤티와 있게 하지 말아 달라고 간청했다는 이야기도 했다. 집안일을 돌보던 다른 사람들도 앞다투어 헤티가 집안에서 소리를 지르고 떼를 쓰며 하인들을 계단 아래로 밀어 버렸던 불쾌한 일화를 쏟아 냈다. 유언장에는 실비아가 자신의 돈을 고아원, 미망인, 친구 들처럼 자신이 남겨 주고 싶은 곳에 쓸 수 있어서 안도한다는 내용도 들어 있었다. 신탁 관리자들은 실비아의 유언장 내용에 아무런 문제가 없으며 변경되어서는 안 된다고 주장했다. 이제 공은 다시 헤티에게로 넘어갔는데, 헤티는 아무도 생각지 못한 놀라운 방식으로 이를 받아쳤다.

헤티는 실비아가 불러 주고 자신이 받아 쓴 첫 번째 유언장이 쓰인 날, 헤티가 받아 쓴 별도의 유언장 한 쪽이 더 있다고 이야기했다. 유언장 작성 당시 참관했던 증인 중 이를 본 사람은 없고, 이 유언장에는 실비아의 서명만 있었다. 헤티 이외의 다른 사람들이 내용을 볼 수 없었다는 점을 제외하면 특별할 것은 없었다. 당시 실비아는 이미 주변에 의지하며 말년을 보내고 있는 부유한 독신녀인 자신을 주변에서 이용할 가능성이 높다는 우려를 하고 있었기에, 추후 유산을 둘러싸고 생길 수 있는 분쟁을 막기 위해 유언장을 추가로 작성한 것이라고 헤티는 주장했다. 이 유언장은 다른 모든 유언의 효력을 무력화시키는 것이었다.

브리스틀 카운티 뉴베드퍼드시의 실비아 앤 하울랜드로 기억될 본인은, 1월 11일 이 유언장의 두 번째 쪽을 작성하여 다음의 내용을 선언한다. 더 자세히 말하자면, 나 자신이 이 문서 전이나 후에 작성한 유언장은 모두 취소한다. 이 유언장은 조카에게 주어, 만약 조카에게 알리지 않고 다른 유언장이 만들어지거나, 그녀의 유언장을 내가 약속했던 대로 유언

집행자인 토머스 맨덜을 통해서 그녀에게 돌려주지 않는 경우에 제시하도록 한다.

재판부가 이 유언장을 내 조카에게 불리한 다른 어떤 유언장에도 우선해서 채택해 주기를 간청하며, 나 스스로가 병약한 상태에서 나를 돌보아 주는 이들이 자신에게 유리한 유언장을 써달라는 요청을 거부한다면 그들이 화를 내거나 떠날 수 있고, 내 조카가 이 유언장을 제시할 것도 분명하며 — 조카도 나를 찾아왔다가 돌아간 이후 이런 사태를 우려하고 있다 — 심지어 조카가 내 집에 머무는 동안에도 그들이 내게 진실을 말하지 않는 방법으로 나와 조카 사이에 분란을 일으키려고 조카를 험담하는 것이 마음에 들지 않았다. 나는 이 유서를 조카에게 주어, 내가 사망한 후 혹여 다른 유언장이 나왔을 때 제시하도록 하였다. 내 건강이 좋은 상태에서 작성된 이 유언장과 1850년 3월 4일에 작성된 이제는 유효하지 않은 유언장을 통해, 내 전 재산을 조카에게 물려주는 것이 평생의 바람이었음을 보여 주고자 한다. 나는 전 재산을, 내 부친이 내게 그러셨듯 내 조카에게 모두 물려주고자 한다. 10만 달러를 내 친구와 지인들에게 남겨 주고, 남은 재산을 모두 조카에게 물려주겠다고 부친에게 한 번, 동생에게 여러 번 약속했다.

1862년 11월 11일에 작성된 이 문서는 헤티가 썼지만 서명은 실비아의 것이었다. 헤티는 이 유언장을 법정에 제출했다. 이 유언장을 살펴본 신탁 관리자들은 이 유언장이 위조되었다고 주장했다. 싸움은 이제 시작이었다.

최고의 전문가들이 유언장의 진정성을 입증하다

평생을 숫자와 예측, 통계에 기반한 투자 속에 파묻혀 살아온 헤티 그린에게 있어서 신탁 관리자들이 유언장의 위조를 주장할 때 맞닥뜨릴 확률 이론은 지금까지 겪어 왔던 것과는 전혀 다른 부류였다.

실비아 하울랜드의 유언 집행자인 토머스 맨덜은 헤티의 이야기와 먼저 작성된 유언장 두 가지 모두에 이의를 제기했다. 맨덜은 첫 번째 유언장의 서명을 살펴본 뒤 — 첫 번째 쪽의 서명과 첨부된 유언장의 서명 — 세 서명이 거의 동일하다고 판단했다. 그리고 헤티가 이모의 재산을 모두 물려받기 위해 두 번째 쪽의 내용과 서명을 위조했다고 주장하며 소송을 제기했다.

오늘날 승소가 확실한 상황이라면 서명 위조 같은 문제가 불거졌을 때 당연히 그 분야 최고의 전문가를 초빙할 것이다. 당시에는 이러한 일이 매우 드물었으나, 헤티는 가문의 배경 덕택에 미국 동부 최고의 엘리트를 부를 수 있었다.

헤티의 변호인단은 아주 유사한 서명이 그리 드물지 않다는 주장을 펼쳤다. 이들은 글씨를 조각하는 일을 하는 J. C. 크로스먼Crossman을 증인으로 세웠고, 그는 많은 사람들의 서명에 놀랄만한 규칙성이 존재한다고 말했다. 그는 대표적인 예로 전 대통령인 존 퀸시 애덤스의 서명 견본을 여럿 제시했는데, 일부는 거의 똑같았다. 그 후 변호인단은 추가 유언장에 적힌 실비아 하울랜드의 서명이 위조된 것이 아니라고 주장했다. 이를 뒷받침하기 위해 부른 증인은 하버드대학교의 자연사 교수이자 처음으로 빙하기의 존재를 이론으로 정립한 과학자인 루이 아가시Louis Agassiz였다. 아가시는 위조되었다고 의심받는 서명을 현미경으로 관찰한 뒤, 서명을 위조할 때 흔히 그러는 것처럼 글씨를 느리게 쓰거나 종이를 덧대고 베낄 때 나타나는 작은 떨림이 전혀 없으며 단호하고 거침없이 쓰인 필적이므로 위조의 흔적은 전혀 찾아볼 수 없다고 증언했다.

헤티가 종이를 덧대어 연필로 실비아의 서명을 베낀 뒤 그 위에 펜을 이용해 서명을 위조했다는 주장을 반박하기 위해 변호인단이 세운 마지막 증인은 하버드 의과대학의 해부학 및 생리학 석좌교수인 올리버 웬들 홈스Oliver Wendell Holmes였다. 홈스는 당시 미국의 저명인사였는데, 《애틀랜틱 먼슬리Atlantic Monthly》에 발표한 시와 에세이 외에 그가 이룩한 의학적 혁신으로도 유명했다. 그는 수술 중 마취에 대한 당대 최고의 권위자였을 뿐 아니라, 마취anesthesia라는 어휘를 만들어 냈으며 이 어휘가 "문명화된 모든 인류의 입에 오르내리게 될 것"이라고 예측한 사람이었다.✲ 또한 과학적, 사회적으로 유명해지기 이전에도, 그는 1847년에 하버드 의과대학에 여학생을 받으려 했던 일로 이미 유명한 (혹은 악명 높은) 존재였다. 학생회와 다른 교수들이 그의 시도를 저지했지만, 3년 뒤 그는 슬쩍 세 명의 흑인 학생을 받아들였다. 학생회의 절반 이상이 서명

✲ 또한 홈스는 병원에서 의사의 손에 의해 다른 산모에게 옮겨져 수천 명의 산모를 사망에 이르게 했던 산욕열의 발견자로 알려져 있다. 오늘날 의사들이 주기적으로 손, 의복, 기기를 소독하는 것은 그의 덕이다. 그의 이 이론이 발표되자 산과학계는 자신들이 비위생적이어서 환자를 사망하게 만들었다는 이야기라며 격렬하게 반발했다. 그러나 수백 건의 산욕열 전파 과정을 연구했던 홈스는 자신이 옳다는 것을 알고 있었고, 자신의 말을 들어 달라고 간청했다. "더 나은 방법이 발견될 때까지, 생명이 위태로운 산모들을 대신해서 간청하는 바입니다."

한 연판장에는 "흑인을 교육하고 평가하는 데에는 반대하지 않으나, 그들이 우리와 같은 캠퍼스에 있는 것은 단호히 반대한다"고 쓰여 있었고, 홈스는 여론의 압박에 좌절하여 흑인 학생들의 교육 기간을 단 한 학기로 축소할 수밖에 없었다.

뛰어나지만 논란의 인물이었던 올리버 웬들 홈스는 하버드대학교의 최신 장비를 활용해 예의 서명을 과학적으로 분석하는 데 동의했다. 그는 서명을 베낄 때 흔히 나타나는 흔적이나 연필 자국을 전혀 찾아볼 수 없다고 의견을 밝혔다.

두 서명이 완전히 같을 확률은 얼마일까

이제 원고 측은 곤란한 상황에 처했다. 이처럼 저명한 학자들의 의견을 뒤집어서 서명이 위조된 것을 보여 줄 수 있는 방법을 찾기란 매우 힘든 일이었다. 이들은 새로운 전략을 생각해 낸다. 서명을 미시적으로 관찰하는 과학적 방법이 아니라, 수학을 이용해서 반격하는 방법이었다. 이들도 증인으로 당대 최고의 학자였던 하버드대학교 수학 교수 벤저민 퍼스Benjamin Peirce(지금도 '벤저민 퍼스 석좌교수'라는 명칭에 그의 이름이 남아 있다)와 그의 아들이면서 유명한 논리학자이자 철학자인 찰스 샌더스 퍼스 Charles Sanders Peirce를 택했다.

벤저민 퍼스는 서명이 위조되었는지 아닌지를 아주 독창적인 방법으로 판단했다. 아이디어 자체는 단순하고 명쾌했다. 찰스는 아버지의 지도에 따라 여러 문서에서 실비아 앤 하울랜드의 서명 42개를 모은 뒤, 각각의 서명을 나머지 41개와 모두 쌍을 지어 비교하는 방식으로 총 861개의 쌍이 얼마나 비슷한지 알아보았다.

유사성의 정도를 측정하는 기준은 겹쳐진 두 서명에서 아래로 내려 쓰는 획의 수였다. 분석을 위해 대문자의 시작점에서 나타나는 작은 동그라미 형태의 획까지 모두 조사했다. 그 결과 내려 쓰는 획은 'Sylvia'에 9개, 'Ann'에 7개, 'Howland'에서는 H의 복잡한 형상으로 인해 14개로, 모두 30개였다.

다음으로 그는 861개의 서명 쌍 중 내려 쓰는 획이 1개만 있는 쌍의 수, 2개가 있는 쌍의 수를 세는 식으로 총 30개까지 내려 쓰는 획이 공통인 서명 쌍의 수를 정리했다. 재판 기록에 남아 있는 이 표의 내용을 표 9.1의 첫 번째, 두 번째 열에 정리했다. 이를 보면 매우 유사해 보이는 두 서명 사이에 대략 13~30개의 내려 쓰는 획이 있는 서명 쌍들을 하나로 묶었음을 알 수 있다.

이 표에 의하면 861개의 쌍 중 대부분인 617개의 쌍에 3~7개의 내려 쓰는 획이 공통적으로 존재하며, 단 20개의 쌍에만 12개 이상의 쓰는 획이 있다. 이 표를 이용해서 퍼스 부자는 내려 쓰는 획 30개가 모두 공통일 확률을 구했다.

법정에서 벤저민 퍼스는 이 확률이 5^{30}분의 1정도이고 이는 굉장히 작은 값이라고 말했다. 그는 재판부에 이 값은 2,666분의 1의 백만분의 1의 백만분의 1의 백만분의 1(이 값은 $2,666 \times 10^{18}$분의 1로, 실제보다 세 배가량 크지만 19세기에는 계산기가 없었다는 점을 참작하자)이라고 설명했다. 어쨌거나

공통적으로 내려 쓰는 획의 수	서명 쌍의 수	이론적 값
0	0	1
1	0	8
2	15	29
3	97	68
4	131	114
5	147	148
6	143	155
7	99	132
8	88	95
9	55	58
10	34	31
11	17	14
12	15	5
13~30	20	3
합계	861	861

표 9.1

그가 언급한 5^{30}분의 1이란 값은 의미가 있었다. "인간의 감각을 넘어서는 숫자로 (…) 이처럼 불가능한 숫자는 현실적으로도 불가능함을 의미합니다. 이런 신기루 같은 확률은 현실에 존재하지 않습니다. 법이 고려해야 할 숫자의 영역을 상상을 초월할 정도로 넘어서는 것입니다."

즉 두 서명이 우연히도 구분할 수 없을 정도로 완벽히 일치할 확률은 그야말로 무시해도 좋을 만큼 낮고, 그러므로 두 서명이 너무나 똑같다면 하나는 위조된 것이라는 이야기였다. 그렇다면 그 유언장으로 이득을 볼 헤티 이외에 누가 서명을 위조했겠는가? 하지만 이런 결론과 계산은 좀 더 살펴볼 구석이 있다. 표 9.1에서 볼 수 있듯 두 서명을 비교했을 때 실제로 일치한 획이 13~30개인 쌍이 20개나 되는데, 왜 30개의 공통 획이 나타날 확률은 그처럼 작을까? 벤저민 퍼스는 대체 어떻게 이 확률을 계산했던 것일까?

퍼스는 이항식을 이용해서 근사값을 구했다.[*] 이항식을 이용해서 구한 예측치가 표 9.1의 세 번째 열에 나타나 있다. 퍼스가 이 방법을 택한 이유는 단순하다. 세 번째 열과 두 번째 열의 값이 매우 유사하고, 이는 이 모형이 잘 들어맞는다는 의미이기 때문이다.

하지만 표를 잘 들여다보면 두 번째 열과 세 번째 열의 값이 그렇게 비슷하지는 않다는 점을 알 수 있다. 비교하기 쉽도록 이 값을 그래프로 그려 보자. 주황색 선이 실제 값이고, 회색 선이 이항식에 의한 값이다. 언뜻 보기엔 두 선의 모양이 비슷해 보이지만 양쪽 끝에서는 상당히 다르다. 어떤 의미일까?

왼쪽 끝 부분에서 주황색 선(실제 값)이 아예 없거나, 회색 선(이론 값)에 비해 주황색 선이 짧은 부분은 실비아 하울랜드의 서명이 완전히 무작위인 분포와 달리 대체로 서로 유사하다는 의미다. 오른쪽 끝 부분에서 주황색 선이 회색 선보다 큰 값인 이유는 퍼스가 내려 쓰는 획이 13~30개까지 공통인 쌍을 하나로 묶었기 때문이다. 공통 획의 수가 11개 이상인 쌍의 경우 이론 값(회색)은 8이지만, 실제 값(주황색)은 35에 이르러서 차

---

[*] 이 값은 $861 \times {}_nC_{30}(1/5)^n(4/5)^{(30-n)}$의 식으로 구할 수 있다. 여기서 ${}_nC_{30}$은 n이 0부터 30까지일 때 각각의 이항계수를 가리킨다.

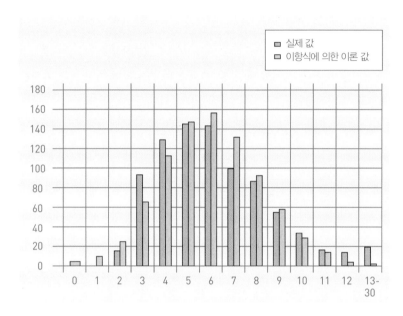

이가 4배가 넘는다.

퍼스가 작성한 표의 가장 마지막 구간인 13~30개의 획이 공통인 서명 쌍 수에 대해, 공통 획 수에 따라 각각의 구간으로 나누어 정리하지 않은 것이 의아하기는 하다. 물론 27, 28, 29개 같이 많은 수의 공통 획을 가진 서명의 쌍이 하나 있다 해도, 법정에서는 확률적으로 무시해도 되는 매우 특별한 경우라고 주장했을 것이다. 5^{30}분의 1은 극히 작은 값이기 때문이다. 만약 이들이 실제로 그런 쌍을 찾았는지 알 수 있었다면 사건은 더 흥미롭게 진행되었을 것이다.

어찌되었건 이론 값과 실제 값을 비교해 보면 두 수치가 완벽히 부합하지 않는다는 사실은 물론이거니와 실비아 하울랜드의 서명 사이의 유사성을 과소평가하고 있다는 점이 드러난다. 그러므로 벤저민 퍼스가 이를 근거로 두 서명이 똑같을 확률이 5^{30}분의 1이라고 주장한 것은 상당히 무리한 행동이었다. 벤저민 퍼스는 뛰어난 인물이기는 했지만, 그가 제시한 자료와 결론은 당혹스러웠다.

비현실적으로 낮은 확률을 보여 주는 모형을 이용해서 실제로는 많은 사례가 나오는 결과를 설명하기는 어렵다. 실비아의 서명이 세월이 흐르면서 조금씩 바뀌었을 수도 있으므로 연달아 작성된 서명은 매우 유사한 반면, 작성 시기가 서로 멀리 떨어진 서명들끼리는 상당히 다를 수 있다. 또한 한 자리에 앉아서 같은 자세로, 같은 펜으로 쓴 서명은 다른 상황에서 쓴 서명에 비해 훨씬 유사할 수 있다. 이런 변수를 모두 고려한 모형을 적용해야만 서명이 동일한지 여부를 확률적으로 더 정확하게 판단할 수 있다. 헤티는 실비아가 특별히 자세를 바꾸지 않고 유언장의 서명들을 한 자리에서 차례로 썼다고 주장했다. 그렇다면 당연히 몇 달 전에 썼던 서명보다는 훨씬 비슷할 밖에 없다.

퍼스의 분석에서 아주 작은 값을 어떻게 바라보았는지도 논란의 여지가 있다. 그는 이 값이, 두 서명이 온전히 우연에 의해서 똑같을 확률이라고 해석했기에 그런 일은 실질적으로 일어날 수 없다는 결론에 도달했고, 결과적으로 두 번째 서명이 위조된 것이라고 보았다. 그러나 통계학자 폴 마이어Paul Meier와 샌디 자벨Sandy Zabell이 지적했듯, 5^{30}분의 1보다 훨씬 큰 확률로 똑같은 서명이 존재할 다른 가능성도 있다. 예를 들어 실비아 하울랜드 스스로가 자신의 서명을 종이에 덧대어 베껴 썼을 수도 있다. 아니면 실비아의 유산 집행인이던 토머스 맨덜이 두 번째 유서를 바꿔치기해서 헤티의 주장을 무력화시키려 했을 수도 있다. 그도 아니라면 찰스 샌더스 퍼스가 헤티가 서명을 위조했다고 확신하고선 이를 부각시키기 위해 문제의 두 서명을 비교할 때 다른 서명 쌍들과는 전혀 다른 잣대를 들이댄 것일 수도 있다. 물론 이런 가능성(다른 가능성도 수없이 생각해 볼 수 있다)은 그리 현실적이지는 않다. 하지만 이런 경우조차 벤저민 퍼스가 주장했던 $2,666 \times 10^{18}$분의 1보다는 훨씬 확률이 높다!

재판에서는 이런 문제들이 전혀 제기되지 않았다. 판사는 헤티가 이해 당사자라는 이유로 그녀의 증언도 허락하지 않았고, 결론적으로는 실비아의 마지막 유언장의 내용에 가까운 판결이 내려졌다. 헤티의 태도에 불만을 갖고 있던 친척들 중 일부는 그녀를 서명 위조범으로 고발하겠다고 협박하기도 했다. 에드워드 그린과 결혼했던 헤티는 어쩌면 다른 재판을 피하려는 의도로 영국으로 이주했고, 그곳에서 두 아이를 낳았다. 만약 재판이 다시 열렸더라면 어떤 결과가 나왔을지는 알 수 없다. 우리가 보기엔 헤티가 서명을 위조하지 않았다고도 하기 어렵지만, 퍼스의 계산이 합리적 의심을 넘어설 정도로 분명한 증거를 보여 주지 못한 것도 사실이다. 어쨌거나 분명한 사실은 돈에 관한 헤티의 이런 특별한 경험들이 이후 그녀가 재산을 모으는 일에 불굴의 의지로 초지일관하는 존재가 되도록 하는 데 큰 역할을 했다는 점이다.

월스트리트 마녀의 전설이 시작되다

헤티 가족은 1879년이 되어서야 미국으로 돌아와서 버몬트주의 벨로스 폴스에 있는 남편의 고향에 자리 잡았다. 남편인 에드워드 그린은 부유하고 성공한 사업가였지만 부인과는 달리 돈을 잘 쓰며 호화로운 삶을 살았다. 처음 그녀는 대부분이 신탁에 맡겨져 있고 적은 이자만 지급되는 자신의 재산에 영향만 없다면 남편이 돈을 어떻게 쓰건 상관하지 않았다. 헤티는 이 돈을 거의 대부분 은행에 저축했고 오래지 않아 상당히 큰 금액을 모았다. 이 시기 그녀는 남편이 굉장히 짜증낼 만큼 엄청난 구두쇠로 변해 갔고 마을 사람들의 웃음거리가 — "어제 오밤중에 헤티 그린이 마부를 깨워서 저녁 먹었던 식당에 다시 가서는 2센트짜리 동전 하나 찾으려고 마당을 샅샅이 뒤졌다는 얘기 들었어?" — 되었다. 시어머니 장례식 때는 남편이 그녀에게 왜 손님들에게 와인을 싸구려 잔에 담아 주느냐고 질책하자 "싼 잔에 마셔도 아무 문제가 없는데 괜히 귀한 물건들을 쓰다가 깨뜨릴까 봐" 비싼 크리스탈 잔은 모두 상자에 넣어 두었다고 말해서 남편이 격노했다는 이야기도 있다. 에드워드는 그녀를 노려보다가 잔을 벽에 집어 던지고는 방을 나갔다고 한다. 이 시기에 이르러서는 헤티의 금전 관념이 결혼 생활에 엄청난 위기감을 불러오게 된다.

신앙심이 아주 깊지는 않았지만 청교도 집안 출신이었기 때문에 헤티는 부를 과시하거나 호화스런 생활을 멀리하고 검소한 생활을 추구한 것으로 알려져 있다. 하지만 다른 이유도 충분히 생각해 볼 수 있다. 특별히 심리학적으로 파고들어가지 않더라도,《정신질환 백과사전

Encyclopedia of Mental Disorders》에 나오는 다음 항목을 보면 누구라도 그녀의 전기에 실린 수많은 일화가 떠오를 것이다.

> 강박성 인격 장애는 경직성, 자제력, 완벽주의뿐만 아니라 가까운 인간관계를 희생하면서까지도 일에 집착하는 증상을 보이는 인격 장애의 한 종류다. 이 장애를 가진 사람은 규칙, 세부 사항, 효율에 사로잡혀 있기 때문에 어지간해서는 마음을 놓고 쉬지 못한다. 보통 고집이 세고 인색하며 독선적, 비협조적이라는 평을 듣는다.

그녀와 함께 사는 것이 쉬운 일은 아니었지만 이들 부부는 아들 네드와 딸 실비아를 사랑했고, 헤티가 50세가 될 무렵 은행이 무너지는 재앙이 일어날 때까지 오랜 세월동안 그럭저럭 결혼 생활을 이어간다.

헤티와 에드워드는 모두 상당한 금액을 뉴욕의 시스코앤드선Cisco and Son 은행에 맡겨 두고 있었는데, 유가증권을 제외한 헤티의 예금만도 50만 달러에 가까운 금액이었다. 이 은행이 어려운 상황에 처했다는 소문이 들리자, 그녀는 곧바로 뉴욕으로 달려가 전액을 인출해 다른 은행으로 옮겨 달라고 요구했다. 그녀의 요구는 지극히 합법적이었음에도 은행이 이를 거부하자 헤티는 충격을 받는다. 그리고 이 때 자신의 남편이 생각만큼 부자가 아니라는 사실도 알게 된다. 그는 시스코앤드선 은행에 무려 70만 2,000달러의 채무가 있었고, 은행은 남편의 대출금을 상환하지 않으면 예금을 내어 줄 수 없다고 버텼다.

모욕이었다. 헤티는 남편의 빚은 자신과 상관없으니 자신이 갚을 이

유가 없다고 불같이 화를 냈지만 헛수고였다. 그녀가 은행 도산의 주범이라고 대놓고 비난하는 — 말도 안 되는 — 'E. H. 그린 부인의 행태'에 관한 신문 기사들도 무시했지만 소용없었다. 시스코앤드선 은행은 다른 곳에 인수되었는데도 여전히 헤티가 남편 채무의 상당 부분을 갚아야만 예금을 내어 주겠다고 주장했다.

1885년 1월, 필사적으로 자신의 돈을 찾으러 은행을 찾아온 소액 예금자들은 눈앞에서 놀라운 광경을 목격하게 된다. 헤티가 은행장 책상에 앉아서 격노하고 있었던 것이다. 그녀는 분에 못 이겨 소리를 지르고 발을 쿵쿵거리고 소리를 질렀다고 한다. 은행장은 아무 말 없이 앉아 있었고 지나가는 행인들은 유리창 너머로 이 광경을 구경하려고 모여들었다.

헤티는 예금 50만 달러와 유가증권을 모두 인출하고자 했고, 은행은 그녀가 남편의 대출을 갚아 주기를 원했다. 헤티로서는 안타깝게도, 유가증권 서류는 은행의 금고 안에 보관되어 있었다. 은행이 주지 않으면 받을 도리가 없었고, 은행은 그녀가 남편의 빚을 갚기 전에는 이를 내주지 않기로 마음먹은 상태였다.

헤티는 남편의 금융 거래는 자신과 무관하다고 일관적으로 주장했다. 지점장은 말없이 책상에서 펜을 만지작거리면서 자신은 급할 것이 없다고 답했다. 자신이 상속한 아버지와 이모의 유산이 신탁에 맡겨지면서 자신의 돈을 마음대로 할 수 없다는 짜증나는 상황을 이미 두 번이나 겪었던 헤티는 화가 날 대로 났다. 거기에 참을 수 없는 모욕감이 또 더해진 셈이었다. 70만 2,000달러짜리 수표를 써주고서야 자신의 유가증권을 돌려받고서 분노에 휩싸인 채 은행을 걸어 나온 헤티는 좀 더 밀을 만한 은행인 케미컬내셔널 은행Chemical National Bank에 돈을 맡긴다.

이제 그녀의 분노는 진짜 원인인 남편을 향하기 시작한다. 그가 자신의 돈을 낭비하고 날려 버렸다는 사실은 헤티에겐 큰 문제가 아니었고, 아마 별 신경도 쓰지 않았던 듯하다. 하지만 남편은 자신의 재산에 커다란 피해를 입히는 큰 죄를 저질렀고, 이는 그녀로서는 절대 용납할 수 없는 일이었다. 헤티는 당시 17세와 14세이던 아이들을 데리고 벨로스 폴스의 집에서 나온다.

이후 30년간, 헤티 그린은 뉴저지주 호보컨에 있는 평범한 방 두 개짜리 아파트에서 시작해 아침에 값싸게 뉴욕까지 갈 수 있는 — 물론 대중교통으로 — 곳에 위치한 저렴한 동네를 전전하며 살아갔다. 자신에게 마차를 유지할 만한 재력이 없다고 생각했기 때문이다. 평일에는 케미컬내셔널 은행이 그녀에게 내어 준 월스트리트의 사무실로 출근해서 투자 대상을 물색하는 일을 하며 시간을 보냈다. 자산을 매각하는 경우는 거의 없었으며 계속 사고 또 사고 또 사서 가격이 오를 때까지 기다렸다. 그녀는 자신이 그곳에서 한 일을 "큰 가위로 채권을 자르는" 것이었다고 표현했다. 점심시간에는 주변 식당이 너무 비싸다며 ("커피 한 잔에 10센트가 말이 돼? 그 정도의 가치는 없어.") 가지 않았고 혹여 가더라도 웨이터에게 팁을 주는 대신 잔소리를 해댔으며, 대부분은 집에서 가져온 도시락을 먹거나 오트밀에 물을 부어 난방용 방열기에 얹어서 데워 먹었다. 헤티의 삶에서 그녀가 기꺼이 돈을 지불한 대상은 자신으로 하여금 말도 안 되는 끔찍한 수표를 쓰게 만들었던 시스코앤드선 은행의 지점장을 포함해서 사실상 그녀를 부당하게 대한 상대에 대한 소송뿐이었다. 판사가 질문할

때면 — 그리고 재판 진행을 방해한다고 주의를 받을 때 — 헤티는 "내게
는 자랑스러운 청교도의 피가 흐릅니다. 저는 옳은 일을 하려는 것뿐입
니다. 그러므로 저는 천국에 갈 수 있으리라 확신합니다"라고 대답하곤
했다. 세월이 지나면서 그녀의 명성은 더욱 높아졌다. 헤티 그린은 길고
검은 이상한 옷과 모자, 망토를 걸친 사람으로 유명해졌고, 존경 반, 두려
움 반이 섞인 '월스트리트의 마녀'라는 별명으로 불렸다.

그녀의 아들은 독립해서 성공한 투자자가 되었으며, 딸은 결혼했다.
헤티는 혼자 살면서 일을 했고, 돈은 전혀 쓰지 않으면서 시카고의 거리
한 구역 전체나 새로 개통된 철로, 개발 예정 지역들을 사들이는 식으로
미국이라는 국가 자체에 투자하여 재산을 계속 늘렸다. 자산 가격의 등
락에 따라 하루에 20만 달러를 벌기도 했지만, 폰지와 달리 완전히 합법
적이고 정직한 방법이었다. 130년이 지난 지금 보더라도 놀라운 재주임
이 분명하다. 헤티가 투자 기회를 포착하는 데 천재적인 재능을 갖고 있
었다는 점에는 누구나 토를 달지 않는다. 그녀가 상속받아 신탁을 통해
보유했던 초기 재산은 제대로 운용되지 않았고, 결국 미국 역사상 손꼽
히는 그녀의 어마어마한 재산에서 거의 아무 의미도 없는 수준으로 쪼그
라들었다.

헤티 그린은 정말로 유언장을 위조했을까?

헤티 그린이 사망한 1916년, 그녀의 재산은 아들과 딸에게 남겨졌는

데, 이들 모두 자녀가 없었다. 이들이 사망하고 나서 재산은 여러 사람과 단체, 대학교, 도서관, 자선단체에 남겨졌다. 공공 건물 중 그녀의 이름을 딴 곳은 매사추세츠주에 있는 웰즐리대학의 그린 홀이 유일하다. 헤티의 자녀가 재산을 남길 때 어머니의 이름을 딱히 기리지 않기 때문이었기도 하지만, 그녀의 이름은 동시대를 살았던 카네기나 모건, 록펠러 같은 다른 부호들에 비해 거의 기억되지 않는다. 헤티는 평범한 삶을 원했고, 어쩌면 이런 식으로 기억되는 것을 선호했을지도 모른다.

세기의 재판 이후 150년이 흐른 오늘날, 일반적인 인식은 헤티가 그 유명한 유언장의 두 번째 쪽 서명을 위조했다는 것이다. 하지만 정말 그럴까? 만약 그랬다면 실비아는 왜 첫 번째 유서를 없애지 않고 보관하고 있었는지 의문을 가져 봄 직하다.

헤티가 첫 번째 유서와 문제의 두 번째 쪽을 법정에 제시했을 때, 이 두 종이의 가장자리를 따라 작은 구멍들이 뚫려 있었다. 헤티는 이를 두고 문서의 진실성을 의심하는 사람들 — 실비아의 친구, 간호사, 하인 들, 즉 헤티의 적들 — 에게 이 문서가 진짜라는 것을 보여 주기 위해 이모와 함께 표시한 것이라고 설명했다. 이 말이 사실이라면, 실비아의 트렁크에서 유서를 꺼내자마자 적들에게 이것부터 보여 주어야 마땅한 일이었다. 하지만 그녀는 유서를 집으로 가져와 자신이 먼저 살펴보는 쪽을 택했다. 자제력과 지배욕이 충만한 그녀의 성격으로 볼 때 충분히 의심스러운 상황이라고 할 수 있다.

헤티 그린은 그 후 한 번도 부정직함이나 속임수로 비난받지 않았다. 성격적으로 다양한 결함이 있는 것으로 유명하지만, 그중에 부정직함은 없었다. 재판에서 묵시적으로 인정한 서명 위조에 대해서도 결코 인정하지 않았다. 심지어 그녀를 증오할 이유가 충분했던 실비아의 유언 집행자 토머스 맨덜이나 고든 박사도 이를 문제 삼아 소송을 제기하지 않았다. 그러나 이제 진실을 알 수 있는 방법은 없다.

재판 이후 헤티의 삶을 보면 그녀가 돈을 탐내서 한번 도박을 했다가 잃은 셈인지, 아니면 일이 잘 풀렸으면 응당 자신의 것이 되어야 마땅했던 재산을 역으로 사기당한 것인지 고개를 갸우뚱하게 만든다. 어찌되었건, 그녀가 자신의 성격을 형성하는데 결정적 역할을 했던 좌절과 장애물들을 극복하지 못했다면 역사에 남는 여성 부호이자 월스트리트의 마녀가 될 수는 없었을 것이다.

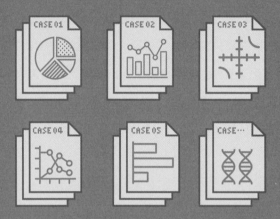

20세기 프랑스를 거의 반으로 갈라놓은 드레퓌스 사건은 국가의 이익을 위해 개인의 인권을 탄압한 대표적인 사례로 알려져 있다. 사건 당사자인 알프레드 드레퓌스는 알자스 지방 출신의 유대계 프랑스인 장교였는데, 독일 대사관에서 발견된 어느 메모로 인해 독일의 스파이로 지목되었다. 필적 전문가인 알퐁스 베르티옹이 예의 메모와 드레퓌스의 필적을 비교하며 확률론을 주장했다. 이에 따라 드레퓌스에게 유죄가 선고되었다. 과연 필적 전문가가 사용한 '필적이 일치할 확률'이란 어떤 것이었을까?

20세기 프랑스를 분열시킨 분열시킨 드레퓌스 사건의 진실

CASE 10

알프레드 드레퓌스 사건

수학으로 표현된 광기

3장의 믿기 힘든 우연과 마찬가지로, 이 장에서 다루는 내용도 어지간 해선 일어날 것 같지 않은 일의 발생 가능성과 관련되어 있다. 다만 이번에는 복권처럼 한 번이 아니라 여러 번에 걸쳐서 일어나는 경우다. 이 오류는 상대적으로 일어나기 어려운 사건이 열 번 일어날 확률을 계산하는데, 이 열 번의 사례가 실은 100번의 시도에서 얻어진 결과라는 점을 간과할 때 일어난다. 예를 들어 친구가 화살을 쏴서 다섯 번이나 과녁 한가운데를 맞혔다면, 누구라도 '화살을 몇 발 쏘았나'를 물어 볼 것이다. 전체 화살의 수가 적을수록 놀라운 결과임은 당연한 이야기다. 100발을 쏘아 얻은 결과라면 그다지 인상적이라고 할 수는 없다.

다른 예를 들어 보자. 어느 웹사이트에 비행 공포증을 극복하는 방법 이라고 소개된 글 중에는 다음과 같은 내용이 있다. 글의 의도는 좋지만 천천히 잘 읽어 보면 독자에게 오해를 유발하는 내용임을 알 수 있다.

MIT의 아널드 바넷박사는 민간 비행 안전 분야를 오랫동안 연구해 왔다. 그의 연구 결과, 1975년부터 1994년까지 15년이 넘는 기간 동안 항공기 사고로 인한 사망률은 700만분의 1로 집계되었다. 이 통계는 탑승자가 특정 항공사의 항공기에 탑승했을 때 비행 중 사망할 확률을 19년 동안 분석해서 얻은 결과다. 다시 말해, 당신이 미국의 주요 항공사의 여객기에 탑승한다면 사고를 맞이할 확률이 700만분의 1이란 의미다. 비행기를 몇 년에 한 번 탑승하건 매일 탑승하건 마찬가지다.

1975년에서 1994년까지가 15년이 아니라는 점은 제쳐두더라도, "특정 항공사"와 "주요 항공사"는 전혀 다른 의미이고 연구 결과는 미국에서 출발한 항공편에만 해당되므로, 근본적으로 이 명제에는 수학적 오류가 존재한다. 이제 "항공기 탑승"을 "러시안 룰렛하기"로 바꾸고 "700만분의 1"을 "6분의 1"로 바꿔보자. 그러면 위 구절의 마지막 부분은 "러시안 룰렛 게임을 하면 죽을 확률이 6분의 1이다. 러시안 룰렛을 몇 년에 한 번 하건 매일 하건 마찬가지다"가 된다. 여기서 "6분의 1"이란 값이 타당한 값일까? 러시안 룰렛을 몇 년에 한 번 하건 매일 하건 정말 상관이 없을까?

여러 번 시도해서 얻는 결과의 확률은 어떤 식으로 구해야 할까? 두 명이 주사위 던지기를 여섯 번 했는데 상대가 세 번 6이 나와서 승리한 경우를 생각해 보자. 여섯 번의 시도 중에서 6이 세 번 나왔다면 아주 운이 좋은 경우라서 뭔가 속임수가 있는 것이 아닐까 생각될 것이다. 그러나 상대가 속임수를 썼는지 의심하기 전에 잠시 계산을 해볼 필요가 있다. 실제로 주사위를 여섯 번 던져 6이 세 번 나올 확률은 어느 정도일까?

주사위를 한 번 던져서 6이 나올 확률은 6분의 1이다. 주사위를 여섯 번 던져서 6이 세 번 나올 확률을 구할 때 보통 $(1/6)^3 = 1/216$ 이라는 잘못된 계산을 하는 경우가 많다. 이런 실수는 얼마든지 흔히 일어날 수도 있는 사건을 실제보다 훨씬 더 일어나기 어려운 사건이라고 생각하게 만든다. 1/216은 주사위를 여섯 번 던져서 6이 세 번 나올 확률이 아니라 세 번 던져서 세 번 모두 6이 나올 확률이다! 주사위를 세 번 던졌을 때보다 여섯 번 던져서 6이 세 번 나올 확률이 높다는 것은 누구나 짐작할 수 있고, 실제로 주사위를 여섯 번 던졌을 때 6이 세 번 나올 확률은 625/11,664, 약 0.053으로 5퍼센트를 살짝 넘는 정도다.

그런데 만약 6이 세 번이 아니라 네 번, 다섯 번 심지어 여섯 번 나왔다면? 속임수가 있는지 확인하려면 각 경우의 확률을 구해서 더해 봐야 한다. 당연히 주사위를 여섯 번 던져서 6이 네 번, 다섯 번, 여섯 번 나올 확률은 작지만 각각의 값은 관점에 따라 중요한 차이가 있다. 여섯 번 던져서 6이 세 번 이상 나올 확률은 1,453/23,328, 약 0.062로 6퍼센트를 약간 넘는다. 이 정도면 충분히 자주 일어날 수 있는 사건이다.

1894년 12월 22일 프랑스 육군 대위 알프레드 드레퓌스Alfred Dreyfus는 장교 일곱 명으로 구성된 군법회의에서 만장일치로 반역죄에 대한 유죄 판결을 받고 프랑스령 기아나에 위치한, 질병과 모기로 가득한 악마섬에서의 종신형을 선고받는다. 당시 독일 대사관에서 근무하던 무관 막시밀리안 폰 슈바르츠코펜Maximilian von Schwartzkoppen의 쓰레기통에서 그에게 프랑스군의 기밀을 팔겠다는 내용과 문서의 목록이 담긴 작성자 불명의 메모가 발견되었는데, 드레퓌스는 바로 이 사건의 범인으로 지목된 것이다.

이 메모를 작성한 범인이 드레퓌스인지 알아보고자 드레퓌스의 필적을 메모와 비교하는 역할을 했던 육군 첩보부 소속 아르망 뒤파티 드 클람 소령Armand du Paty de Clam은 자신이 드레퓌스의 방에 들어갔을 때 그의 손가락이 떨리고 있었는데 이는 죄책감의 발로이며,[*] 감정을 자제한

---

[*] 드레퓌스는 날씨가 너무 추웠던 탓이라고 주장했지만, 그때 함께 있었던 다른 장교 그리벨린 Gribelin은 당시가 화창한 10월이었으며 방 안에 난로도 있었으므로 이 주장은 거짓이라고 반박했다. 드레퓌스 지지자이자 《드레퓌스 사건의 역사History of Dreyfus Affiar》를 쓴 조제프 라이나흐 Joseph Reinach는 당일 아침 기온이 꽤 쌀쌀한 수준인 섭씨 5도였다는 기사가 실린 신문을 가져와 그리벨린의 주장을 반박했다. "거짓말은 너무 상세하게 하지 않는 게 좋다. 바깥 날씨가 그렇게 좋았다면 난로는 왜 필요했는가? 당신은 여름에 난로를 켜는 버릇이라도 있는가?"

그의 차분한 태도는 속임수에 노련한 배신자의 행태라고 증언했다. 뒤파티 소령의 동료인 위베르 조제프 앙리Hubert-Joseph Henry 소령은 육군 내부에 첩자가 있음을 보여 주는 문제의 메모가 어떻게 발견되었는지 설명하고는, 증거가 없는 상태에서 피고인을 향해 손가락질하며 "배신자가 이곳에 있소!"라고 소리쳤다. 결정적으로 필적 전문가 중 두 명은 문제의 메모가 드레퓌스가 쓴 것이 아니라고 판단했고, 세 명은 그가 쓴 것이라고 보았다.

한편 드레퓌스 재판을 맡은 장교들이 숙의 중일 때 국가 안보를 이유로 피고와 변호인은 볼 수 없는 문서가 이들에게 전달되었는데, 이는 명백히 불법이었다. 비공개 문서 중 하나는 독일 무관 슈바르츠코펜과 깊은 동성애 관계였던 이탈리아 무관 알레산드로 파니차르디Alessandro Panizzardi(파니차르디는 슈바르츠코펜을 여성형 이름인 '막시밀리안네Maximillienne'라고 불렀고, 자신의 서명에도 여성형 이름인 '알렉산드린Alexandrine'이라고 썼다)가 쓴 편지였는데, 여기에는 누군가를 "그 나쁜 자식 D"라고 부르는 내용이 담겨 있었다. 그 밖의 다른 문서들은 경찰이 몇 달 전에 작성한 보고서로, 경찰이 독일에게 정보를 넘기는 첩자의 존재를 알고 있음을 시사하는 내용이 담겨 있었다.

재판에서는 아무도 언급하지 않았지만, 드레퓌스는 알자스 지역 출신이었다. 프랑스가 보불전쟁에서 패한 탓에 알자스는 1871년 독일에 합병되었고, 이로 인해 프랑스의 국민적 분노가 하늘을 찌를 듯했다. 게다가 그는 유대인이었는데, 당시 유럽에서는 반유대주의가 극성을 부리고 있었다. 드레퓌스는 명예를 중시하고 애국심이 충만한 사람이었으나 당시 상황에서 그의 이런 점은 무시되었고, 오히려 가식적인 행동으로 취급받았다. 말하자면 드레퓌스는 이상적인 외부인이었으며 첩자로 몰기 딱 좋은 최고의 희생양이었다.

알프레드 드레퓌스는 공개적으로 군적을 박탈당하는 의식을 치러야 했고, 이는 오늘날 프랑스에서 국가적 수치로 기억되는 순간이기도 하다. 그는 계속해서 자신의 무죄를 주장하며 조국에 대한 애정을 피력했지만, 공화국 수비대 장교는 칼을 꺼내 그의 견장과 단추를 잘라 내 땅바닥에 집어 던졌다. 이 모든 일이 "배신자를 죽여라!", "유대인을 처형하라!"라는 군중의 함성 속에서 진행되었으며 밀려드는 군중으로 인해 광장을 둘러싼 철망이 무너질 지경이었다. 불명예 제대를 당한 드레퓌스는 곧바로 철창에 갇혀 배에 실린 뒤, 2월의 찬바람이 몰아치는 대서양으로 쫓겨났다. 2주간의 항해 끝에 배는 악마섬에 도착한다.

그가 무덥고, 온갖 전염병이 난무하는 작은 바위섬에 머무른 4년 동안, 드레퓌스는 그곳의 유일한 죄수였다. 그는 허름한 오두막에 거주하면서 24시간 감시를 받았으며, 한 마디의 대화도 허용되지 않았다. 조리에 필요한 기본적인 도구도 지급되지 않았으며, 씻을 때 외에는 바다에 접근하는 것도 허락되지 않았다. 부인 루시와 형 마티외를 비롯하여 친구들이 그를 위해 백방으로 노력했지만 전혀 소식을 알 수 없었다. 프랑스의 분위기가 점점 험악해지면서 드레퓌스에 대한 대접은 더욱 나빠졌다. 신문에 그가 탈출을 기도했다는 거짓 기사가 실리자 잘 때도 침대에 연결된 족쇄가 채워졌고, 최소한의 농작물을 거우 키울 수 있을 정도의 땅 둘레에 담을 세워 바다도 볼 수 없도록 했다. 부인과 편지는 주고받을 수 있었지만 편지는 모두 검열당했을 뿐 아니라 몇 달이 지나서야 전달되었다. 그는 대부분 아픈 상태였으며 본국에서 건너온 의사가 그를 진찰할 수는 있었지만 정작 식사나 위생, 해수욕과 같이 의사가 내린 처방을 따르지 못하게 했다. 그의 형이 카옌에 있는 식료품점 주인에게 부탁해 통조림을 전달하려고 했으나 주인은 경찰이 그를 너무 험하게 대하자 생각을 접고 만다.

때때로 불굴의 의지가 솟아났던 경우를 제외하고 드레퓌스는 자신이 악마섬에서 죽게 되리라고 생각했다. 외부 소식을 전혀 알 수 없었던 데다 자신의 사건이 프랑스 정치와 사회에 몰고 온 엄청난 영향을 몰랐던 그는 부인을 시작으로 장관, 대통령에 이르기까지 모든 사람에게 무죄를 주장하면서 진짜 범인을 찾아야 한다고 호소하는 편지를 썼다. 하지만 부인이 보낸 답장만 받을 수 있을 뿐이었다.

물론 진범을 찾으려는 시도가 계속되고 있긴 했지만 그 주체는 정부도, 육군도 아니라 이 사건을 뒤집어야 한다는 생각을 갖고 있던 일부 저명인사의 도움을 받는 그의 부인과 형이었다. 메모를 작성한 진범인 샤를 페르디낭 발신 에스테라지Charles-Ferdinand Walsin-Esterhazy 소령은 자신을 향한 의심의 눈초리가 거세지고 있음에도 꿈쩍도 하지 않았다. 자유분방하고 놀기 좋아하는 쾌활한 성격의 에스테라지는 드레퓌스 사건이 가져온 소동에 신경을 쓰지 않고 도박, 사기, 정보 제공 — 첩자질도 물론 — 등을 통해 여기저기서 돈을 벌고 친구의 정부를 유혹하는 등 평소의 생활을 지속했다.

드레퓌스가 체포되고 유죄를 선고받은 후 에스테라지가 그간의 행태를 멈추었다면 아마 진범은 결코 드러나지 않았을 것이다. 하지만 에스테라지는 드레퓌스에게 유죄를 선고한 그 메모가 자신이 쓴 것이라는 사실을 몰랐다. 문제의 메모는 비밀로 취급되었으므로 드레퓌스와 그의 변호사, 군법회의의 재판관과 증인들만 볼 수 있었다. 에스테라지는 그저 그런 정보를 계속 독일 대사관에 팔아먹었고, 얼마 지나지 않아 슈바르츠코펜은 에스테라지의 정보가 필요 없게 되었다. 그는 이제 이 첩자가 더 이상 유용하지 않으므로 관계를 지속할 필요가 없다고 본국으로 전보를 보낸다(당시엔 전보를 아주 얇고 푸른 종이에 손으로 써서 보냈기에 이를 작은 청색 le petit bleu이라고 불렀다).

그는 전문에 에스테라지 소령의 이름을 언급했지만, 너무 직접적이라고 생각했던지 이를 찢어서 쓰레기통에 버리고는 보다 사무적인 표현으로 새로 전문을 작성한다. 청소부가 휴지통에서 수거한 종이는 언제나 그랬듯 곧바로 프랑스 육군 첩보부로 보내졌다.

드레퓌스 사건을 주도했던 책임자는 얼마 전에 은퇴한 상태였다. 앙리 소령은 그 자리를 물려받으려 애썼지만 최종적으로는 엄격함과 정직함으로 명망이 높던 알자스 출신의 조르주 피카르George Picquart 대령이 자리를 맡았다. 그러나 후일 피카르의 정직성이 자신들의 옆구리를 찌르는 상황에 이르자 육군은 이 결정을 매우 후회하게 된다.

피카르는 드레퓌스의 재판 종료가 공식적으로 선언되던 마지막 순간까지 회의실에 남아 있던 두 명의 참관자 중 한 명이었다. 그는 반역자의 휘장을 떼어 내 찢는 의식을 주관한 인물이었으며, 단 한 번도 드레퓌스의 죄를 의심하지 않았다. 수십 조각으로 찢겨진 푸른색 전신용 종이가 복원되어 그의 눈앞에 제출되었을 때도 마찬가지였다. 처음에 그는 또 다른 첩자가 있을지 모른다고 생각했다. 하지만 드레퓌스 사건 때와 달리 이번에는 추적의 실마리가 될 이름이 종이에 적혀 있었으므로 에스테라지 소령을 감시하면서 증거를 확보하기만 하면 되는 일이었다. 그가 벌이는 첩자 행각의 수준을 파악하기 위해 피카르는 에스테라지를 미행했으며 그의 아파트를 수색하고 우편물도 가로챘다. 그렇게 해서 피카르는 에스테라지의 편지 여러 통을 손에 넣을 수 있었다. 편지를 살펴본 피카르는 커다란 충격을 받았다. 편지의 글씨체를 알아본 것이다. 드레퓌스 사건의 계기가 된 메모의 필적과 똑같았다. 드레퓌스의 필적처럼 메모와 비슷하거나 어딘가 닮은 것이 아니었다. 그는 메모와 에스테라지의 편지를 나란히 놓고 바라보았다.

"소름이 끼쳤습니다"라고 그는 후일 적었다. "비슷한 게 아니었습니다. 완전히 똑같았어요."

필적 전문가 베르티옹이 드레퓌스의 유죄를 증명한 방법

피카르는 드레퓌스가 유죄라고 생각했기에 첩보부의 책임자가 된 후로 드레퓌스 사건 파일을 들추어 보지도 않았다. 그런 그가 이제 사건 파일을 살펴보고 있었다. 드레퓌스 사건의 재판관들에게 숙의 기간 동안 제공되었던 문서를 살펴보던 피카르는, 누군가를 "그 나쁜 자식 D"라고 언급한 편지를 발견한다. 또한 어딘가에 있는 첩자를 특정하지 못하도록 조작된 것이 분명해 보이는 경찰의 보고서도 찾아냈다. 이상이 그가 확인한 내용이었다. 그 밖의 다른 것들은 볼 필요도 없었다.

피카르는 필적 전문가이자 경찰의 범인 식별 부서 책임자인 알퐁스 베르티옹-Alphonse Bertillon을 불렀다. 그는 재판에서 메모의 필적이 드레퓌스의 것이며, 확실한 수학적 증거도 있다고 증언한 인물이었다. 피카르는 그에게 예의 메모와 서명을 감춘 에스테라지의 편지를 나란히 보여준 뒤 어떻게 생각하느냐고 물었다.

"같은 사람이 쓴 것입니다"라고 베르티옹이 망설임 없이 대답했다.

"그런데 이 편지는 아주 최근에 쓴 겁니다"라고 피카르가 넌지시 말했다.

"음 그렇다면," 베르티옹이 곧바로 대꾸했다. "유대인들이 이 필적과 똑같이 쓰려고 1년 내내 누군가를 훈련시킨 것이 분명합니다!"

편견에 사로잡혀 있었고 어쩌면 약간은 제정신이 아니었겠지만, 알퐁스 베르티옹은 바보가 아니었다. 그는 범인 식별 기법을 연구하는 경찰 연구소를 설립했고, 효과적으로 전과자를 식별하는 방법을 개발한 인물이기도 했다. 19세기에는 형기를 마친 죄수가 이름을 바꾸어 다시 범행을 저질러 체포되었을 때 그 사람이 이전에 유죄 판결을 받았던 사람이라는 사실을 확인하기가 극히 어려웠다. 19세기 초반까지도 수감자에게 낙인을 찍는 방법으로 범죄 경력을 확인했는데, 1832년 낙인이 폐지된 후로 경찰은 전과자의 신원을 확인하는 데 큰 어려움을 겪는다. 이에 대한 해결책으로 베르티옹은 인체측정학anthropometry이라는 독창적 방법을 고안해 냈다. 이 방법은 유죄 판결을 받은 사람의 신체 14곳을 정밀하게 측정했다. 그는 이 방법을 사용하면 3억 명 중에서도 해당자를 구분할 수 있다고 주장했다. 경찰 기록에 남은 신체 측정값을 비교해서 그는 전과자를 식별해 낼 수 있었고, 이 중에는 파리와 주변 지역에서 수많은 폭발 사건을 저지른 무정부주의자 '라바콜Ravachol'도 들어 있었다. 몇 년 뒤인 1902년 베르티옹은 유리창에 남은 지문으로 살인범을 식별한 최초의 수사관이 된다.

필적 분석이 베르티옹의 전문 분야는 아니었지만, 육군이 메모의 작성자가 누군지 알아내 달라고 부탁하자 그는 열성적으로 그 일에 매달렸다. 그는 메모의 작성자가 드레퓌스라는 사실을 입증하려고 아주 그럴듯한 논리를 만들어 냈다. 드레퓌스가 고의적으로 자신의 필적을 메모와 비슷하게 위조해서, 설령 체포되더라도 누군가 자신에게 누명을 씌웠다고 주장해 혐의를 벗어날 수 있도록 준비한 것이라고 말이다. 베르티옹은 드레퓌스가 자신의 필적을 숨기는 동시에 모방하려고 일부 단어는 자신의 다른 편지나 문서에서, 나머지 일부는 가족의 글씨를 베꼈다고 결론 내렸다. 또한 메모의 내용이 겉으로는 별것 아닌 것처럼 보여도 실제로는 훨씬 많은 정보가 들어 있다고 주장했다. 메모에 의미를 알 수 없는 점들이 찍혀 있었는데, 이는 군이 사용하는 비밀 지도에 표시된 중요 지점들 사이의 거리와 정확히 10만분의 1의 비율로 일치한다고도 설명했다. 또한 메모에 있는 불규칙한 작은 구멍들은 드레퓌스가 양파 껍질처럼 얇은 예의 메모를 다른 문서 위에 겹쳐 이를 베껴 옮긴 흔적이라고 보았다. 베르티옹이 보기에 메모에 나타난 다른 여러 특징들은 보이는 것 이상의 정보를 전달하기 위한 암호가 분명했다. 이 과정에서 베르티옹은 군의 암호 전문가도 놀랄만한 자신만의 확률 이론을 적용한다.

그는 연구에서 두 가지 중요한 정보를 활용했다. 하나는 암호화된 메시지는 한 개의 비밀 단어인 '키key'를 이용해서 작성된다는 점이다. 당시엔 키가 암호문 내에서 반복적으로 쓰였다. 두 번째 정보는 프랑스어 문서에서 가장 자주 나타나는 알파벳이 e, n, a, i, r, s, t라는 것이었다.

메모에서 intēressants와 intēresse라는 단어의 글씨체는 드레퓌스의 집 책상에서 발견한 편지의 intērět과 비슷했다. 또 이 단어들에는 프랑스어에서 가장 많이 쓰이는 알파벳 일곱 개 중 다섯 개가 들어 있었다. 이를 통해 베르티옹은 intērět이란 단어가 문제의 메모에서 키로 쓰였을 가능성을 검토한다.

그는 책상에서 발견한 편지에서 intērět라는 단어를 베낀 뒤 그 사이에 공백을 두지 않고 백지에 옮겨 붙였다.

intērětintērětintērětintērětintērětintērětintērětintērětintērět

그리고는 문제의 반투명 메모지를 그 위에 덧댔다. 놀랍게도 메모에 적힌 많은 글자들이 그가 '키'라고 생각한 것과 겹쳤다. 비록 대부분이 일치하지는 않았지만 말이다. 그는 메모를 1밀리미터씩 움직이면 이전에 일치하던 글자들은 겹치지 않지만, 일치하지 않던 글자 중 많은 부분이 겹친다는 사실을 알아냈다. 이렇게 해서 그는 붉은색과 초록색 두 개의 키를 만들어 냈다. 각각의 키는 그가 임의로 그은 얇은 수직선 외에는 일치했고, 메모와 같은 거리만큼 떨어져 있었다.

메모를 붉은색 키 위에 올려놓고 수직선을 맞추자 많은 글자들이 겹쳤으나 또 다른 글자들은 겹치지 않았다. 메모를 초록색 키 위에 올려놓자 같은 일이 일어났지만 이번에는 다른 글자들이었다. 두 키는 수직선이 살짝 어긋난 것 외에는 동일했다.

그리고는 베르티옹은 두 개의 키와 메모를 intérêt이라는 단어에 맞추고 이와 일치하는 e, n, r, t가 메모에 몇 개나 포함되어 있는지 세었다. 그는 이 값이 확률을 계산했을 때 나올 '우연'을 훨씬 넘는다는 사실을 확인하곤 놀라 흥분했다. 그가 법정에 제시한 보고서에는 이렇게 적혀 있다.

> intérêt의 t 위에서 7번 발견되지 않고, 15번이나 나타났습니다. 첫 번째 ê 위에서는 26번이 아니라 40번, r은 9번이 아니라 20번, 두 번째 ê는 19번이 아니라 39번, t는 6번이 아니라 10번이었습니다. n은 예외적으로 11번이 아니라 단 10번이었는데, 현실에서는 n 뒤에 거의 항상 e 앞에 놓이는 모음이 따라오므로 r 위에 놓입니다. 실제로 r 위에서는 8번이 아니라 17번 나타났습니다.

이런 접근법은 누가 봐도 이상하지만, 베르티옹이 보기에 이런 높은 확률은 글씨를 베꼈을 가능성을 강하게 시사하는 것이었다.

예상 값 7, 26, 9, 19, 6 등은 이 글자들이 키에서 나타나는 빈도에 근거해서 구해졌다. 가령 글자 t의 경우를 보자. 메모에는 약 800개의 글자가 있고, 그중 49개가 t다. intérêt이란 단어에는 전체 일곱 글자 중 t가 두 개 포함되어 있으므로, 메모에 있는 49개의 t 중 7분의 2가 키의 t와 겹칠 것으로 생각할 수 있고, 그 결과는 14다. 물론 이 중 절반인 7개가 intérêt

의 첫 번째 t와 겹칠 것이다. 그런데 베르티옹은 15개를 찾아낸 것이다.

마찬가지 방식으로, 메모에는 r이 60개 있었지만 intérêt에는 한 번만 나오므로 메모에 나오는 r의 7분의 1, 즉 8~9개의 r만이 키와 겹쳐 보일 것으로 짐작할 수 있다. 그런데 베르티옹은 17개를 찾아냈다. 이 프랑스인은 자신의 발견에 엄청 고무되어 키가 암호문 작성에 활용된 것이 분명하다고 확신하기에 이른다.

베르티옹이 펼친 논리의 허점은 놀라울 정도로 간단하지만, 1904년 앙리 푸앵카레Henri Poincare, 폴 아펠Paul Appell, 가스통 다부르Gaston Darboux, 즉 당대 프랑스의 유명 수학자 세 명이 이를 지적할 때까지 드러나지 않았다. 이들은 베르티옹이 한 개의 키, 예를 들어 붉은색 키만을 사용했을 때는 기대했던 것과 비슷한 수의 글자가 일치(같은 글자가 같은 글자 위에 위치)했다는 점을 지적했다. 그러나 베르티옹은 이후 수학자들이 검증한 것처럼 키 하나만을 사용하지 않았다. 그렇게 하면 너무 많은 글자들이 키와 겹치지 않았고, 심지어는 아예 글자의 위치가 키와 맞지 않았기 때문이다. 메모의 모든 글자들이 키와 겹치게 하려면 그가 시도했던 방법이 유일했다. 붉은색과 초록색의 두 개의 같은 키가 서로 살짝 위치가 밀려 있어야 했다. 그러나 베르티옹은 두 개의 키를 이용하면 어떤 글자가 같은 글자 위에 우연히 겹칠 확률이 두 배로 높아진다는 사실을 간과했다.

이것이 무슨 의미인지 생각해 보자. 두 키가 표시된 종이 두 장이 있고, 그중 하나를 한 글자 폭 만큼 옆으로 민 뒤, 메모에 나오는 모든 r 중에서 붉은색 키 또는 초록색 키와 겹치는 r이 몇 개인지 세면 — 키 중 하나를 한 칸 옆으로 밀었기 때문에 두 키의 r은 겹치지 않는다 — 기본적으로 r이 몇 개인지 두 번 세는 셈이다.

일례로, 메모의 마지막 부분에 적힌 '저는 작전을 개시할 겁니다(Je vais partir en manoeuvres)'라는 구절을 살펴보자.

i	n	t	é	r	ê	t	i	n	t	é	r	ê	t	i	n	t	é	r	ê	t	i	n	t	é	r	ê	t
J	e		v	a	i	s		p	a	r	t	i	r		e	n		m	a	n	o	e	u	v	r	e	s
i	n	t	é	r	ê	t	i	n	t	é	r	ê	t	i	n	t	é	r	ê	t	i	n	t	é	r	ê	t	i

이 문장에는 r이 세 개 들어 있다. 우선 'manoeuvres'의 r을 첫 번째 키의 r과 일치시킨다. 그리고 'partir'의 첫 번째 r에 두 번째 키의 r을 맞춘다.

하나의 키를 사용하는 경우, r은 세 개 중 한 개꼴로 키와 겹치고, 위 문장 안에 r이 세 개 밖에 없다는 점을 고려하면, 일곱 개 중 한 개꼴로 일치하리라는 기대치와 그럭저럭 가깝다고 볼 수 있다. 그러나 키를 두 개 사용하면 일곱 개 중 한 개가 아니라 3분의 2(세 개 중 두 개)의 r이 겹치는 결과를 얻는다. 이는 기대치보다 훨씬 높은 값이다. 모든 글자에 대해 이런 식으로 계산하면 당연히 베껴 쓴 메모라는 의심이 생길 수밖에 없지만, 이는 단지 키를 두 개 사용했기 때문에 확률이 두 배로 높아져 나타나는 결과에 불과하다.

그러나 위와 같은 베르티옹의 증언은 드레퓌스가 유죄를 받는 데 영향을 미쳤다. 베르티옹의 접근이 상세히 분석된 것은 재판 이후 몇 년이 지난 뒤였다. 이 시기에 드레퓌스의 가족과 지지자들은 그의 무죄를 증명하려고 백방으로 노력했다. 이들의 노력 덕분에 저명인사들도 이 사건에 관심을 갖게 되었고 결국에는 프랑스에 국가적 위기 상황을 불러일으키기에 이른다. 위기의 단초를 제공한 핵심 인물은 한 눈에 메모의 필적이 드레퓌스가 아니라 에스테라지의 것이라는 사실을 알아본 ─ 전문가도 아니었으며 어려운 계산을 시행하지도 않았던 ─ 피카르 대령이었다.

프랑스 육군이 진실을 조작하다

자신의 눈앞에 놓인 증거가 분명한 데 반해 베르티옹의 설명이 만족스럽지 못했던 피카르 대령은 상관인 샤를 아르튀르 공스 Charles Arthur Gonse 장군과 라울 르 무통 드 부아데프르 Raoul Le Mouton de Boisdeffre 장군, 국방부 장관을 찾아갔다. 그가 보고하려던 것은 두 가지였다. 신원이 밝혀진 첩자가 활동 중이라는 것, 그리고 알프레드 드레퓌스가 무죄라는 것.

하지만 피카르는 육군 수뇌부가 판결이 잘못되었다는 사실을 인정할 생각이 없다는 것을 알고 충격을 받는다. 그들은 칭찬을 하지도, 첩자를 체포하지도 않고 오히려 피카르를 남부 프랑스로 장기 출장을 보내 바쁜 업무를 맡겼고, 그 일이 끝나자 튀니지로 무기한 근무 발령을 내렸다. 피카르가 자리를 비운 동안 앙리 소령이 그 자리를 맡았고, 그의 임무는 일이 커지지 않도록 수습하는 것이었다.

자신의 일에 충실하려던 앙리는 슈바르츠코펜의 쓰레기통에서 나온 문서 일부를 집으로 가져와 부인과 함께 '조금 손을 봤다.' 약간 자르기도 하고, 살짝 위조도 하고, 종이를 일부 찢어서 약간 비뚤어지게 다시 붙이는 그런 작업 말이다. 이렇게 해서 만들어진 결과물은 슈바르츠코펜에게 보내는 '편지'였는데, 작성자는 알렉산드리아느Alexandriane였고 — 서명은 이탈리아 첩보원 파니차르디가 슈바르츠코펜에게 보내는 편지에서 찢어 내 붙였다 — 내용은 앙리가 만들어 낸 것으로, 이 둘이 어떻게 하면 문제의 유대인 드레퓌스와 거래했다는 사실을 들키지 않을까 의논하는 내용이었다. 앙리는 드레퓌스의 이름이 확실히 드러나도록 조심스럽게 편지를 썼다. 그 위조된 메모 이전까지는 사건과 관련된 다른 어느 문서에서도 드레퓌스의 이름이 직접적으로 언급된 적은 없었다.

앙리 소령은 이 편지를 공스 장군, 그리고 자신과 피카르의 상관인 부아데프르 장군에게 보여 주었고 이들은 모두 흡족해 했다. 앙리가 편지를 위조했다는 사실을 이들이 알았는지는 확실치 않지만, 설령 알았다 하더라도 캐묻지는 않았을 것이다. 이들은 이 편지의 필사본을 만든 뒤 자신들의 이름, 직급을 적어 넣고 사건 파일에 보관해서 관계자 누구라도 볼 수 있도록 해두었다. 처음 만들었던 위조본은 별도의 비밀 파일에 보관되었다.

이 시기에 드레퓌스는 악마섬에서 질병과 우울증에 시달리면서도 편지를 쓰는 것으로 버티고 있었다. 피카르는 근무지가 계속 바뀌고 있었기에 어떤 행동을 취해야 좋을지 고민하고 있었다. 에스테라지는 도박, 사기, 절도, 첩자질로 세월을 보내고 있었고, 아내 루시와 형 마티외 드레퓌스는 여러 곳을 전전하며 동조자를 구하려 애썼지만 별 성과를 얻지는 못했다. 아무도 관심이 없었고, 더 이상 드레퓌스에 대해 신경 쓰는 사람도 없었다. 프랑스에는 드레퓌스 말고도 신경 쓸 일이 넘쳐났다.

그런데 한 친구가 탈출 시도 뉴스를 신문에 흘려 다시 사회적 관심을 불러일으키는 것이 어떻겠냐는 아이디어를 냈다. 이로 인해 대중의 관심을 얻는 데는 성공했지만, 오히려 반유대주의에 대한 악성 기사가 쏟아져 나오면서 결과적으로는 앞서 보았던 것처럼 드레퓌스의 처우만 더 나빠지게 된다. 완벽한 실패였으나 이 시도로 인해 뜻하지 않은 결과를 얻을 수 있었다. 소동의 와중에 이를 돈벌이의 기회로 파악한 사람이 나타난 것이다. 재판에서 필적 전문가로 증언대에 섰던 사람 중 한 명이 메모의 사진을 갖고 있었고, 이를 신문사에 팔았던 것이다.

루시 드레퓌스는 신문에 실린 메모의 사진을 통해 자신의 남편을 반역자로 만든 문제의 메모를 처음으로 보게 된다. 그녀는 메모의 필적이 남편의 필적과 비슷하긴 해도 남편이 쓴 것은 아니라는 사실을 바로 알아보았고, 남편에게 가해진 흑백논리가 부당하다는 확신을 가졌다. 그녀는 마티외와 함께 단순하지만 효과적인 계획을 세웠다. 메모와 드레퓌스의 친필이 함께 나온 전단지를 만들어 파리 전역의 신문 가판대에서 다른 광고지와 함께 배포해 그의 무죄를 주장하는 방법이었다.

이 방법은 효과가 있었다. 1897년 11월, 어느 주식 중개인이 광고지의 필적이 자신의 고객과 똑같다는 사실을 한눈에 알아본 것이다. 그는 마티외 드레퓌스를 찾아가서 에스테라지 소령이 자신에게 보낸 편지를 보여 주었다. 마티외는 i를 쓸 때 점을 어떻게 찍는지, s를 쓸 때 어떤 곡

선이 되는지, t의 직선은 어떻게 교차하는지 등을 한 자도 빠지지 않고 살펴봤다. 그리고 그도 범인이 누구인지 알게 되었다.

이때까지 에스테라지가 범인이라는 사실을 알고 있는 사람은 피카르 대령에게 보고받은 공스 장군과 부아데프르, 장 바티스트 비요Jean-Baptiste Billot 장군, 국방부 장관, 그리고 그들의 충직한 부하 뒤파티 소령과 앙리 소령 등 극소수에 불과했다. 이들 외에는 단 두 명이 더 알고 있었다. 피카르의 가까운 친구인 변호사 루이 르블루아Louis Leblois와, 르블루아에게 이를 전해들은 정부 고위 관리였다. 이 관리는 처음에는 이 이야기를 미심쩍어 했지만, 육군이 피카르를 일부러 먼 곳에서 근무하게 하는 것을 보고는 심증을 굳힌다. 이상이 마티외와 루시가 진실을 알게 되었을 때의 상황이었고, 공스 장군, 비요 장군, 뒤파티 소령, 앙리 소령이 드레퓌스 사건의 진실이 드러나는 것을 철저히 막아 '국가를 구하기로' 결정을 한 것도 이때였다. 그래서 장성을 포함한 장교 4명은 드레퓌스가 범인이라는 증거를 더 만들어 두기로 했다.

이 임무는 다시 한번 앙리 소령 ― 기꺼이 일을 맡았지만 깔끔하게 처리하진 못했다 ― 에게 주어졌고, 그는 슈바르츠코펜의 쓰레기통에서 입수한 몇몇 문서의 작성자와 날짜를 고쳐 실제보다 더 이전 것으로 바꿔 놓았다. 그러면서 앙리는 "비밀의 조합", "숨겨진 문서들", "신디케이트"(드레퓌스를 석방시키려 로비를 벌이고 군대를 무너뜨리려는 유대인들을 지칭하는) 같은 용어를 사용하여 익명으로 첩보원풍의 편지를 써서 악마섬에 있는 드레퓌스에게 보냈다. 그리고는 관계 기관이 이 편지들을 중간에 가로채도록 만들었다. 피카르 대령이 파리로 복귀해서 이 이야기를 알게 될 경우에 대비하여 그도 첩자였던 것처럼 꾸미기 위해 비슷한 형태로 그에게 보내진 가짜 전문도 만들어 두었다. 피카르로서는 불운한 일이었지만 당시 그에게는 비밀리에 편지를 주고받는 내연 관계의 기혼녀가 있었다. 둘 사이의 편지는 이 둘을 모두 알고 있는 친구가 전달해 주었고, 이들은 편지에서 서로를 다른 이름으로 불렀다. 그리고 얼마 지나지 않아 앙리 소령이 이 사실을 알게 되었다. 그로서는 더 없이 좋은 일이었다. 하지만 이것이 끝이 아니었다.

음모를 꾸민 자들은 에스테라지의 죄가 드러나서 드레퓌스의 무죄가 — 육군의 잘못도 — 밝혀진다면 국가의 권위와 신뢰에 치명적인 해가 되리라 우려해 어떻게든 에스테라지를 보호하기로 했다. 그 결과 역사적으로 유례가 없는 조작이 시작된다. 정부 관리들이 정체가 드러난 첩자를 보호하고 감싸기 시작한 것이다. 포기를 모르는 뒤파티 소령과 앙리 소령은 비밀리에 에스테라지와 접촉을 시도했다. 이들은 에스테라지로 하여금 대통령에게 무죄를 주장하는 편지를 쓰라고 지시했다. 편지는 피카르가 1급 비밀 문서들을 팔고 있으며 그 문서들을 돌려주는 대가로 금전을 요구했다는 등의 내용을 담고 있었다. 이 과정에서 그들은 에스테라지에게 드레퓌스 파일의 내용을 보여 주기까지 했다.

통상적인 상황에서 프랑스 대통령에게 협박 편지를 쓴다면 감옥 밖엔 갈 곳이 없다. 하지만 그는 오히려 명예를 얻었다. 에스테라지와 그의 조력자들은 그가 유대인들의 로비 때문에 배신자 드레퓌스 대신 죄를 뒤집어썼지만, 그의 비밀의 연인이 이 중요한 문서들을 갖다 준 덕에 살아난 것이라는 소문을 퍼뜨렸다. 신문에는 소위 "신디케이트"가 명예로운 군인 에스테라지에게 가한 공격을 막는 기사들이 연일 실렸다. 한편 마티 외 드레퓌스에게 우호적인 신문들에는 메모의 필적을 다시 검증하고, 유 죄의 이유를 분명히 밝혀야 한다고 주장하면서 드레퓌스 사건의 재심을 요구하는 기사가 실리기 시작했다.

에스테라지에게 무죄가 선고되다

사람들이 의문을 품기 시작하면서 상황은 느리지만 확실하게 변하기 시작한다. 의회에서도 소문이 돌기 시작했다. 저명한 기자와 작가들도 입장을 바꿨다. 여론은 강경한 애국주의와 정부가 추구하는 맹목적 권위 에 환멸을 느낀 사람들과, 유대인들이 동족 한 명을 구하려고 나무랄 데 없이 충성스런 군인을 중상모략해서 국가를 내부에서부터 썩어가게 만 들고 있다고 생각하는 두 부류로 극명하게 갈렸다. 총대를 맨 에스테라 지는 군법회의를 열어 자신의 무죄를 입증해 줄 것을 요청한다. 육군 지 휘부는 이를 통해 사건을 완전히 잠재울 수 있을 것으로 기대하며 요구를 기꺼이 받아들였다. 하지만 일은 그들의 기대처럼 흘러가지 않았다. 재 판 초기부터 언론이 육군에게 불리한 엄청난 양의 정보를 공개하기 시작 한 것이다.

첫 번째는 앙리 소령이 이탈리아 무관 알레산드로 파니차르디의 편지 일부를 위조한 부분이었다. 파니차르디는 공개적으로 자신의 필적이 아 니라고 주장하며 자신을 재판의 증인으로 불러줄 것을 요청했다. 사건을 꾸민 세력들은 잠시 동요했지만 육군은 공공연한 첩자인 그의 말은 믿을 수 없으므로 증언대에 세울 수 없다며 이 요청을 거절한다.

그러자 이번에는 파리로 불려 와 증언석에 서게 된 피카르 대령의 증언에 언론이 엄청난 관심을 보이기 시작했다. 장군들은 이 사태를 심각하게 받아들였으며, 그의 증언이 '공공 안전에 해가 된다'는 이유를 들어 비공개로 진행되도록 했다. 이들로서는 다시 한번 위기를 넘긴 셈이었다.

그런데 에스테라지와 그의 보호자들에게 악몽과 다름없는 일이 터진다. 과거 에스테라지의 연인이었던 인물이 나타나, 그가 자신의 얼마 안 되는 재산을 모두 가로채 탕진했다며 그가 15년 전에 자신에게 보냈던 편지들을 신문사에 제공한 것이다. 그 편지에는 프랑스인과 프랑스군에 대한 경멸과 혐오가 나타나 있었다. 망상에 사로잡힌 사람이 쓴 것처럼 "파리가 수천 명의 술 취한 군인에 의해서 약탈되고 파괴되고 무너지는 모습을 보는 것이 내 바람이야!"라고도 적혀 있었다. "개 한 마리도 해치지 않겠지만, 프랑스인이라면 수십만 명이라도 '기꺼이' 죽이겠어!"라고도 적혀 있었다. 이 편지는 바로 다음 날 《르 피가로Le Figaro》에 실린다.

공황 상태에 빠진 에스테라지는 처음에는 이 편지들이 위조라고 주장했다. 그러나 전 연인이 그것 말고도 다른 편지도 많이 갖고 있다고 이야기하자, 한 발 뒤로 물러서며 자신이 그 편지를 쓴 것은 맞지만 문제의 구절들은 누군가가 위조한 것이라고 우겼다. 드레퓌스에게 적대적인 기자들도 당황했고, 핑곗거리를 찾으려 애썼다. 어느 한 기자는 이를 "분노로 인한 격렬하고 과장된 반응"이라고 쓰기도 했다. 또 다른 기자는 그 편지가 스파이 사건과는 무관하므로 무시해야 한다고도 주장했다. "장교 남자 친구가 자신을 믿고 쓴 편지를 돈 때문에 팔아넘긴 사악한 여인"이라는 표현도 있었다.

육군 지휘부는 서둘러 자신들에게 우호적인 필적 전문가를 고용해서 판독 결과를 기다렸는데, 결과는 약간 희망적이었다. 약탈 운운한 편지는 에스테라지의 필적을 모방한 것이라는 결론이 나왔다. 유대인 "신디케이트"가 위조한 것이라고 공개적으로 말할 필요도 없었다. 모두가 무엇을 생각하고 있는지 모두들 알고 있었기 때문이다.

에스테라지의 재판이 열린 군법회의장은 만원이었다. 에스테라지는 모든 질문에 꼿꼿한 자세로, 부당하게 중상모략을 당한 장교의 모습으로 대답했다. 피카르의 증언은 비공개로 진행되었다. 그의 이야기는 장군들만 들을 수 있었다. 앙리 소령과 뒤파티 소령, 그리고 이들의 부하들은 피카르가 사무실에서 편지를 위조하는 모습, 친구인 르블루아에게 국가기밀을 털어놓는 모습을 목격했으며, 심지어는 피카르가 자신들에게 거짓말을 종용했다고 증언했다. 에스테라지의 변호인은 다섯 시간에 걸친 감동적인 변론을 펼쳤다.

3분간의 숙의가 끝나고 에스테라지는 무죄를 선고받아 의기양양하게 감옥으로 돌아간 뒤, 석방 절차를 거쳐 풀려났다. 수백 명의 사람들이 거리에 서 있었고 힘차고 낮은 음성이 울려 퍼졌다. "유대인에게 희생된 분에게 경의를 표하라!" 사람들이 너도 나도 모자를 벗어 그에게 경의를 표했다. 다음 날 조르주 피카르 대령은 체포되어 수감된다.

프랑스의 지성 에밀 졸라가 드레퓌스를 옹호하다

육군은 다시 한번 이겼다. 하지만 이번에는 전보다 훨씬 많은 사람들의 분노를 불러일으키고서야 이길 수 있었다. 특히 저명한 작가인 에밀 졸라가 갑자기 싸움 한복판에 뛰어들어 아무도 하지 못했던 방식으로 드레퓌스를 옹호하는 편에 선 것이 뼈아팠다.

나는 고발한다…!

에스테라지가 풀려난 다음 날 신문의 헤드라인이었다. 기사는 프랑스 대통령에게 보내는 공개서한으로, 사건을 뒤에서 조작한 육군의 비위를 놀라울 정도로 정확히 기술하고 있었으며, 진정 위대한 작가에게만 가능한 신랄하고 정확한 필치로 대중을 분노케 하는 힘을 보여 주었다.

졸라가 쓴 이 글은 프랑스 문학에서 중요한 위치를 차지한다. 1998년에는 이 글의 발표 100주년을 맞이해 파리의 의회 건물 앞에 복사본이 2층 건물 높이로 쌓여지기도 했다. 구글에서 'J'Accuse'를 검색하면 수십만 개의 결과가 졸라가 쓴 불멸의 글로 연결된다. 졸라는 사건에 대한 견해와 국가에 씌워질 불명예에 대한 견해를 먼저 밝힌 뒤, 사태를 만든 장본인들을 직접적으로 지적하는 것으로 글을 마무리했다.

나는 뒤파티 드 클람 소령을, 끔찍한 오심을 만들어 내고 — 자신도 모르게 그랬을 것이라고 믿고 싶다 — 지난 3년간 가능한 모든 사악한 책략을 동원해서 이 행위를 옹호한 혐의로 고발한다.

나는 메르시에 장군을, 금세기 최고의 부당한 음모의 공모죄, 적어도 저능하다는 혐의로 고발한다.

나는 비요 장군을, 드레퓌스가 무죄라는 모든 증거를 갖고 있었음에도 이를 은폐하고 지휘부의 체면을 지키려는 정치적 방편으로 사용함으로써 인류와 정의에 반하는 범죄를 저지른 혐의로 고발한다.

그는 부아데프르 장군과 공스 장군, 에스테라지의 편지를 감정한 필적 전문가, 국방부, 드레퓌스에게 유죄를 선고한 군법회의, 에스테라지가 범인임을 알면서 풀어 준 군법회의 등 다른 공모자와 연루자들도 언급했다. 그의 목적은 관련자를 지목하는 것이 아니라 진실을 밝히는 데 있었다.

나는 내가 고발하는 사람들이 누군지 모르고, 만난 적도 없으며, 맹세컨대 그들이 불행해지기를 바라지도, 증오하지도 않는다. 내게 있어서 그들은 그저 사회에 해가 되는 존재들일 뿐이다. 내 행동은 진실과 정의가 하루 빨리 드러나도록 하려는 과격한 수단에 불과하다.

하지만 진심으로 바라는 바가 있다. 지금껏 핍박받았고, 이제 행복이라고 불리는 인류애의 이름으로, 나는 어둠 속에서 머물러 있는 사람들을 계몽하고자 한다. 나의 불같은 저항은 내 영혼의 외침에 다름 아니다. 언제라도 나를 법 앞에 세워 낱낱이 조사해 보라! 기다리고 있겠다.

졸라가 진심으로 원했고 또한 예상했던 대로 국방부는 그를 명예훼손으로 고소했다. 재판은 1898년 2월에 열렸다. 졸라의 변호사들과 그를 지지하는 저명한 지식인 등이 늘어났고, 그는 자신에 대한 재판을 점차 육군에 대한 재판으로 바꾸어 갔다. 이 사건과 조금이라도 관련이 있는 인물은 모두 증언대에 섰으며 재판정에 나온 증인의 수는 200명에 달했다. 학계를 망라한 최고의 전문가들은 메모를 분석한 후 에스테라지의 필적이 틀림없다고 증언했다. 알퐁스 베르티옹만이 자신의 '기하학적' 이론을 주장하며 유일하게 반대 증언을 했지만, 너무 난해한 내용이어서 방청객 일부는 이를 의심의 눈으로 바라보았다.

수감되어 있던 피카르 대령은 대질 심문을 위해서 법정으로 불려 나와 에스테라지가 첩자이자 메모의 작성자라는 사실을 어떻게 알게 되었는지 증언했다. 또한 이 내용을 상부에 보고했으나 무시당했고, 그 후 이어진 속임수와 모욕 끝에 체포에 이르게 된 경위도 이와 관련이 있다고 이야기했다.

뒤파티 소령 — 이제는 중령으로 진급한 — 과 앙리 소령을 비롯하여 사건에 관련된 장성들이 증언대에 섰으며 에스테라지도 출두했다. 판사는 에스테라지에게 쏟아지는 수백 개의 질문을 매번 "부적절한 질문"이라며 가로막았다. 질문이 허락된 경우에도 증인들은 국가 안보를 이유로 답변이 허락되지 않았다. 에스테라지는 "파리 시내를 군대로 가득 차게 만들어 무언가를" 하겠다는 지극히 선동적 발언으로 이미 온 신문을 채웠음에도, 아무 말도 하지 말라는 상관들의 지시에 따를 수밖에 없었다.

그는 전 연인에게 쓴 편지가 직접 쓴 것이 맞는지, 돈을 가로챘는지, 슈바르츠코펜을 아는지, 문제의 메모를 썼는지, 첩자질을 하면서 돈을 받았는지 등의 질문에도 손으로 증언대를 움켜쥐고 침묵으로 일관했다. 장성들은 국가의 명예와 더 중요한 국가적 이익, 국가 안보, 국제무대에서 프랑스의 위상을 수호할 필요성 등을 이유로 들어 답변을 거부했다. **✱**

장성 중 한 명은 증언대에서 군의 신념이 사라질 경우 국가가 맞이하게 될 결과에 대한 열변을 토했다.

생각보다 일찍 국가에 위기가 닥쳤을 때 군이 어떤 존재이기를 바라는가? 자신들이 보기에도 명예를 잃은 지휘관의 지휘 아래 전장으로 나선 병사들이 무엇을 하기를 기대하는가? 재판관 여러분, 우리의 아들들은 그저 도살장에 끌려가는 신세에 불과하게 될 것이오! 그런데도 저기 앉아 있는 졸라씨는 자신의 싸움에서 이기겠지요. 자신의 승리에 대한 책을 쓸 것이고 — 세계 구석구석까지 프랑스어를 실어 나를 테고 — 프랑스는 지도에서 사라지게 될 것이오!

여론은 증거를 조작한 장성들에게 우호적이었고, 재판관은 눈물을 흘

✱ 드레퓌스가 유죄임을 주장해서 프랑스의 국제적 위상을 유지할 수 있었다면 다른 나라들이 이를 몰랐어야 한다. 그러나 재판이 진행되는 동안 독일, 영국, 미국, 이탈리아, 스페인, 네덜란드 언론들은 정의를 보호하기는커녕 반대로 짓밟고 있는 프랑스 정부가 국가를 위한다는 내셔널리즘의 이상에 무지하다는 사실에 극도의 놀라움을 표현했다. 한 러시아 신문은 "프랑스인들은 진실의 공포에 마쳐된 것이나 다름없다"고 썼다. 런던의 《타임스》는 "졸라의 죄는 진실과 시민의 자유를 지키려 한 것"이라고 지적했고, 벨기에 신문의 헤드라인은 "유럽은 프랑스에 대항해서 프랑스의 가치를 지켜야 한다"였다. 이런 기사는 끝없이 이어졌다.

렸다. 35분 만에 졸라는 유죄 판결을 받았다. 항소심에서 1년 형을 선고
받은 졸라는 영국으로 도망갔으나 향수병과 우울증을 앓았다. 육군은 안
도의 한숨을 내쉬었다. 드레퓌스를 지지하는 세력은 체계적이지 못했고,
여론을 뚫고 다시 힘을 모을 수 있을 것 같지 않았다. 드레퓌스 사건과 더
불어 반유대주의가 확산되며 1898년 5월 선거에서 애국주의적, 반유대
주의적, 반드레퓌스적 세력이 큰 승리를 거둔다. 1898년 여론은 계층, 직
업, 연령에 따라 너무나도 극단적으로 양분된 상태였다. 이를 한 가족의

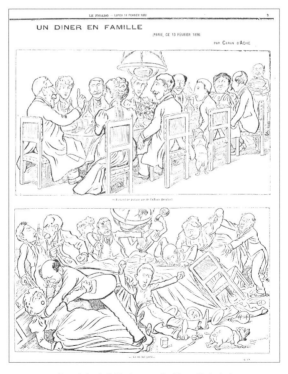

《르 피가로》에 실린 1898년 2월 14일의 만평

저녁 식사 장면으로 표현한 1898년의 신문 삽화가 무척 유명하다.

앞의 만평의 첫 번째 그림에는 "다들 왔군. 우리 드레퓌스 사건에 대해서는 이야기 하지 않도록 하자"라고 적혀 있지만, 두 번째 그림 아래 적힌 설명은 "가족들은 그 사건에 대해 이야기했다"이다.

마침내 진실이 밝혀지다

이 즈음 국방부 장관이 교체되었다. 드레퓌스 사건의 모든 과정을 지켜본 비요 장군이 물러나고 카리스마가 강하며 고집스러운 고드프루아 카베냐크Godefroy Cavaignac가 장관이 된 것이다. 그는 비타협적 태도, 뛰어난 조직 장악력, 굳건한 반드레퓌스적 성향 덕분에 장관에 임명되었다. 그러나 비요 장군을 포함해서 드레퓌스 사건에 관련되었던 육군 수뇌부 인사들은 그의 이런 성격이 가져올 파란을 전혀 예상하지 못했다.

궁극적으로 정부가 모든 패를 내놓은 이유는 카베냐크를 선호했던 것과 같은 이유였다. 불굴의 의지와 모든 것을 장악하려는 욕망 말이다. 이전보다는 덜하지만 드레퓌스를 지지하는 세력의 여론 몰이에 짜증이 난 카베냐크는 이 사건을 완전히 마무리할 방법을 찾겠다고 발표한다. 처음 구상은 루시와 마티외를 비롯하여 졸라, 피카르, 관련 변호사들, 드레퓌스에 우호적인 기자와 편집자들 등 드레퓌스 옹호자들 모두를 반역죄와 국가의 이익에 반하는 음모를 꾸민 죄로 재판에 회부하는 것이었다.

깜짝 놀란 육군은 그런 방법은 문제를 해결하는 것이 아니라 판도라의 상자를 여는 행위이므로 고려하는 것조차 너무 위험하다고 카베냐크의 마음을 가라앉혔다. 하지만 카베냐크는 사건을 조작하거나 거짓말을 해서 재판 내내 의혹을 떨쳐내지 못했던 위조의 당사자 중 하나가 아니었다. 그는 진심으로 드레퓌스의 유죄를 확신하고 있었으므로 재조사를 통해 확실하게 증거를 얻을 수 있으리라 믿었다. 자신의 계획이 좌절되자, 그는 드레퓌스 사건 파일을 직접 살펴보고 확실한 증거를 골라서 공개하기로 마음먹는다. 그는 젊고 충직한 부하 퀴네Cuignet 대위에게 파일을 가져와서 다시 내용을 확인하고 분류하라고 지시한다. 카베냐크는 모든 내용을 보고 싶어 했는데, 앙리 소령의 믿기 어려운 노력 덕택에 관련 문서가 1,000가지가 넘어서 상자 10개를 채울 정도였다.

그는 영향력이 예전 같지 않은 비요 장군, 공스 장군, 부아데프르 장군의 반대에도 불구하고 가장 확실하다고 생각되는 문서 세 가지를 의회로 가져가서 의기양양하게 연단에서 읽어 내려갔다. 이 중 하나는 "그 나쁜 자식 D"라는 내용이 담겨 있는, 파니차르디가 슈바르츠코펜에게 보낸 편지 원본이었다. 두 번째 문서도 파니차르디가 슈바르츠코펜에게 보낸 것으로, 1896년부터 누군가를 "P"라고 지칭하는 — 카베냐크는 몰랐지만 앙리 소령이 P를 D로, 날짜를 1894년으로 바꿔 놓은 것이었다. 카베냐크가 고른 마지막 문서는 파니차르디가 슈바르츠코펜에게 보내는 편지로 드레퓌스의 이름이 명확하게 적혀 있는, 앙리 소령이 부인과 함께 위조한 편지였다.

카베냐크는 이 편지를 공개적으로 읽은 뒤 자신은 드레퓌스의 유죄를 확신하며 사건을 다시 조사하는 것이 불가하다고 공언한 데서 멈추지 않고, 그의 발언과 마지막 문서의 사진을 함께 인쇄한 포스터를 프랑스 전역 구석구석에 붙인다. 그리고는 자신의 발로 유대인 반역자를 영원히 밟아 버렸다고 선언하기에 이른다.

카베냐크는 적어도 그 당시에는 아마 그렇게 생각했을 것이다. 하지만 머지않아 드레퓌스 지지 세력은 카베냐크가 성급함으로 인해 엄청난 실수를 범했음을 알아챈다. 첫 번째로, 카베냐크는 육군이 이미 "이미 판결이 내려졌다"고 선언한 사건임에도 불구하고, 한 개인의 요구에 의해서 군법회의가 다시 열릴 수 있는 길을 터놓은 셈이었다. 두 번째, 그는 드레퓌스가 유죄를 선고받게 만든 문서가 문제의 메모 하나만이 아니었다는 사실을 공개했다. 세 번째, 그가 문서를 공표했기에 이 문서들이 국가 안보를 이유로 비밀로 다뤄질 필요가 있다는 인식이 바뀌었고, 재판에서 비공개로 다루어졌던 부분들을 더 이상 공개하지 못할 이유가 없도록 만들어 버렸다. 마지막으로 — 여기가 중요하다 — 그는 단순하지만 정부와 여론 다수가 격렬히 부정하던 단순한 진실을 언급했다. 결국 이 사건의 핵심 쟁점은 드레퓌스가 유죄냐 무죄냐 하는 것이었지, 그가 유죄라고 국가와 군의 명예가 실추되지 않는다는 사실이었다. 카베냐크 자신이 먼저 공공연히 드레퓌스가 유죄인가 아닌가라는 질문을 던졌다. 그는 확신을 갖고 이 질문에 스스로 대답했지만, 이는 질문을 던졌다는 사실 자체가 어느 누구의 명예도 훼손하지 않는다는 사실을 드러낸 것이나 다름없었다.

드레퓌스 지지 세력은 자신감을 얻었다. 카베냐크의 행동은 루시 드레퓌스로 하여금 남편의 재심을 요구할 때가 되었음을 알려 준 셈이었다. 카베냐크는 그녀의 요청이 기각되도록 모든 가능한 영향력을 행사했지만, 자신의 편이어야 할 육군이 기대와 달리 움직이는 바람에 이번에도 실패하고 만다.

이 즈음 젊은 퀴네 대위는 자료를 하나씩 조사하고 분류해서 상관이 사건을 완벽하게 이해하고 문제를 깨끗이 해결할 수 있도록 매일 밤늦게까지 드레퓌스 파일 관련 업무에 열중하고 있었다. 그는 의자에 기대 앉아 그동안 수없이 들여다본 파일의 문서를 집어 들었다. 방방곡곡에 게시된 포스터에 적힌 "그 유대인 드레퓌스"라는 제목의 편지가 특히 그의 눈길을 끌었다. 그는 문서를 들어 불빛에 이리 저리 비춰 보았다. 사실 퀴네 대위가 그때 본 것을 확인하려면 상당히 밝은 불빛이 필요하다. 그 편지의 처음과 끝에는 얇은 보라색 선이 있었는데, 그 선의 중간 부분은 청색이었다. 즉 편지는 실제로 두 개의 서로 다른 편지로 이루어져 있었다. 이제 퀴네 대위는 중간 부분은 글씨체도, 사용한 펜도 살짝 다르다는 것도 알 수 있었다. 게다가 파니차르디가 프랑스어로 쓴 다른 어떤 편지보다도 이 편지엔 실수가 많지 않았다.

퀴네 대위는 드레퓌스가 유죄라고 확신하고 있었지만, 정직했으며 사건과 개인적으로 얽힌 일도 없었다. 그는 초조한 마음으로 다음 날이 밝을 때까지 기다려 편지를 카베냐크에게 가져갔다. 8월의 강렬한 햇빛이 들어오는 사무실에 앉은 카베냐크의 눈에는 부하가 봤다는 것이 잘 보이지 않았다. 하지만 퀴네 대위는 좀 더 자세히 들여다보라고 부탁했다. 그는 창의 커튼을 치고 램프를 킨 뒤 편지를 불빛에 가까이 가져갔다. 그러자 카베냐크의 눈에도 두 가지 색의 선이 보였고, 그도 못 본 체할 수 없음을 깨달았다. 정직하고 자신에게 당당한 군인인 자신의 신뢰도가 위기에 처했다는 것이 분명했다.

"이 편지는 위조된 것이 맞군"이라고 카베냐크가 말하긴 했지만, 이는 자신의 실수를 인정하는 것이 아니었다. 그의 성격에 비춰볼 때 이 편지는 자신에 대한 공격이었다.

그는 자신의 평판이 충성심에 기반해서 얻어진 것이라고 생각했고, 충성심이 자신에게 도움이 되면 모를까 해가 되리라고는 생각하지 않았다. 드레퓌스가 유죄냐 아니냐 하는 문제를 따지자면 그의 유죄를 보여주는 다른 서류도 많이 있었다. 적어도 그는 그렇게 믿었다. 어쨌거나 이 새로운 발견으로 인해 모종의 조치가 필요해졌다.

카베냐크는 앙리 소령, 공스 장군, 부아데프르 장군을 집무실로 부른 뒤 앙리를 강하게 추궁했다. 앙리는 더 이상 버틸 수 없었다. 그는 자신이 모든 것을 조작했으며 이는 두 장군의 심란한 마음을 가라앉히기 위한 것이었다고 고백했다. 모두가 국가를 위한 행동이었다. 그는 눈물을 흘리며 자신의 보호자였던 두 장군을 바라봤지만 그들은 아무 말이 없었다. 말없이 앉아 있던 부아데프르가 펜을 집어 들어 자신은 신뢰했던 앙리 소령에게 속았으며, 그는 더 이상 직무를 수행할 수 없다는 내용의 파면장을 써내려 갔다.

앙리는 곧바로 수감되었으며, 그에게 제공된 럼주 한 병을 모두 마시곤 인사불성이 된다. 그 상태에서 그는 공스 장군에게 편지를 썼다. "면회를 와주시기 바랍니다. 꼭 드릴 말씀이 있습니다." 그러나 그는 아무 응답도 받지 못했다. 몇 시간 뒤, 앙리는 부인에게 남기는 편지에 지시받았던 내용을 하나씩 열거하고 자신은 아무런 잘못이 없으며 부인을 사랑하고 아들을 잘 부탁한다고 썼다. 이 편지를 테이블 위에 잘 놓아 둔 뒤에는 남은 럼을 모두 비우고 다른 편지를 쓰기 시작했다. "사랑하는 베르트, 나는 미쳐 가고 있어. 엄청난 통증이 머리를 쥐어짜고 있고, 난 센 강에 빠져 버릴 거야…." 편지는 마무리되지 못했다. 저녁 식사를 가져다주려고 온 장교는 손목과 목을 면도칼로 그은 앙리가 피범벅이 되어 침대 위에 누워 있는 모습을 발견한다. 방안은 온통 피로 덮여 있었다.

프랑스 대법원은 루시 드레퓌스의 남편에 대한 재심 요구를 받아 들였고 알프레드 드레퓌스를 본국으로 데려오기 위해 악마섬으로 배를 보냈다. 폭동이 일어날 것을 우려하여 재심은 파리에서 멀리 떨어진 노르망디에 있는 렌Rennes에서 열렸고, 드레퓌스는 그곳의 감옥에서 1899년 8월 7일에 시작될 재판을 기다렸다. 루시가 렌으로 찾아왔고, 면회가 허용되어 4년 반 만에 둘은 처음으로 얼굴을 보고 끌어안을 수 있었지만 그녀는 너무도 변한 남편의 모습에 충격을 감출 수 없었다.

병들고 쇠약한 데다가 영양실조 상태였음에도 드레퓌스는 군복을 입겠다고 요청했다. 군복 안에는 솜을 넣어 앙상해진 그의 몸을 가리고 법정을 걸어갈 때 조금이라도 지탱이 되도록 했다. 드레퓌스는 확실하게 무죄라는 사실을 입증하고 싶어 했다. 자신을 사지로 몰아넣었던 사법적 오류가 바로잡히길 원했던 것이다. 또한 그는 동정심에 기대려고 하지도 않았다. 변호사들이 악마섬에서 겪었던 공포와 고통에 대해 언급할 때마다 드레퓌스가 나서서 이를 제지했기 때문에, 방청석에 있던 기자들의 눈에는 그가 매우 감정이 메마른 사람으로 비쳤다. 언성을 높이거나 열변을 토하지도 않았고, 변호사들이 그러기를 바라지도 않았다. 그저 자신이 그 메모의 작성자가 아니라는 사실이 공개적으로, 이성적으로 입증되길 바랄 뿐이었다.

증인으로 나선 사람들은 앙리 소령을 제외하고는 1894년의 첫 재판 때와 똑같았다. 필적 전문가 중 일부도 다시 증인으로 불려 나왔다. 그중 샤라비에Charavay는 "1894년 감정에서 일부 비슷한 부분 때문에 메모의 필적이 드레퓌스의 것이라고 판단했다는 점을 밝히고 싶습니다. 그러나 그 이후 (에스테라지가 쓴) 새로운 증거 문서들을 살펴본 뒤 제가 실수했었다는 사실을 깨달았고, 이제 이 재판정에 서서, 제 과오의 희생자가 되었던 분 앞에서 제가 1894년에 실수를 저질렀다는 점을 밝히게 되어 매우 다행이라고 생각합니다"라고 증언하여 재판관과 방청객 모두를 놀라게 했다.

베르티옹이 주장한 '기하학적 증거'

그러나 메모가 드레퓌스에 의해 쓰인 것이라는 '기하학적 증거'를 주장한 장본인 알퐁스 베르티옹은 입장을 바꾸지 않았다. 드레퓌스가 일부러 자신의 필적을 바꿔서 메모를 작성했다고 굳게 믿고 있던 그는 이번에도 자신의 이론을 상세하게 설명했다.

베르티옹은 드레퓌스가 메모를 위조했다는 이론을 1894~1899년 사이에 더욱 발전시켰다. 앞에서 보았듯, 그의 '기하학적 증거'에는 확률 계산

측면에서 심각한 오류가 존재한다. 무엇보다 그의 가장 큰 실수는 잘못된 확률 계산으로 구한 값을 통해, 이러한 사건이 발생할 확률이 우연이라기에는 너무나 낮다는 결론을 도출했다는 데 있다.

메모가 적혀 있는 양파 껍질처럼 얇은 종이에는 거의 눈에 보이지 않는 줄이 그어져 있었고, 가느다란 섬유질이 수직 방향으로 정확히 5밀리미터 간격을 두고 배치되어 있었다. 베르티옹은 펜으로 쓴 글씨의 폭을 고려하면 종이의 수직선과 글자 획의 상대적인 위치는 선 위, 획의 왼쪽에 선이 살짝 닿는 경우, 두 선 사이면서 왼쪽 선에 가까운 경우, 두 선 사이면서 오른쪽 선에 가까운 경우, 획의 오른쪽에 살짝 닿는 경우의 다섯 가지 경우 중 하나라고 보았다. 그러므로 어떤 획 — 예를 들어 메모에 쓰인 모든 어휘의 첫 획 — 이 이런 위치에 놓일 확률이 5분의 1이라고 주장했다. 여기까지는 타당한 추론이다.

베르티옹은 메모에서, 한 음절이 넘으면서 두 번 이상 나타난 26개 단어에 집중했다. 이런 단어에서 훨씬 많은 정보를 얻을 수 있기 때문에 필적 전문가들도 마찬가지 방식을 사용한다고 그는 설명했다. 어쨌거나 메모에서 그런 단어들만 골라내도 충분한 양의 샘플을 얻을 수 있었다.

그리고는 이 26개 단어의 첫 획을 확대경으로 들여다보고는 13번 나타난 단어의 첫 획 13쌍과 마지막 획 13쌍, 즉 전체 26쌍의 획 중 8쌍에서 특이점을 발견했다. 이들은 수직선에 대해 모두 똑같은 위치에 놓여 있었다.

드레퓌스의 두 번째 군법회의에서 베르티옹은 다음과 같이 증언했으며 그 증언 내용 전문이 1899년 8월 25일자 《르 피가로》에 실렸다. 기사 일부를 아래에 옮겼는데, 이는 이 내용을 깊이 파고들고자 해서가 아니라, 당시 이 기사를 통해 그가 《르 피가로》의 독자들뿐 아니라 몇 시간에 걸쳐 이 주장을 들어야 했던 재판부에게 무엇을 기대하고 있었는지 짐작하는 데 도움이 되기 때문이다. 과연 이 분야의 전문가가 아닌 사람들이 몇 시간씩 주의를 집중하면서 다음과 같은 발언의 의미를 파악할 수 있었을까?

메모 위에 5밀리미터 간격의 수직선이 그어진 투명 종이를 올려놓았을 때 놀라운 점은 같은 단어가 수직선을 기준으로 반복적으로 같은 위치에 나타난다는 사실입니다.

열 번째 줄에 있는 단어 'modification'과 여섯 번째 줄에 나타난 'modification'을 살펴봅시다. 둘 모두 첫 획은 오른쪽에 있는 수직선과 동일한 거리에 쓰여 있습니다.

우연히 이렇게 될 확률은 얼마일까요? 현실적으로 볼 때, 그냥 쓴 글자가 이렇게 비슷하게 놓이려면 몇 번이나 써보아야 할까요? (방청객들이 웅성거렸다.)

제가 언급했던 단어 중 두 번 나온 'modification'을 살펴봅시다.

글을 쓴 사람이 눈에 잘 안 보이는 5밀리미터 간격의 수직선을 살짝 건드리게 첫 글자 m을 썼다고 하면, 두 번째로 이 단어를 쓸 때도 마찬가지로 첫 글자 m이 이 선에 살짝 닿을 확률은 얼마가 될까요? 펜으로 쓴 획의 두께를 고려할 때 이 확률은 약 5분의 1입니다.

그러므로 이 메모를 자연스럽게 1,000번 쓴다면 이 두 개의 m자가

2,000번 수직선에 대해 같은 위치에 놓이게 됩니다.

그럼 이제 메모에 두 번 등장하는 'disposition'이란 단어의 d도 수직선에 대해 같은 위치에 있는지 살펴볼까요?

전혀 그렇지 않습니다.

이 각각의 두 쌍은 놓인 위치가 전혀 다릅니다. 서로 아무 상관이 없습니다. 그러므로 메모에서 첫 번째 나오는 'disposition'이란 단어와 두 번째 'disposition'의 위치는 다섯 번에 한 번 꼴로 같게 됩니다.

1만 번을 쓰면 'modification'이란 단어가 2,000번 같은 위치에 놓인다는 걸 알았습니다. 그런데 'disposition'이란 단어의 경우에는 400번만 같은 위치에 있습니다.

여기서 400을 5로 나누어야 하는데, 이는 두 번 나오는 'manoeuvre'라는 단어의 첫 글자 m이 수직선을 기준으로 같은 위치에 있기 때문입니다. 그렇게 되면 80번만이 가능하고, 'copie'라는 단어가 두 번 나오므로 이를 다시 5로 나누어야 하므로 16이 얻어집니다. (방청객들이 웅성거렸다.) 마지막으로, 'nouveau'라는 단어에 대해서도 같은 현상이 있으므로 5로 나누어야 하므로, 결과적으로 이 다섯 가지 우연이 한 번에 모두 충족되려면 원래의 1만 번에서 세 번의 가능성이 있다는 것을 알 수 있습니다. 메모에는 이것 말고도 우연이라고 보기 어려운 것들이 많이 있습니다. 그러므로 설령 이 메모를 100만 번 쓴다고 해도 여기서 보이는 우연이 모두 들어 있는 것은 한두 장도 보기 힘들 겁니다.

결론적으로 작성자가 누구이건 목적이 무엇이건, 이 메모가 의도적으로 조작되었다는 사실에는 의심의 여지가 없습니다.

메모에 반복적으로 나타나는 단어 중 처음 나오는 경우의 첫 번째 (혹은 마지막) 획의 위치가 정해진 상태에서, 두 번째 나타나는 단어의 위치가 같을 확률은 1/5입니다. 이런 우연이 이 메모에서는 여덟 번 보이는데, 이럴 확률은 $(1/5)^8 = 0.00000256$ 으로 대략 40만 번에 한 번 일어나는 정도입니다. 실질적으로 거의 일어나기 어렵다고 할 수 있습니다. 그러므로 이 메모에서 단어의 첫 글자나 마지막 글자들이 같은 위치에 그렇게 많이 놓인 것은 분명히 의도적으로 이루어진 일이고, 아마도 비밀 암호일 가능성이 높습니다.

이 단순한 계산이 재판관 일곱 명의 마음을 움직였다. 그런데 이는 이 장의 도입부에서 이야기했던 주사위 놀이의 경우와 상당히 유사한 상황이다. 첫째, 베르티옹이 계산한 확률은 같은 위치에 있는 26개의 단어 쌍 중 8개의 쌍에 대해서 계산한 것이 아니라 8개의 쌍 중 8개 쌍에 대해 계산한 것이므로 과녁을 정통으로 맞힌 화살의 예와 완벽하게 동일하다. 제대로 계산하면 그가 주장한 40만분의 1이 아니라 100분의 7을 약간 넘는 수준의 확률이 나온다.

또한 베르티옹은 다른 것들을 제외하고 8번의 우연에 대해서만 확률을 구했는데, 계속해서 9, 10, 11, 12, …, 26까지의 확률을 구할 수도 있었다. 그러므로 8번의 우연만 계산하는 데서 그치지 말고 계속 더해야 한다. 그러면 베르티옹이 강한 의심을 품었던 확률이 실제로는 100분의 13을 넘는다!

물론 100번 중 13번도 흔한 것은 아니지만, 비밀 암호가 숨겨져 있을 때나 나타날 수 있는 빈도라고 생각될 정도로 작은 값은 분명히 아니다. 베르티옹이 계산을 정확하게 했다면 그런 이상한 추론을 하지는 않았을 것이다. 그러나 알프레드 드레퓌스의 군법회의 법정에서는 그의 주장에 담긴 오류를 지적해서 그의 논리를 지적할 사람이 아무도 없었다.

알프레드 드레퓌스의 복권

무엇을 믿고 누구를 의심해야 하는 것인가? 이 시점에서 재판 결과를 예측하기는 불가능했다. 그렇지만 한 가지는 분명했다. 드레퓌스가 무죄로 풀려난다면 처음에 그를 범인으로 몰아세웠던 메르시에 장군, 공스 장군, 부아데프르 장군, 뒤파티 소령이 곤경에 처하게 된다는 점이었다. 이는 육군으로서는 감당하기 힘든 결과였다. 메르시에 장군은 즉시 그 대응책을 실행에 옮긴다.

증언대에 선 메르시에는 재판정에 있던 모든 사람들, 특히 드레퓌스를 가장 놀라게 만든 약간의 정보를 흘린다. 전문가들이 분석한, 얇은 종이에 쓰인 그 메모가 비밀리에 보관된 원본을 베낀 것이라고 이야기한 것이다. 게다가 원본은 육군 첩보부대가 보관하고 있으며, 보관된 메모는 독일 황제 빌헬름 2세가 주석을 작성했기 때문에 진본일 수밖에 없다고 주장했다!

메르시에의 주장은 당연히 거짓이었지만, 그가 이전과 마찬가지로 "국가 안보를 이유로" 원본 제출을 거부했기 때문에 이를 입증할 방법이 없었다. 오히려 그는 드레퓌스가 유죄라는 사실을 자신이 알고 있다는 맹세까지 한다. 증언대에서 내려오는 그의 모습은 마치 국가에게 모욕과 치욕을 준 비열한 적을 물리친 영웅의 분위기를 풍기고 있었다.

결국 재판부는 다수 의견으로 드레퓌스에게 '정상을 참작하는' 유죄를 선고했는데 (드레퓌스는 "반역에 정상 참작이라는 것이 가능한가?" 하고 반발했다) 재판관 두 명은 무죄 의견을 냈다. 드레퓌스는 10년형을 선고받았지만, 치욕적인 군적 박탈식은 모면하게 되었다.

큰 잘못이 저질러졌다는 것을 인지하고 있지만 육군에게 망신을 주지 않으면서 이를 바로잡을 방법이 없었던 정부는 드레퓌스 지지자들과 협상에 나서서 그를 즉시 사면하고 석방해 주겠다고 제안했다. 공식적으로 군법회의의 판결은 유지하면서 대신 혜택을 주겠다는 일종의 타협안이었다. 드레퓌스는 드디어 가족의 품으로 돌아갈 수 있었다.

자신이 결백하다는 사실을 알고 있던 드레퓌스에게 사면을 받아들이는 것은 힘든 일이었다. 그러나 그는 육체적으로 더 이상 수감 생활을 지속할 수 없는 상태였으며 가족에게 돌아가 아이들을 (거의 5년 동안 보지 못했다) 키우겠다는 의지가 훨씬 강했다. 결국 드레퓌스는 사면을 받아들이는 한편으로 대통령에게 무죄를 주장하는 편지를 썼고, 자신의 무죄를 입증하기 위해 끝까지 노력하겠다고 선언했다.

그 이후로도 그는 7년을 더 싸워야 했다. 그 사이 그에게 유죄 판결을 내리는 증거로 사용된 문서들이 위조되었다는 인식이 널리 퍼졌다. 또한 프랑스에서 가장 저명한 수학자 세 명 — 앙리 푸앵카레, 가스통 다부르, 폴 아펠 — 이 베르티옹의 오류를 조목조목 지적하는 보고서를 발표했다. 보고서는 베르티옹의 주장이 "확률 계산 법칙이 제대로 적용되지 않았기 때문에 (…) 과학적으로 전혀 가치가 없다"는 말로 끝맺고 있다.

1906년 7월 12일, 프랑스 대법원은 렌에서의 판결을 취소하고 드레퓌스를 육군에 복귀시킨다는 내용의 선언을 발표한다. 1906년 7월 21일, 드레퓌스는 1894년에 고통스럽게 전역당했던 장소인 군사학교에서 레지옹 도뇌르 훈장을 수여받았다. 8년 뒤 제1차 세계대전이 일어났을 때는 그 유명한 베르됭 전투를 비롯해 여러 치열한 전투에 참전해서 조국을 위해 싸웠다. 전쟁 말기에 퇴역한 뒤에는 자신을 둘러싼 가혹한 역사를 기록하며 가족과 함께 하며 여생을 보냈다.

드레퓌스 사건을 꾸며낸 장성과 장교 누구도 진실을 고백하지 않았지만 침묵도 역사의 흐름을 막지 못했고, 그들이 저지른 일은 결국 만천하에 드러났다. 에스테라지는 가명을 쓰며 영국의 시골 마을에서 살았다. 하트퍼드셔주 하르펀던Harpenden에 있는 교회 앞에는 지금도 그의 무덤이 있다. 누구의 묘인지 알아볼 수 없는 묘비에는 이렇게 새겨져 있다.

사랑하는 부알레몽Voilemont 백작을 기리며
그는 밤의 그림자보다도 높이 날았도다

이 책에서 다룬 열 가지 사례 중 아홉 가지에서는 수학이 진실을 묻어 버렸을 뿐 아니라 경우에 따라서는 정의를 심각하게 왜곡하는 결과를 불러왔다. 단 하나의 예외는 UC 버클리 성차별 사건으로, 처음에 이루어진 수학적 분석 — 통계 분석 — 에서는 마치 학교에 부당함이 존재하는 것처럼 보였지만, 보다 면밀히 살펴보자 그렇지 않다는 진실이 드러났다. 다른 사례에서는 전문가들이 수학적 오류를 범한 경우 — 샐리 클라크, 콜린스 부부, 조 스니드, 루시아 더베르크, 드레퓌스 사건 — 에도 수학적 오류가 정정되어서가 아니라, 오히려 이를 무시하거나 새로운 증거가 드러남에 따라 최종 결과가 바뀌었다. 예를 들어 샐리 클라크의 아들의 감염 증거, 스니드의 전 부인의 가정 폭력 증언, 암버르가 사망했을 때 체내에 디곡신 양이 비정상적으로 많지 않았음을 보여 주는 증거, 드레퓌스를 처음 범인으로 몰았던 문서가 에스테라지에 의해 위조되었다는 사실 등이다.

그렇다면 수학이 재판에 사용되는 것이 과연 적절한 일일지 의문을 품어 봄 직하다. 수학이 정말로 범죄의 증거를 찾아낼 수 있을까? 이 책의 주제이기도 한 수학의 가장 두드러지는 단점은, 수학자가 아닌 사람들뿐만 아니라 심지어는 수학자들조차도 수학을 실생활에 적용해 본 경험이 없다면 수학을 오해하고 오용할 여지가 너무 많다는 점이다.

사실 이미 많은 사람들이 수학을 범죄 수사, 형법 등에 적용할 방법을 연구하고 있다. 지난 40년간 이 주제에 관한 많은 논문이 《하버드 법률 리뷰Harvard Law Review》를 비롯한 여러 법률 관련 학술지에 실린 바 있다(참고 문헌 참조). 하지만 이런 논문들을 수학자나 일반 대중이 읽을 기회는 거의 없다.

이 주제에 대한 가장 유명한 논문은 로렌스 트라이브가 쓴 〈수학을 이용한 재판: 재판 절차에서의 정확성과 의식〉일 것이다. 트라이브는 하버드 로스쿨 교수이고 젊었을 때 캘리포니아 대법원이 내린 콜린스의 유죄를 뒤집는 판결에서 수학과 관련된 부문을 맡아 작성한 바 있다. 트라이브는 이를 비롯해 이 책에도 실린, 자신이 경험한 다른 사례들을 통해 재판에서의 수학의 역할에 대해 고찰하게 되었고, 앞서 살펴본 사례에서 드러나듯 수학을 사용하기에는 위험 요소가 너무 많다는 결론에 도달한다. 그는 수학적 사고에서 불가피한 논리적, 수리적 접근 방법은 배심원들이 증거를 평가할 때 사용해야만 하는 직관적 방법과 달라도 너무 달라서 통합이 불가능하다고 본다. 결론적으로 재판에 수학을 끌어들이지 말아야 한다고 주장하는 것이다.

트라이브가 쓴 글은, 다른 방법으로는 전혀 입증할 수 없는 사건을 확률 계산만으로 증명할 수 있음을 주장했던 미하엘 핀켈스타인Michael Finkelstein과 윌리엄 페얼리William Fairley의 주장에 대해 열정적으로, 그리고 아름답게 다듬어진 대답이었다. 그는 이들의 주장과 달리, 인간의 미묘함을 수학적으로 모두 포함할 수는 없다고 주장했다. 또한 수학에 의해서 생긴 오류가 오히려 문제를 어렵게 만들 수도 있고, 수학의 논리 자체는 틀리지 않아도 실제 상황에 적용하기엔 너무 단순할 수도 있다는 우려를 제기했다. 이 책에서도 이런 두 가지 문제가 모두 다뤄진 바 있다.

이런 문제들을 떠나 트라이브는 수학이 가져올 심리학적 효과가 배심 원들의 사고를 지배하게 될 것을 우려하면서, 동시에 "이미 많은 사람들에게 이해할 수 없는 존재가 되어 버린 사법 체계가 더욱 비인간적이고 낯설어지고 (…) 지금은 재판 절차에 대한 사회의 이해도를 높이는 데 주력해야 하며, 수학을 도입해 모호함으로 사태를 악화시켜서는 안 된다"고 주장했다. 그는 수학이 재판에서 일상적으로 활용되면 전통적 사법 체계가 가진 기본 가치의 일부가 사라지게 될 것이고, "숫자의 냉혹함에 지배되면, 수식이 가진 설득력과 소수점의 위치에 따라 배심원은 사실상 기계적이고 자동적인 존재가 되어, 궁극적으로는 직관과 공동체의 가치에 대한 인식을 기초로 한 인간으로서의 기능을 수행하지 못하는 것은 물론, 사고조차 어려울 수 있다"고 우려했다.

40년 전에 쓰인 트라이브의 글은 재판 과정에 엄청난 영향을 미쳤고, 일부에서는 바로 그 때문에 재판에서 통계학의 활용이 수십 년이나 늦어졌다고 비판하기도 한다. 사실 이 책에서 다룬 사례에서와 마찬가지로, 그의 글이 발표된 후 지금까지는 법정에서 수학을 끌어들이려면 판결이 뒤집힐 위험을 감수해야 했다.

그러나 21세기가 되면서 통계학이 다시 재판정에 모습을 드러내기 시작한다. 주 이유는 트라이브가 글을 썼던 1971년과 달리 현대에는 DNA

분석이 일반화되었기 때문이다. DNA 분석과 법정에서의 확률 활용 사이의 깊은 관계를 이해하려면 DNA에 대한 통상적인 시각에 반하는 설명이 필요해진다.

충분한 양이 확보된, 오염되지 않은 DNA 샘플을 분석하면 법적 신뢰성 여부에 관계없이 거의 확실하게 신원 파악이 가능하다. 하지만 이 책에서도 다루었듯, 이런 분석 결과는 최종적으로는 항상 확률에 의지하게 되어 있다. 특정 집단을 대상으로 13개의 유전자 자리가 그래프상에서 같은 위치에 나타날 확률을 구하고, 각각의 자리의 확률(서로 독립적이다)을 곱해서 신원을 파악하는 것이 일반적 방법이기 때문이다.

DNA 분석에서 이런 식으로 확률을 계산하는 방식의 문제는 앞서 살펴본 것처럼 DNA 샘플의 상태가 좋지 않든가, 여러 DNA가 섞여 있을 때 주로 나타난다. 법의학적 검사가 가장 정확한 방법으로 오류 없이 이루어진다고 가정한다 해도 DNA를 아예 거론하지 않는 한 법정에서 확률 계산은 피할 수 없다. 그리고 이는 명백히 불가능한 일이다. 결과적으로 확률 이론을 끌어들일 수밖에 없는 상황이다. 현실적으로도 확률 이론을 허용하는 상황과 배제하는 상황을 구분하는 것은 설득력이 없다. 로렌스 트라이브가 멋진 형식과 수사로 법정에서 쫓아내 버렸고 판사들도 이에 동의했던 수학이란 존재가 DNA로 인해 슬금슬금 뒷문으로 다시 들어오고 있는 것이 현실이다.

그러나 이 책에서 다룬 DNA와 관련된 사례들(메러디스 커처와 다이애나 실베스터 살인 사건)에서도 나타났듯이, DNA 분석 결과가 직접적으로 신뢰도 높게 특정인을 지목하는 경우가 아니라면 항상 법정에서 논란의 단초가 되게 마련이고, 이 과정에 포함될 수밖에 없는 수학적 불확실성은 변호사들의 손을 거치며 오류로 변환되기 십상이다. 과학 수사가 적용되는 한 재판에서 수학은 피할 수 없는 존재이므로, 수학을 적용할 기준을 시급히 마련할 필요가 있다. 동시에 배심원을 구성하는 모체인 대중도 법의학에 필수적인 기본적인 수학 원리에 대한 이해를 높일 수 있도록 적절한 교육을 받아야 한다. 트라이브는 대중이 수학을 이해 불가능한 대상으로 바라보고 있다고 생각했지만, 필자는 대중이 수학을 무조건 외면한다고는 보지 않는다. 설령 그렇다고 해도, 수학을 재판에서 아예 추방하는 극단적인 방법을 쓰지 않고도 점진적으로 상황을 변화시킬 수 있다고 믿는다. DNA 분석의 몇몇 기본적 특징이 대중적으로 알려지면서 DNA 분석에 대한 대중의 이해 역시 높아졌다. 이는 다른 요소들에 대해서도 마찬가지로 익숙해질 수 있다는 사실을 방증하며, 범죄 수사와 관련된 TV 드라마의 인기가 식지 않는 것을 보면 사람들이 이런 주제에 대해 무관심하지 않다는 점이 잘 드러난다.

최근에는 확률 관련 이론 중 소위 베이즈 정리와 이를 일반화한 베이즈 네트워크 등의 베이즈 확률론이 자주 등장한다. 베이즈 정리는 재판에서 여러 번 등장했지만, 재판 당사자들 사이에 이에 대한 공감대가 제대로 형성되기 어려웠기 때문에 실질적으로는 성공적으로 적용된 적이 드물었다. 경우에 따라 적용되기도 하고 그렇지 않기도 했는데, 최근에는 2011년 7월 영국의 살인 사건 항소심에서 재판부가 이를 배제한 사례가 있다. 이 결정은 재판에서 베이즈 정리를 사용하지 않겠다는 의도로 해석되었다.

이 결정은 이론적, 혹은 실질적으로 범죄 재판에 참여하는 수학자와 통계학자들의 논의에 불을 붙였다. 런던 퀸메리대학교의 통계학자들이 주축이 되어 베이즈 이론을 법 적용에서 배제하는 결정에 반대하는 국제적 모임인 '베이즈와 법'이라는 연구 조직을 결성했다. 이 단체는 재판에서 수학이 사용된 사례들을 찾아내, 재판에서 확률이 제대로 적용되어 확실한 기준으로 활용될 수 있도록 그 기준과 분석 방법을 만들어 내는 것을 목표로 하고 있다.

이 책에 실린 사례들이 보여 주는 안타까운 경우에서 볼 수 있듯 이런 접근 방법은 수학에 대한 편견이나 두려움, 조작 없이 재판에서 수학을 공정하게 활용할 수 있는 유일한 길이다. 이 계획의 성과를 기다리면서, 필자는 앞으로도 재판에서 수학이 어떻게 활용되고 오용되었는지 그 사례를 담은 책을 계속 집필할 예정이다.

이 책에서 다룬 몇몇 사례는 언론을 통해서 필자의 주목을 받게 된 것들이다. 샐리 클라크, 루시아 더베르크, 메러디스 커처 사건은 재판에서 통계의 활용이라는 점에서 관심을 끌었고, 폰지 사기를 다룬 이유는 메이도프 사건이 계기였다. 콜린스 사건은 벤 골드에이커Ben Goldacre가 쓴 《배드 사이언스》(Fortune Estate, 2008)을 비롯해 이 주제에 대한 여러 책에서 힌트를 얻었다. 다이애나 실베스터 사건에 대해서 수학적으로 흥미로운 점을 일깨워 준 조던 엘렌버그Jordan Ellenberg에게 깊은 감사를 표한다. 드레퓌스 사건에서 수학의 중요성은 수학자들 사이에서는 잘 알려져 있었지만, 대중은 물론이고 역사가들에겐 그렇지 못했다. 나머지 사례들 — UC 버클리, 조 스니드, 헤티 그린 사건 — 은 학술 자료를 찾는 과정에서 우리의 관심을 끈 사건이다. 이 사례들은 재판에서의 수학에 관한 학술 논문에서 반복적으로 언급되었다. 특히 스니드 사건은 아주 흔히 다뤄졌다. 아래에 이 책을 집필하며 유용하게 참고한 학술 논문들을 정리했다.

재판에서의 수학에 대한 이론적 측면에 관심이 있는 독자라면 로렌스 트라이브의 심오하고 세심한 글인 〈수학을 이용한 재판: 재판 절차에서의 정확성과 의식Trial by Mathematics: Precision and Ritual in the Legal Process〉(84 Harvard Law Review 1329, 1970~1971)이 최적의 출발점이다. 이 글은 미하엘 핀켈스타인과 윌리엄 페얼리가 쓴 〈베이즈 정리를 이용한 증거 식별Bayesian Approach to Identification Evidence〉(83 Harvard Law Review 489, 1970)에 대한 답이었다. 그러자 이들은 〈법률적 증거와 수학에 관한 지속적 논쟁The Continuing Debate over Mathematics in the Law of Evidence〉(84 Harvard Law Review 1801, 1970~1971)이라는 반박문을 실었고, 트라이브는 재차 〈수학적 증거에 대한 추가적 비판Further Critique of Mathematical Proof〉(84 Harvard Law Review 1810, 1970~1971)으로 응수했다. 법학계 최고 수준의 지식인들 사이에서 펼쳐진 이 흥미로운 논쟁은 우리에게 다양한 생각과 정보, 자극을 선사한다. 트라이브가 재판에서 수학의 활용에 대해 이미 학부 시절에 연구했고 비록 익명으로이기는 하지만 콜린스 사건에 직접적으로 관여했다는 사실은 그 이후에 알려졌다.

다른 두 명도 흥미롭고 유익한 글을 썼다. 데이비드 케이는 재판에서의 수학이라는 주제에 관한 전문가다. 드레퓌스 사건에 대한 흥미로운 설명 이외에도, 그는 〈형사 재판에서 확률적 증거의 허용성The Admissibility of 'Probability Evidence' in Criminal Trials parts 1 and 2〉(Jurimetrics 26, no. 4, 1986, 27, no. 2, 1987)을 비롯한 여러 논문을 발표했다. 앨런 컬리슨Alan Cullison이 쓴 〈확률에 의한 식별과 계산에 의한 재판Identification by Probabilities and Trial by Arithmetic: A Lesson for Beginners in How to Be Wrong with Greater Precision〉(6 Houston Law Review 473, 1968~1969)도 재판에서 수학이 갖는 다양한 문제점들을 보여 준다.

마지막으로, 필립 굿Phillip I. Good이 쓴 《재판에 적용하는 통계학 Applying Statistics in the Courtroom》(Chapman and Hall, 2001) 덕분에 처음 의도했던 것보다 더 복잡한 통계학 영역을 다루게 되었음을 밝힌다.

아래에 각각의 사례에 관해 참고했던 문서와 자료의 목록을 실었다.

제1장 : 찰스 폰지 사건

찰스 폰지의 행적은 잘 정리되어 있다. 우선 그가 1953년에 쓴 자서전 《폰지의 등장The Rise of Mr. Ponzi》은 오랫동안 절판된 상태였으나 잉크웰 출판사Inkwell Publishers에 의해 2001년에 재출간되었다. 이 외에도 그의 사기 행각을 다룬 책이 많다. 미첼 주코프Mitchell Zuckoff가 쓴 《폰지 사기: 전설적 금융 사기꾼의 진실Ponzi's Scheme: The True Story of a Financial Legend》(Random House, 2005)에는 자서전에는 실리지 않은 새로운 사실들이 담겨 있다. 폰지의 행적에 대한 흥미로운 기사들은 일일이 열거하기에는 너무나 많지만, 당시 신문과의 인터뷰, 파산 선고, 《타임》에 실렸던 사망 기사는 그에게 얼마나 많은 관심이 쏠려 있었는지 잘 보여 준다. 폰지가 아니었다면 결코 일어나지 않았을 버니 메이도프의 행각을 다룬 《아무도 듣지 않았다: 현실의 금융 스릴러No One Would Listen: A True Financial Thriller》(Wiley, 2010)에서 저자 해리 마코폴로스는 놀랍고 믿기 힘든 내용들을 알려 준다. 이 책은 자석과도 같이 사람들을 끌어 들였던 폰지의 성격의 환생이라고 부를 만한, 메이도프의 설명하기 힘든 카리스마가 사람들을 어떻게 무너뜨렸는지를 잘 보여 준다.

제2장 : 대학원 입학 시험 성차별 사건

1973년 버클리대학교의 입학 재판 관련 정보는 기본적으로 조사위원회가 제출한 〈대학원 입학생 선발에서의 성차별: 버클리대학 자료를 바탕으로Sex Bias in Graduate Admissions: Data from Berkeley〉에서 얻었다. 작성자는 P. J 비컬Bickel, E. A. 햄멜Hammel과 J. W. 오넬O'onnell이며,《사이언스》187, no. 4175 (February 7, 1975)에 실렸다.

제니 해리슨 사례에 대한 정보는 학과 교수들과의 대담과 당시 언론 보도 내용 등을 참고했다. 알레인 잭슨Allyn Jackson이《미국 수학 회보 Notices of the American Mathematical Society》41, no. 3 (March 1994)에 발표한 〈정년 보장을 위한 투쟁: 제니 해리슨 사건, 종신 재직권과 차별, 법에 관한 판도라의 상자 열어Fighting for Tenure: The Jenny Harrison Case Opens Pandora's Box of Issues about Tenure, Discrimination, and the Law〉에 상세한 내용이 실려 있다. 폴 셀빈Paul Selvin도 이 사례와 그 후의 상황에 대해 흥미로운 (동시에 안타까운) 내용이 담긴 글 두 편 〈제니 해리슨 드디어 버클리 정교수 되다Jenny Harrison finally gets tenure in math at Berkeley〉(July 16, 1993)와 〈해리슨 재판: 폭풍이 지나도 여전히 부는 바람Harrison Case: no calm after storm〉(October 15, 1993)을《사이언스》에 실었다.

제3장 : 루시아 더베르크 사건

웹사이트 루시아 더 B. (http://www.luciadeb.nl/english)에는 이 사건과 관련된 중요한 자료 목록을 포함하는 다양한 문서가 정리되어 있다. 이 웹사이트에는 톤 데르크센의 저서 《루시아 더 B: 사법 오류의 재구성 Lucia de B.: Reconstruction of a Miscarriage of Justice》(Veen Magazines, 2006)의 각 장별 주요 내용 요약 및 책 전체 내용에 대한 24쪽의 요약본, 그리고 암버르의 사망에 대해 밝히는 제3장의 전문 영역본이 실려 있다.

이 사건은 전문가들이 수학적 측면에서 가장 심도 있게 분석한 사례로 꼽힌다. 데르크센의 저서 제5장에 이 내용이 담겨 있다. 피에트 그로엔봄Piet Groeneboom은 2007년 5월 자신의 블로그(http://www.pietg.wordpress.com)에 올린 〈루시아 더베르크와 아마추어 통계학자들Lucia de Berk and the Amateur Statisticians〉에서 앞날을 내다본 듯하다. 루시아의 판결을 뒤집기 위해 적극적으로 애썼던 통계학자 리처드 길Richard Gill은 라이덴대학교 홈페이지(https://www.universiteitleiden.nl/medewerkers/richard-gill)에 강연에 사용했던 자료와 설명, 자신의 관련 연구 내용을 올려놓았다. 이 중 일부는 헹크 엘페르스가 잘못 증언했던 2007년에 만들어진 것도 있다. 벤 골드에이커가 《가디언》 2010년 4월 10일자에 실었던 〈루시아 더베르크: 우둔함의 희생자Lucia de Berk: a martyr to stupidity〉는 유용하긴 하지만 추상적이고 수학적이다. 인터넷판에는 헹크 엘페르스가 골드에이커에게 보낸 응답과, 《가디언》에 보낸 공개 서한, 리처드 길이 쓴 장문의 댓글이 달려 있다. 길은 필자와 이메일을 통해 대화를 나누었으며, 특히 엘페르스가 처음에 작성했던 두 통계 계산 메모를 포함해서 중요하고 흥미로운 정보와 문서를 제공해 주었다. 마지막으로, 메타 더노와의 인터뷰를 통해 루시아가 석방에 이르기까지의 과정에 대한 이해를 높일 수 있었다. 그녀에게 감사를 표한다.

제4장 : 어맨다 녹스 사건

메러디스 커처 살인 사건과 이 사건을 둘러싼 내용, 이후 어맨다 녹스, 라파엘 솔레치토, 루디 게드의 체포와 재판에 관한 자료는 주로 이탈리아 페루자에서 열린 두 번의 재판 관련 문서를 참고했다. 어맨다와 라파엘의 1심 판사 장칼로 마세이Giancarlo Massei의 판결 직후 제출된 427쪽의 '범행 동기 보고서'에는 많은 양의 사실 정보가 담겨 있다. 항소문, 공판 때 제출된 문서, 루디 게드의 대법원 재판에 제출되었던 범행 동기 보고서에서도 많은 도움을 받았다. 마지막으로, 클라우디오 프라틸로 헬만 판사가 어맨다와 라파엘에게 무죄를 선고한 후 제출된 범행 동기 보고서에는 많은 정보뿐 아니라 이 장에서 다룬 수학적 사례도 담겨 있다.

이 사건에 관한 책이 다수 있으며, 그중 바비 라차 나도가 쓴《천사의 얼굴: 학생 살인범 어맨다 녹스의 진실Angel Face: The True Story of Student Killer Amanda Knox》(Beast Books, 2010), 존 폴레인John Follain의 《이탈리아에서의 죽음: 어맨다 녹스 사건 완벽 해설A Death in Italy: The Definitive Account of the Amanda Knox Case》(Hodder & Stoughton, 2011)을 참고했으며,

존 커처가 최근에 펴낸 자신의 딸에 관한 이야기인《메러디스: 살해당한 우리 딸, 그리고 정의를 찾는 가슴 아픈 여정Meredith: Our Daughter's Murder and the Heart Breaking Quest for Justice》(Hodder & Stoughton, 2012)과 라파엘 솔레치토의 자서전《무너진 명예: 어맨다 녹스와 함께한 지옥으로의 여행Honor Bound: My Journey to Hell and Back with Amanda Knox》(Gallery Books, 2012)도 물론 빼놓을 수 없다.

이 비극적이고 특별한 살인 사건을 다룬 온라인 블로그와 게시판도 아주 많다. 이 사건을 다루는 사이트로는 '메러디스 커처를 위한 진정한 정의True Justice for Meredith Kercher'(truejustice.org)외에 어맨다의 무죄를 주장하는 '페루자의 불의Injustice in Perugia'(injusticeinperugia.org), '어맨다의 친구들Friends of Amanda'(friendsofamanda.org) 등이 있다.

제5장 : 다이애나 실베스터 사건

수학적 내용을 포함해서 이 사건에 관한 자료는 주로 존 푸켓의 항소심을 앞두고 피고와 재판부 사이에 오간 문건에서 얻었다.

제이슨 펠치Jason Felch와 마우라 돌란Maura Dolan이 이 사건에 대해 쓴 기사 〈철저한 신원 확인 조사를 거부하는 FBIFBI resists scrutiny of 'matches'〉가《로스앤젤레스 타임스》2008년 7월 20일자에 실렸다. 잭슨 반 더버켄Jaxon van Derbeken이 쓰고 2008년 2월 22일자《샌프란시스코 크로니클》에 게재된 기사 〈1972년에 저지른 살인 사건으로 74세의 성범죄자에게 유죄 판결Sex Offender, 74, convicted in 1972 murder〉도 있다. 두 기사 모두 온라인에서 확인할 수 있으며, 비카 발로의 관점을 보여 주는 크리스 스미스Chris Smith의 글〈DNA를 이용한 신원 확인의 위험성 DNA's identity crisis〉도《샌프란시스코 매거진》2008년 9월호에 실려 있다.《워싱턴 먼슬리》2010년 3/4월호의 마이클 보벨리언Michael Bobelian 의〈DNA의 숨기고 싶은 작은 비밀DNA's dirty little secret〉도 참고했다. 이들 기사 모두에는 흥미로운 정보가 담겨 있다. 데이비드 케이가 저술한〈용의자 골라내기: DNA 데이터베이스 검색의 법적, 논리적 분석Rounding up the usual suspects: a legal and logical analysis of DNA database trawling cases〉(North Carolina Law Review 87, no. 2, 2009)은 데이터베이스 검색의 수학적 측면에 대한 이해를 높이는 데 중요한 글이다.

많은 기사와 블로그에서 검찰 측과 피고 측이 사용한 수학적 접근을 분석하고 있다. 생일 문제와 애리조나주의 범죄자 데이터를 다룬 예는 다음과 같다. 블로그 괴짜 경제학freakonomics의 필진 중 한 명인 스티븐 레빗Steven Levitt은 2008년 8월 19일에 올린 글〈FBI가 DNA로 범인을 찾는 것은 미친 짓인가?Are the FBI's Probabilities about DNA Matches Crazy?〉에서 자신의 의견을 피력했다. 에드워드 흄스Edward Humes가《더 캘리포니아 로이어The California Lawyer》에 기고한〈숫자로 내려진 유죄 판결Guilt by the Numbers〉(April 2009)은 여전히 웹사이트(https://www.dailyjournal.com/articles/285232-guilt-by-the-numbers)에서 찾을 수 있다. 블로그 쿼모도쿰퀘 (https://quomodocumque.wordpress.com)에는 조던 엘렌버그가 케이의 글을 알기 쉽게 설명한〈이제는 감소한 검사의 오류

Prosecutor's Fallacy — Now with Less Fallaciousness!〉(May 18, 2010)이 실려 있다. 이 책에서는 위의 모든 내용을 참고했으나, 본문에서도 언급했듯이 이들 참고 문서에 실린 모든 내용에 동의하는 것은 아니다.

제6장 : 샐리 클라크 사건

로이 메도의 삶과 경력에 대해서는 위키피디아를 비롯해서 수많은 인터넷 자료가 있다. 웹사이트 M.A.M.A.(Mothers Against Munchausen Allegations, http://msbp.com)에는 샐리 클라크가 수감되어 있던 시기에 이루어진 로이 메도와의 인터뷰가 게재되어 있다(그는 "나는 어느 누구보다 그녀에게 더 공감하는 사람이다"라고 말하고 있다). 영국 의료 위원회에 의해서 처분받는 상황에 관해서도 BBC의 2005년 7월 15일자 온라인 뉴스 기사 〈영국 의료 위원회가 로이 메도 경을 추방하다Sir Roy Meadow Struck off by GMC〉를 비롯해서 풍부한 자료가 존재한다. 로버트 케플런Robert Kaplan 박사의 강연 '로이 메도 경의 등장과 몰락The Rise and Fall of Sir Roy Meadow'도 있다. 의학 학술지에 로이 메도가 발표한 논문들, 특히《랜싯》에 실린 〈대리 뮌하우젠 증후군: 아동 학대의 뒷면Munchausen Syndrome by Proxy: the hinterland of child abuse〉(August 13, 1977), 이어서 의학 학술지 《소화질환 기록Archives of Disease in Childhood》에 게재한 〈대리 뮌하우젠 증후군인 경우와 아닌 경우That is, and what is not, Munchausen' Syndrome by Proxy〉가 있으며, 이 학술지에는 대리 뮌하우젠 증후군을 의심하는 사례에 대한 다른 논문도 실려 있다(참고: C. J. 몰리가 쓴 〈대리 뮌하우젠 증후군 진단의 실질적 문제점Practical concerns about the diagnosis of Munchausen syndrome by proxy〉, G. C. 피셔와 I. 미첼이 쓴 〈대리 뮌하우젠 증후군은 정말로 질병인가?Is Munchausen Syndrome by proxy really a syndrome?〉라는 1995년의 두 논문). 필립 P.에 대한 정보는 테네시주 법원 문서를 참고했다.

샐리 클라크 사건에 대한 상세한 정보는 존 바트John Batt의 저서《도둑맞은 양심Stolen Innocence》(Ebury Press, 2005)과 샐리 클라크의 웹사이트 www.sallyclark.org.uk에서 찾아볼 수 있다. 최근 그녀의 비극적 죽음에 대한 보도가 있었다(일례로 The Times, November 8, 2007). 앤절라 캐닝스는 자서전《확률을 넘어서Against All Odds》(Little, Brown, 2006)에서 그녀의 끔찍한 경험과 로이 메도와의 다툼에 대해 상세히 다루고 있다.

샐리 클라크 사건은 의학 분야에서 확률이 잘못 사용된 사례에 관한 거의 모든 학술 논문에서 다루어진다. 예를 들어 〈수학적 오류에 의한 유죄? 의사와 변호사는 확률 이론을 제대로 이해해야 한다Conviction by mathematical error? Doctors and lawyers should get probability theory right〉(British Medical Journal 320, no. 7226, January 1, 2000), 혹은 벤 골드에이커의 저서《배드 사이언스》가 있다. 옥스퍼드대학교의 통계학자 피터 도넬리Peter Donnelly가 진행한 TV 강연은 http://www.ted.com/speakers/peter_donnelly.html에서 볼 수 있다.

제7장 : 콜린스 부부 사건

콜린스 부부 사건에 관한 자료는 주로 캘리포니아주 대법원 판결문 〈People v. Collins〉, 68 Cal. 2d 319에 의존했다. 이 흥미로운 자료에는 사건의 기본적 내용, 첫 재판에서의 증언 내용, 첫 재판 때의 오류에 대한 수학적 분석이 실려 있다. 또한 당시의 신문 기사, 특히 재판 직후 《로스앤젤레스 타임스》와 《인디펜던트》에 실린 기사들, 《타임》 1965년 1월 8일자에 실린 〈재판: 확률과 법Trials: The Laws of Probability〉, 1968년의 항소심 판결 이후 《인디펜던트》에 실린 기사들을 참고했다.

리처드 렘퍼트Richard Lempert가 편집한 《증거집Evidence Stories》 (Foundation Press, 2006)에 실린 조지 피셔George Fisher의 〈녹색 펠트 정글 Green Felt Jungle〉도 소중한 자료다. 2005년 피셔는 레이 시니타 검사와 당시 증인으로 나섰던 수학자 대니얼 마르티네스와 각각 전화 인터뷰를 했다. 우리는 하버트 로스쿨의 브루스 헤이Bruce Hay 교수가 2009년 봄 학기에 증거, 법, 추론에 관해 강의한 '합리적 의심Reasonable Doubt' 과목의 강의록도 참고했다.

제8장 : 조 스니드 사건

조 스니드 재판에 관한 상세한 자료는 찾기 힘들다. 신문에 실렸던 산발적인 기사를 제외하면 법정에서 제기되었던 수학적 질문을 예로 드는 판결문과 학술지에서 자주 언급된다. 이 사건을 더 파고들기 위해 조 스니드가 재판을 받았던 뉴멕시코주 라스크루시스에 위치한 도나애나 카운티 지방 법원과 접촉했다. 법원은 유료로 재판 관련 문서 일체의 복사본을 보내 주었다. 항소심 다음 날《엘패소 헤럴드》에 실린 캐시 스토리의 증언 외에는 이 자료가 거의 유일한 참고 문서였다. 법원이 보관하고 있는 문서는 속기록이 아니나 — 속기록은 하나도 남아 있지 않으며, 당시 재판의 속기사는 이미 사망했다 — 진술서, 발의, 요청, 배심원 선정 기록, 변호사와 판사 사이에 오간 문건, 증언 내용의 일부, 판결문 등을 포함해서 거의 300쪽에 이른다. 이 문서를 토대로 이 장의 원고 도입부를 쓸 수 있었다.

그 시점에 재판에서 수학 전문가로 증언한 에드워드 소프에게 직접 연락을 취할 수 있다는 사실을 깨달았다. 오랜 전화 통화를 통해 스니드 사건에 대해 깊이 있는 이해를 얻게 되었으며, 결과적으로 내용에 대폭 수정을 가했다. 당시의 정보를 제공해 준 데 대해 깊은 감사를 표한다.

제9장 : 헤티 그린 사건

인터넷에는 신문 기사를 포함해 헤티 그린의 삶에 관한 자료가 넘쳐난다. 그녀는 생존 당시 엄청난 유명 인사였다. 찰스 슬랙Charles Slack이 쓴 그녀의 전기《헤티 월스트리트의 마녀》(Harper Perennial, 2005)는 매우 유용한 정보를 담고 있다. 대니얼 알레프Daniel Alef의 저서《헤티 그

린: 월스트리트의 마녀Hetty Green: Witch of Wall Street》(Titans of Fortune Publishing, 2009)에도 흥미로운 내용이 실려 있다. 윌리엄 에머리William Emery가 하울랜드 가문의 가계를 다룬 책《하울랜드 가의 상속자들The Howland Heirs》(E. Anthony & Sons, 1919)에는 실비아의 유언장 전문과 재판에 대한 설명이 실려 있다.

실비아 하울랜드의 서명에 대해 벤저민 퍼스가 제시한 수학적 분석에 대해 대부분의 글은 특별한 의문을 품지 않는다. 그러나 통계학자 폴 마이어와 샌디 자벨은《미국 통계 협회지Journal of the American Statistical Association》75, no. 371(September 1980)에 발표한 논문〈벤저민 퍼스와 하울랜드 여사의 유언장Benjamin Peirce and the Howland Will〉에서 이에 대해 비판적인 입장을 밝혔다. 이 책에서 제기한 퍼스의 이항식 모형에 대한 의문은 이 논문의 영향을 크게 받은 것이다.

제10장 : 알프레드 드레퓌스 사건

10장에서 참고한 자료들은 기본적으로 프랑스어로 쓰여 있다. 이 사건을 둘러싼 역사적 사실은 장 드니 브르댕Jean-Denis Bredin의 저서《드레퓌스 사건L'Affaire Dreyfus》에 잘 설명되어 있다. 드레퓌스가 악마섬에 갇혀 있을 때 부인과 형제에게 보낸 편지들은 P. V. 스톡Stock이 쓴《죄 없는 자의 편지Lettres d'un innocent》(1898; 재출판 Nabu Press, 2010)에, 마티외의 메모는《내가 본 사건L'Affaire telle que je l'ai vecue》(Grasset, 1978)에 실려 있다. 에밀 졸라의 재판 관련 문서 전문은 〈졸라 재판: 속기록Le process Zola: compte-rendu stenographique〉(P. V. Stock, 1898)을 참고했다. 이 사건을 다룬 신문 기사는 매우 다양하며 종종 삽화가 곁들여져 있다.

이 사건의 수학적 측면을 다룬 자료는 상대적으로 찾기 힘들다. 알퐁스 베르티옹과 조수 발레리오Valério 대위가 만든 소책자 《메모Le Bordereau》(Imprimerie Hardy & Bernard, 1904)에는 그가 메모를 분석할 때 적용한 수학적 내용이 상세하게 담겨 있다. 사건과 관련된 수학적 내용, 특히 다부르, 아펠, 그리고 푸앵카레가 베르티옹의 분석에 대해 쓴 1904년의 원본, 프랑스어로 정리한 내용, 영문판, 학자들이 쓴 문서들은 웹사이트 푸앵카레와 드레퓌스Poincare and Dreyfus(https://www.maths.ed.ac.uk/~v1ranick/dreyfus.htm)에서 볼 수 있다. D. H. 케이가 《미네소타 법률 리뷰Minnesota Law Review》(91, no. 3, 2007)에 발표한 〈드레퓌스 사건 다시 보기: 수학으로 설명하는 재판Revisiting Dreyfus: A more complete account of a trial by mathematics〉은 사건을 전반적으로 살펴보기 좋다. 푸앵카레 보고서와 관련된 학술 자료들은 수학사를 다루는 프랑스 학술지에서 찾아볼 수 있다. 2002년 2월 13일 앙리 푸앵카레 연구소의 수학사 세미나에서 발표된 〈드레퓌스 사건과 수학자: 앙리 푸앵카레Un mathématicien dans l'affaire Dreyfus: Henri Poincaré〉와 《확률과 통계의 역사 전자 저널 Electronic Journ@l for History of Probability and Statistics》(1, no. 1, 2005)에 실린 로저 맨저리Roger Mansuy와 로랑 마즐리아크Laurent Mazliak의 〈1904년 드레퓌스 재판에 관한 푸앵카레 보고서 개요Introduction au rapport de Poincaré pour le procès en cassation de Dreyfus en 1904〉가 좋은 예다.

옮긴이 김일선

서울대학교 공과대학 제어계측공학과를 졸업하고, 동 대학원에서 박사 학위를 받았다. 삼성전자를 비롯한 글로벌 IT 기업에서 연구와 기획 일을 했으며 현재는 번역 및 저작 활동과 IT 분야 컨설팅을 하고 있다. 지은 책으로는 《단위로 읽는 세상》, 빅히스토리 시리즈의 《지구는 어떻게 생명의 터전이 되었을까》, 《산업혁명이 가져온 변화는 무엇일까》가 있으며, 옮긴 책으로는 사이언티픽 아메리칸 시리즈의 《인공지능》, 《시간의 미궁》, 《미래의 도시》를 비롯하여 《코끼리가 숨어 있다》, 《물리학 오디세이》가 있다.

법정에 선 수학

초판 1쇄 발행 2020년 9월 5일 **초판 14쇄 발행** 2024년 10월 20일

지은이 레일라 슈넵스, 코랄리 콜메즈 **옮긴이** 김일선
펴낸이 김종길 **펴낸 곳** 글담출판사 **브랜드** 아날로그

기획편집 이경숙 · 김보라
마케팅 성홍진 **디자인** 손소정
홍보 김지수 **관리** 이현정

출판등록 1998년 12월 30일 제2013-000314호
주소 (04029) 서울시 마포구 월드컵로8길 41 (서교동 483-9)
전화 (02) 998-7030 **팩스** (02) 998-7924
페이스북 www.facebook.com/geuldam4u **인스타그램** geuldam
블로그 blog.naver.com/geuldam4u

ISBN 979-11-87147-58-9 (03410)

책값은 뒤표지에 있습니다. 잘못된 책은 바꾸어 드립니다.

이 도서의 국립중앙도서관 출판시도서목록(CIP)은 e-CIP 홈페이지(www.nl.go.kr/ecip)와 국가자료공동목록시스템(www.nl.go.kr/kolisnet)에서 이용하실 수 있습니다. (CIP 제어번호 : 2020032953)

만든 사람들 ————
책임편집 김윤아 **표지디자인** 김종민 **본문디자인** 엄재선